T0222308

Höhere Mathematik in Beispielen

Wilhelm Merz

Höhere Mathematik in Beispielen

Analysis und etwas Lineare Algebra

 Springer Spektrum

Wilhelm Merz
Mathematik
Universität Erlangen
Erlangen, Deutschland

ISBN 978-3-662-68087-2   ISBN 978-3-662-68088-9   (eBook)
https://doi.org/10.1007/978-3-662-68088-9

Die Deutsche Nationalbibliothek verzeichnet diese Publikation in der Deutschen Nationalbibliografie; detaillierte bibliografische Daten sind im Internet über http://dnb.d-nb.de abrufbar.

Planung/Lektorat: Nikoo Azarm
Springer Spektrum ist ein Imprint der eingetragenen Gesellschaft Springer-Verlag GmbH, DE und ist ein Teil von Springer Nature.
Die Anschrift der Gesellschaft ist: Heidelberger Platz 3, 14197 Berlin, Germany

Das Papier dieses Produkts ist recyclebar.

Vorwort

Ich gratuliere zu Ihrer Entscheidung, dieses Buch erworben zu haben und danke Ihnen dafür.

Nun wünsche ich Ihnen viel Spaß, sich mit den von mir angebotenen Beispielen aus gängigen und interessanten Themenbereichen der Mathematik ausgiebig zu beschäftigen.

Ich danke allen recht herzlich, die zur Entstehung dieses Buches beigetragen haben.

Erlangen im Mai 2023 Wilhelm Merz

Inhaltsverzeichnis

Kapitel 1
Vorbetrachtungen und Grundlagen

„Wehret den Anfängen!" lautet das Motto dieses einführenden Kapitels. Wir gehen darin gezielt auf Beträge, Wurzeln und komplexe Zahlen ein, auf grundlegende Themenbereiche, die überall zu finden und erfahrungsgemäß häufige Fehlerquellen sind, welche wir mit sorgfältig ausgewählten Beispielen in Kürze ausgemerzt haben werden.

1.1 Absolutbetrag

Ein unverzichtbarer Bestandteil der Mathematik ist der **Absolutbetrag** einer reellen Zahl.

Definition 1.1. Für $x \in \mathbb{R}$ heißt

$$|x| := \begin{cases} x & : \quad x \geq 0, \\ -x & : \quad x < 0 \end{cases}$$

Absolutbetrag oder einfach nur **Betrag** von x.

Beispiele dazu sind

$$|0| = 0, \quad |6| = 6, \quad |-6| = -(-6) = 6.$$

Etwas eleganter wird die Definition des Betrages mithilfe des **Signums** einer reellen Zahl.

Definition 1.2. Für $x \in \mathbb{R}$ heißt

$$\operatorname{sign}(x) := \begin{cases} +1 & : & x > 0, \\ 0 & : & x = 0, \\ -1 & : & x < 0 \end{cases}$$

Signum von x.

Damit ergibt sich folgende Formulierung:

Definition 1.3. Für $x \in \mathbb{R}$ heißt

$$|x| := x \cdot \operatorname{sign}(x)$$

Absolutbetrag von x.

Einfache Beispiele hierfür sind

$$\operatorname{sign}(0) = 0 \implies |0| = 0,$$
$$\operatorname{sign}(2) = 1 \implies |2| = 2 \cdot 1 = 2,$$
$$\operatorname{sign}(-2) = -1 \implies |-2| = (-2) \cdot (-1) = 2.$$

Rechenregeln 1.4. Für alle $x, y, c \in \mathbb{R}$ gelten

1. $|x \cdot y| = |x| \cdot |y|$,

2. $\left| \dfrac{x}{y} \right| = \dfrac{|x|}{|y|}$, $y \neq 0$,

3. $|x| \leq c \iff -c \leq x \leq c$.

Beispiele 1.5. a) Es gelten

$$|4 \cdot (-5)| = |4| \cdot |-5| = 4 \cdot 5 = 20, \quad |10| = |2 \cdot 5| = |2| \cdot |5|.$$

b) Eine **Gleichung** für die Unbekannte $x \in \mathbb{R}$ mit Betrag hat beispielsweise die Form

$$|x - a| = b \text{ für beliebige } a \in \mathbb{R} \text{ und } b \geq 0.$$

Lösen wir nun gemäß Definition 1.1 den Betrag auf, dann ergeben sich die beiden Fälle

$$x - a = b \implies x = a + b,$$
$$-x + a = b \implies x = a - b.$$

Insgesamt resultieren damit die beiden Lösungen

$$x = a \pm b.$$

Eine Probe

$$|a \pm b - a| = |\pm b| = b$$

bestätigt die beiden Lösungen.

c) Eine **Ungleichung** für die Unbekannte $x \in \mathbb{R}$ mit Betrag hat beispielsweise die Form

$$|x - a| \leq b \text{ für beliebige } a \in \mathbb{R} \text{ und } b \geq 0.$$

Lösen wir wieder gemäß Definition 1.1 den Betrag auf, dann ergeben sich die beiden Fälle

$$x - a \leq b \implies x \leq a + b,$$
$$-x + a \leq b \implies x \geq a - b.$$

Insgesamt ist also

$$a - b \leq x \leq a + b.$$

Alternativ resultiert aus Rechenregel 1.4, 3 unmittelbar

$$-b \leq x - a \leq b \iff a - b \leq x \leq a + b.$$

Sei $\varepsilon > 0$, dann lässt sich damit jetzt die legendäre ε-Umgebung um den Punkt $a \in \mathbb{R}$ (vgl. Rechenregel 1.4, 3) formulieren als

$$
\begin{aligned}
U_\varepsilon(a) &:= \{x \in \mathbb{R} : |x - a| < \varepsilon\} \\
&= \{x \in \mathbb{R} : -\varepsilon < x - a < \varepsilon\} \\
&= \{x \in \mathbb{R} : a - \varepsilon < x < a + \varepsilon\}.
\end{aligned}
\tag{1.1}
$$

d) Es gilt

$$x^2 < 4 \iff |x| < 2 \iff -2 < x < 2.$$

e) Es gilt

$$\{x \in \mathbb{R} : |x - 1| = -1\} = \emptyset.$$

Die Einführung der ε-Umgebung (1.1) gibt uns die Gelegenheit **offene** und **abgeschlossene** Intervalle in $\mathbb{R}$ zu erklären.

Seien $a, b \in \mathbb{R}$ mit $a < b$. Dann heißen

$$(a, b) := \{x \in \mathbb{R} : a < x < b\} \text{ bzw. } [a, b] := \{x \in \mathbb{R} : a \leq x \leq b\} \qquad (1.2)$$

offenes bzw. abgeschlossenes Intervall der Länge $b - a$.

Allgemeiner dagegen ist

Definition 1.6. Eine Menge bzw. ein Intervall $I \subset \mathbb{R}$ heißt **offen**, wenn für jedes $a \in I$ eine ε-Umgebung $U_\varepsilon(a)$ gemäß (1.1) derart existiert, dass

$$U_\varepsilon(a) \subset I.$$

Eine Menge bzw. ein Intervall $K \subset \mathbb{R}$ heißt **abgeschlossen**, falls $\mathbb{R} \setminus K$ offen ist.

Beispiel 1.7. Nach obiger Definition sind die leere Menge $\emptyset$ und ganz $\mathbb{R}$ offene Mengen. Da $\emptyset = \mathbb{R} \setminus \mathbb{R}$ und $\mathbb{R} = \mathbb{R} \setminus \emptyset$ gelten, sind beide Mengen auch abgeschlossen.

Wir kommen zurück zu Betragsungleichungen.

Beispiel 1.8. Welche $x \in \mathbb{R}$ erfüllen

$$|x - 1| < x?$$

Gemäß Definition 1.1 ergeben sich die beiden Fälle

$$|x - 1| = \begin{cases} x - 1 & : \ x - 1 \geq 0, \\ 1 - x & : \ x - 1 < 0. \end{cases}$$

Aus dem ersten Fall $x - 1 \geq 0$ ergibt sich die Bedingung

$$x \geq 1,$$

und damit liefert die Auflösung des Betrages

$$|x - 1| < x \iff x - 1 < x \iff -1 < 0$$

eine wahre Äquivalenzumformung. Somit erfüllen alle $x \geq 1$ die gegebene Ungleichung.

Aus dem zweiten Fall $x - 1 < 0$ ergibt sich die Bedingung

$$x < 1,$$

und damit liefert die Auflösung des Betrages

$$|x - 1| < x \iff 1 - x < x \iff 1/2 < x,$$

also $1/2 < x < 1$ gemäß der letzten Bedingung für x.

Fassen wir nun diese beiden Teillösungen zusammen, so ergibt sich

$$x \in [1, \infty) \cup (1/2 < x < 1) = (1/2, \infty).$$

Alternativ führt auch hier Rechenregel 1.4, 3 deutlich schneller zum gewünschten Resultat. Es gilt

$$-x < x - 1 < x \iff -2x < -1 \iff x > \frac{1}{2}.$$

Zusammenfassung. In den bisherigen Beispielen stand die Auflösung des Betrages gemäß Definition 1.1 an **erster** Stelle. Daraus resultierten längere **Fallunterscheidungen** für die gesuchte Größe $x \in \mathbb{R}$.

Ist dagegen die Anwendung der Rechenregel 1.4, 3 möglich, so verkürzen sich i. Allg. die Berechnungen erheblich! Auch bei komplizierteren Gleichungen bzw. Ungleichungen ändert sich diese Vorgehensweise nicht.

Beispiel 1.9. Welche $x \in \mathbb{R}$ erfüllen die Ungleichung

$$|x^2 + x - 2| < x + 2? \tag{1.3}$$

Wir beginnen mit der $\boxed{\textbf{langen Version}}$ gemäß Definition 1.1. Die Auflösung des Betrages führt auf die **beiden** Fälle

$$|x^2 + x - 2| = \begin{cases} x^2 + x - 2 &: \boxed{x^2 + x - 2 \geq 0}, \\ 2 - x - x^2 &: \boxed{x^2 + x - 2 < 0}. \end{cases} \tag{1.4}$$

Wir analysieren in (1.4) den **ersten** Fall, also die eingerahmte quadratische Ungleichung

$$x^2 + x - 2 \geq 0$$

um zunächst Einschränkungen für die Unbekannt $x \in \mathbb{R}$ festzulegen. Wir schreiben $x^2 + x - 2 = (x + 2)(x - 1)$ und bekommen damit

$$(x+2)(x-1) \geq 0 \iff \begin{cases} (x+2) \geq 0 \text{ und } (x-1) \geq 0 \\ \text{oder} \\ (x+2) \leq 0 \text{ und } (x-1) \leq 0 \end{cases}$$

$$\iff \begin{cases} x \geq -2 \text{ und } x \geq 1 \\ \text{oder} \\ x \leq -2 \text{ und } x \leq 1 \end{cases}$$

$$\iff \begin{cases} x \geq 1 \\ \text{oder} \\ x \leq -2. \end{cases}$$

Zusammenfassend sind also

$$x \in (-\infty, -2] \cup [1, \infty) \tag{1.5}$$

die Lösungsintervalle der quadratischen Ungleichung.

Damit liefert jetzt die Auflösung des Betrages gemäß (1.4)

$$|x^2 + x - 2| < x + 2 \iff x^2 + x - 2 < x + 2 \iff x^2 < 4$$
$$\overset{\text{(Bsp.1.5,d)}}{\iff} |x| < 2 \iff -2 < x < 2,$$

also resultiert

$$\boxed{1 \leq x < 2} \tag{1.6}$$

nach obiger Bedingungen (1.5) für $x \in \mathbb{R}$.

In (1.4) kommen wir zur **zweiten** eingerahmten Ungleichung

$$x^2 + x - 2 < 0$$

und erhalten entsprechend

$$(x+2)(x-1) < 0 \iff \begin{cases} (x+2) > 0 \text{ und } (x-1) < 0 \\ \text{oder} \\ (x+2) < 0 \text{ und } (x-1) > 0 \end{cases}$$

$$\iff \begin{cases} x > -2 \text{ und } x < 1 \\ \text{oder} \\ x < -2 \text{ und } x > 1 \end{cases}$$

$$\iff \begin{cases} -2 < x < 1 \\ \text{oder} \\ x \in \{\}, \end{cases}$$

wobei der zweite Zweig irrelevant ist. Insgesamt ist also

$$x \in (-2, 1) \tag{1.7}$$

die Lösungsmenge dieser quadratischen Ungleichung.

Auflösung des Betrages gemäß in (1.4) ergibt

$$|x^2 + x - 2| < x + 2 \iff 2 - x - x^2 < x + 2 \iff 0 < x^2 + x$$
$$\iff 0 < x(x+2) \iff x < -2 \text{ oder } x > 0,$$

also

$$\boxed{0 < x < 1} \tag{1.8}$$

gemäß obiger Bedingung (1.7) für x.

Fassen wir die beiden Teillösungen (1.6) und (1.8) zusammen, so ergibt sich die endgültige Lösung

$$x \in [1, 2) \cup (0, 1) = (0, 2).$$

Wir kommen jetzt zur $\boxed{\textbf{kurzen Version}}$. Rechenregel 1.4, 3 liefert

$$|x^2 + x - 2| < x + 2 \iff -x - 2 \overset{a)}{<} x^2 + x - 2 \overset{b)}{<} x + 2.$$

Aus a) ergibt sich

$$-x - 2 < x^2 + x - 2 \iff x(x+2) > 0 \iff x > 0 \text{ oder } x < -2.$$

Aus b) ergibt sich

$$x^2 + x - 2 < x + 2 \iff x^2 < 4 \iff -2 < x < 2.$$

Die beiden Fälle a) und b) zusammen ergeben schließlich

$$x \in (0, 2).$$

Befinden sich nun auf beiden Seiten einer Gleichung oder Ungleichung Beträge, dann werden diese der Reihe nach aufgelöst und es wird jeweils wie in den beiden Beispielen davor verfahren.

Beispiel 1.10. Wir bestimmen alle $x \in \mathbb{R}$, welche die Ungleichung

$$|3x - 5| > 2|x + 2| \tag{1.9}$$

erfüllen.

Wir beginnen mit der $\boxed{\text{langen Version}}$, schreiben (1.9) in der Form

$$|3x - 5| - 2|x + 2| > 0,$$

lösen den ersten Betrag auf und erhalten zunächst die beiden Fälle

$$|3x - 5| - 2|x + 2| = \begin{cases} 3x - 5 - 2|x + 2| \ : \ x \geq 5/3, \\ 5 - 3x - 2|x + 2| \ : \ x < 5/3, \end{cases} \tag{1.10}$$

welche wir im Folgenden gesondert betrachten:

Wir lösen jetzt im **ersten** Fall von (1.10) den noch ausstehenden Betrag auf und ermitteln daraus wieder zwei Fallunterscheidungen der Form

$$3x - 5 - 2|x + 2| = \begin{cases} 3x - 5 - 2x - 4 \ : \ x \geq 5/3 \ \text{und} \ x \geq -2, \\ 5 - 3x + 2x + 4 \ : \ x \geq 5/3 \ \text{und} \ x < -2 \end{cases}$$

bzw. gleichbedeutend mit

$$3x - 5 - 2|x + 2| = \begin{cases} 3x - 5 - 2x - 4 \ : \ x \geq 5/3, \\ 5 - 3x + 2x + 4 \ : \ x \in \{\}, \end{cases} \tag{1.11}$$

wobei der zweite Zweig in (1.11) natürlich irrelevant ist.

Für $x \geq 5/3$ erhalten wir

$$3x - 5 - 2x - 4 > 0 \iff x > 9.$$

Da $\boxed{x > 9}$ obige Bedingung in (1.11) für x schon erfüllt, liegt damit die erste Teillösung der vorgelegten Ungleichung (1.9) vor.

Wir lösen jetzt im **zweiten** Fall von (1.10) den noch ausstehenden Betrag auf und ermitteln daraus die Fallunterscheidungen

$$5 - 3x - 2|x + 2| = \begin{cases} 5 - 3x - 2x - 4 \ : \ x < 5/3 \text{ und } x \geq -2, \\ 5 - 3x + 2x + 4 \ : \ x < 5/3 \text{ und } x < -2. \end{cases}$$

bzw. gleichbedeuten mit

$$5 - 3x - 2|x + 2| = \begin{cases} 5 - 3x - 2x - 4 \ : \ -2 \leq x < 5/3, \\ 5 - 3x + 2x + 4 \ : \quad x < -2. \end{cases} \tag{1.12}$$

Der erste Zweig in (1.12) liefert

$$-5x + 1 > 0 \iff x < 1/5,$$

also gilt $x \in [-2, 1/5)$ gemäß der Einschränkung (1.12) an $x \in \mathbb{R}$.

Der zweite Zweig in (1.12) ergibt

$$9 - x > 0 \iff x < 9,$$

also gilt $x \in [-\infty, -2)$ gemäß der Einschränkung an x. Die zweite Teillösung der gegebenen Ungleichung (1.9) lautet damit zusammen $\boxed{x < 1/5}$.

Die Gesamtlösung resultiert aus den beiden oben eingerahmten Teillösungen und lautet

$$x \in (-\infty, 1/5) \cup (9, +\infty) = \mathbb{R} \setminus [1/5, 9].$$

Die dazugehörige $\boxed{\textbf{kurzen Version}}$ liefern wir im späteren Beispiel 1.25.

Mit den Rechenregeln 1.4 lässt sich eine der wichtigsten Ungleichungen beweisen.

Satz 1.11. Für alle $x, y \in \mathbb{R}$ gilt die **Dreiecksungleichung**

$$|x + y| \leq |x| + |y|.$$

Beweis. Da $x \leq |x|$ und $y \leq |y|$, gilt nach Summation

$$x + y \leq |x| + |y|.$$

Damit ergibt sich

$$-\big(|x| + |y|\big) \leq x + y \leq \big(|x| + |y|\big) \iff |x + y| \leq |x| + |y|$$

nach Rechenregel 1.4, 3.   qed

Als kleines Beispiel dazu betrachten wir

$$|4 - 6| \leq |4| + |-6| = 4 + 6 = 10,$$

d. h., mit $2 \leq 10$ liegt eine überaus „großzügige Abschätzung" des linken Betrages vor.

Die berechtigte Frage lautet nun: „Wann liegt **Gleichheit** vor?" Diese gilt, wenn eine der beiden Zahlen das **positive** Vielfache der anderen ist. Wenn also $y := \lambda x$ gilt, dann resultiert aus Rechenregel 1.4, 1, dass

$$|x + \lambda x| = (1 + \lambda)|x| = |x| + |\lambda x| \text{ für alle } \lambda \geq 0 \text{ und } x \in \mathbb{R}. \qquad (1.13)$$

Anders formuliert, Gleichheit liegt vor, wenn beide im Betrag stehenden Zahlen das gleiche Vorzeichen haben oder mindestens eine der beiden Zahlen 0 ist. So ist beispielsweise

$$5 = |2 + 3| = |2| + |3| = 5,$$
$$5 = |-2 - 3| = |-2| + |-3| = 5.$$

Als Folgerung der Dreiecksungleichung ergibt sich

Satz 1.12. Für alle $x, y \in \mathbb{R}$ gilt die **umgekehrte Dreiecksunglei-chung**

$$\big||x| - |y|\big| \leq |x + y|.$$

Beweis. Wir bekommen mit der Dreiecksungleichung

$$|x| = |x + y - y| \leq |x + y| + |y| \implies |x| - |y| \leq |x + y|$$

und

$$|y| = |y + x - x| \leq |y + x| + |x| \implies |y| - |x| \leq |y + x|$$

bzw. $-|y + x| \leq |x| - |y|$ aus der letzten Ungleichung. Zusammengefasst bedeutet dies

$$-|x + y| \leq |x| - |y| \leq |x + y|,$$

also

$$\big||x| - |y|\big| \leq |x + y|$$

nach Rechenregel 1.4, 3.   qed

Gleichheit liegt hier vor, wenn die Vorzeichen beider Zahlen verschieden sind oder wenn mindestens eine der beiden Zahlen 0 ist. So ist beispielsweise bei gleichem Vorzeichen

$$1 = \big||2| - |3|\big| = |2 - 3| = |-1| \overset{!}{\leq} |2 + 3| = 5$$

eine grobe Abschätzung. Bei verschiedenen Vorzeichen erhalten wir

$$1 = \big||2| - |-3|\big| = |2 - 3| \overset{!}{=} |2 - 3| = 1$$

bzw.

$$1 = \big||-2| - |3|\big| = |2 - 3| \overset{!}{=} |-2 + 3| = 1.$$

Bemerkung 1.13. Die (umgekehrte) Dreiecksungleichung kann für alle $x, y \in \mathbb{R}$ mit folgendem alternativen „Mittelterm" geschrieben werden:

$$\boxed{\big||x| - |y|\big| \leq |x \pm y| \leq |x| + |y|.} \tag{1.14}$$

Die **allgemeine Dreiecksungleichung** lautet

$$\boxed{\Big|\sum_{k=1}^{n} a_k\Big| \leq \sum_{k=1}^{n} |a_k|.} \tag{1.15}$$

Beweis. Diese Ungleichung lässt sich mit dem Prinzip der **vollständigen Induktion** bestätigen. Wir gehen in zwei Schritten vor:

a) Induktionsanfang: Sei $n = 1$, dann ergibt sich die wahre Aussage

$$\Big|\sum_{k=1}^{1} a_k\Big| = |a_1| \leq |a_1| = \sum_{k=1}^{1} |a_k|.$$

b) Induktionsschritt: Wir machen die **Induktionsannahme**, dass die Aussage für ein beliebiges $n > 1$ richtig ist. Daraus folgern wir, dass die Aussage dann auch für $n + 1$ stimmt. Es gilt

$$\left|\sum_{k=1}^{n+1} a_k\right| = \left|\sum_{k=1}^{n} a_k + a_{n+1}\right| \overset{(*)}{\le} \left|\sum_{k=1}^{n} a_k\right| + |a_{n+1}|$$

$$\overset{(**)}{\le} \sum_{k=1}^{n} |a_k| + |a_{n+1}| = \sum_{k=1}^{n+1} |a_k|,$$

womit die vorgelegte Ungleichung bestätigt ist. In $(*)$ haben wir die Dreiecksungleichung gemäß Satz 1.14 und in $(**)$ die Induktionsannahme verwendet, indem der Betrag unter die Summe gezogen wurde.

qed

Man glaubt es kaum, es gibt auch noch eine Vierecksungleichung.

Satz 1.14. Für alle $a, b, c, d \in \mathbb{R}$ gilt die **Vierecksungleichung**

$$\big||a - b| - |c - d|\big| \le |a - c| + |b - d|.$$

Beweis. Aus der Dreiecksungleichung ergibt sich

$$|c - d| \le |c - a| + |a - d| \le |c - a| + |a - b| + |b - d|$$
$$= |a - c| + |a - b| + |b - d|.$$

Daraus resultiert

$$-\big(|a - b| - |c - d|\big) = |c - d| - |a - b| \le |a - c| + |b - d|.$$

Analog ergibt sich

$$|a - b| \le |a - c| + |c - b| \le |a - c| + |c - d| + |d - b|$$
$$= |a - c| + |c - d| + |b - d|.$$

Daraus reultiert

$$|a - b| - |c - d| \le |a - c| + |b - d|.$$

Insgesamt gilt damit die gewünschte Vierecksungleichung

$$\big||a - b| - |c - d|\big| \le |a - c| + |b - d|.$$

qed

Auch hier drängt sich die Frage nach Gleichheit auf. Diese ist jedoch nicht so einfach wie zuvor bei der Dreiecks- und umgekehrten Dreiecksungleichung zu beantworten. Umfangreiche Berechnungen liefern zahlreiche verschiedene Fälle, von denen hier zumindest einer vorgestellt wird. Eine kurze Rechnung bestätigt die nachfolgende Implikation:

$$a > b = c = d \implies |a - b| \leq |a - b|.$$

Als weiteren Fall dürfen Sie abschließend die Gültigkeit der Gleichheit bei

$$c > a > b = d$$

überprüfen.

1.2 Wurzeln

Auch Wurzeln sind ständiger Begleiter bei nahezu allen Rechnungen.

Definition 1.15. Wir suchen für $a \in \mathbb{R}$ mit $a \geq 0$ die **nichtnegative** Lösung $x \geq 0$ von $x^n = a$, $n \in \mathbb{N}$. Dieses x heißt die n-te **Wurzel** aus a. Wir schreiben dafür $x = \sqrt[n]{a}$ oder $x = a^{1/n}$. Darin bezeichnen wir die Zahl $a \geq 0$ als **Radikand** der Wurzel.

Satz 1.16. Falls ein solches $x \geq 0$ existiert, dann ist es **eindeutig**.

Beweis. Angenommen, es existieren zwei Lösungen $x, y \geq 0$ mit

$$x^n = y^n = a \text{ und } x < y.$$

Potenzieren wir nun die Ungleichung $x < y$ auf beiden Seiten mit $n \in \mathbb{N}$, dann ergibt sich $x^n < y^n$ und daraus der Widerspruch

$$a = x^n < y^n = a.$$

Damit folgt die Eindeutigkeit. qed

Wir vereinbaren für **quadratische Wurzeln** die gewohnte Schreibweise

$$\sqrt[2]{a} =: \sqrt{a}.$$

Beachten Sie nochmals, dass $\sqrt[n]{a}$, $n \in \mathbb{N}$, gemäß obiger Definition 1.15 nur für Zahlen $a \geq 0$ definiert ist. Somit ist z. B. der Ausdruck $\sqrt[3]{-8}$ **nicht** erklärt, insbesondere gilt $\sqrt[3]{-8} = -2$ **nicht**, obwohl doch $(-2)^3 = -8$ richtig ist. Denn wäre der Ausdruck richtig, ergäbe sich mit den Regeln der Potenzgesetze

$$\sqrt[3]{-8} = (-8)^{\frac{1}{3}} = (-8)^{\frac{2}{6}} = \left((-8)^2\right)^{\frac{1}{6}} = 2 \neq -2. \tag{1.16}$$

Was ist also schiefgelaufen? In wenigen Augenblicken sehen Sie die ganze Wahrheit. Zunächst noch

Beispiele 1.17. Für reelle Zahlen gelten folgende Resultate:

a) $\sqrt{(-2)^2} = |-2| = 2$.

b) $x^2 = 0$ hat die Lösung $x = 0$.

c) $x^2 = 2$ hat die Lösungen $x = \pm\sqrt{2}$, denn $(x - \sqrt{2})(x + \sqrt{2}) = x^2 - 2 = 0$.

d) $x^3 = 2$ hat die Lösung $x = \sqrt[3]{2}$.

e) $x^2 = -2$ hat keine Lösung.

Folgerung 1.18. Für die **reellen** Lösungen der Gleichung $x^n = a$ gelten:

$$a \geq 0: \quad x = \begin{cases} \pm\sqrt[n]{a} & : \ n = 2k \qquad \text{(d. h., } n \text{ gerade)}, \\[2mm] \sqrt[n]{a} & : \ n = 2k+1 \quad \text{(d. h., } n \text{ ungerade)}, \end{cases}$$

$$a < 0: \quad x = \begin{cases} \emptyset & : \ n = 2k \qquad \text{(d. h., } n \text{ gerade)}, \\[2mm] -\sqrt[n]{|a|} & : \ n = 2k+1 \quad \text{(d. h., } n \text{ ungerade)}, \end{cases}$$

jeweils für $k \in \mathbb{N}$.

Anhand des letzten Falles erkennen Sie, dass beispielsweise $x^3 = -8$ die Lösung

$$\boxed{x = -\sqrt[3]{|-8|} = -2}$$

hat, und der in (1.16) formulierte Widerspruch damit nicht mehr auftritt, denn

$$-\sqrt[3]{|-8|} = -|-8|^{\frac{1}{3}} = -|-8|^{\frac{2}{6}} = -\left(|-8|^2\right)^{\frac{1}{6}} = -64^{\frac{1}{6}} = -2.$$

Weiter lässt sich erahnen, dass zwischen Wurzeln und Beträgen ein gewisser Zusammenhang besteht. So gilt beispielsweise die wichtige Regel

$$\boxed{\sqrt{x^2} = |x|,}$$ (1.17)

eine Beziehung, die oft übersehen wird.

Beispiel 1.19. Die Viereckungleichung

$$\big||a - b| - |c - d|\big| \le |a - c| + |b - d|$$

lässt sich mit letztgenannter Regel (1.17) auch schreiben als

$$\sqrt{\left(\sqrt{(a - b)^2} - \sqrt{(c - d)^2}\right)^2} \le \sqrt{(a - c)^2} + \sqrt{(b - d)^2}.$$

Oft stellt sich auch die Frage, in welcher Reihenfolge Potenzieren und Wurzelziehen zueinander stehen. Die Antwort lautet: hier gibt es keine festgelegte Reihenfolge! Es gelten folgende Aussagen:

Rechenregeln 1.20. Für $a \ge 0$ und $p, q \in \mathbb{Z}$ gilt

$$a^{p/q} = \left(\sqrt[q]{a}\right)^p = \sqrt[q]{a^p},$$ (1.18)

wobei (mit der Abkürzung $z := p/q$) folgende zusätzliche Eigenschaften gelten:

$$0^z := \begin{cases} 0 & : \ z > 0, \\ 1 & : \ z = 0, \\ \text{nicht definiert} & : \ z < 0. \end{cases}$$ (1.19)

Bemerkung 1.21. Mit obiger **Festlegung**

$$\boxed{0^0 := 1}$$ (1.20)

bekommen zahlreiche Formeln, wie die bekannte **binomische Formel** ihre Gültigkeit.

Beispiel 1.22. Für beliebige Zahlen $a, b \in \mathbb{R}$ und $n \in \mathbb{N}_0$ gilt die binomische Formel

$$(a + b)^n = \sum_{k=0}^{n} \binom{n}{k} a^k \, b^{n-k}.$$ (1.21)

Daraus ergibt sich z. B. mit $a := 1$ und $b := -1$ der Spezialfall

$$\boxed{0^0} = (1-1)^0 = \sum_{k=0}^{0} \binom{0}{k}(-1)^k = \binom{0}{0}(-1)^0 = \boxed{1},$$

da $\binom{0}{0} = 0!/0! = 1$, also $0! := 1$ definiert ist. Diese Festlegung lässt sich anhand der **rekursiven** Eigenschaft der Fakultät, d. h. durch die Darstellung

$$\boxed{(n+1)! = n!\,(n+1)} \tag{1.22}$$

motivieren. Aus (1.22) resultiert

$$n! = \frac{(n+1)!}{(n+1)},$$

$$\vdots$$

$$0! = \frac{1!}{1} = 1.$$

Beispiele 1.23. Es folgen weitere Beispiele zur Vereinbarung (1.20):

a) Für den Binomialkoeffizienten gilt

$$\binom{n}{k} := \frac{n!}{k!(n-k)1}, \tag{1.23}$$

damit also

$$\binom{0}{0} = \frac{0!}{0!\,0!} = 1.$$

b) Bei der **Exponentialreihe**

$$e^x = \sum_{k=0}^{\infty} \frac{x^k}{k!},$$

gilt für $x = 0$ mit $0! = 1$ die Beziehung

$$1 = e^0 = \sum_{k=0}^{\infty} \frac{0^k}{k!} = 0^0.$$

c) Entsprechendes gilt auch für die **Cosinus-Reihe**

$$\cos x = \sum_{k=0}^{\infty} \frac{(-1)^k}{(2k)!} x^{2k}.$$

Denn für $x = 0$ mit $0! = 1$ gilt

$$1 = \cos 0 = \sum_{k=0}^{\infty} \frac{(-1)^k}{(2k)!} \, 0^{2k} = 0^0.$$

d) Als letztes Beispiel dazu sei die **geometrische Reihe**

$$\sum_{k=0}^{\infty} q^k = \frac{1}{1-q}, \quad |q| < 1,$$

erwähnt. Überzeugen Sie sich zur Übung selbst von der nötigen Vereinbarung (1.20).

Wir untersuchen nun im weiteren Verlauf **Wurzelgleichungen** für die Unbekannte $x \in \mathbb{R}$. Generell lässt sich dazu sagen, dass solche Gleichungen zur Elimination der Wurzeln entsprechend potenziert und die damit ermittelten Lösungsmengen **stets** überprüft werden müssen. Denn Quadrieren einer Gleichung „vergrößert" evtl. die Lösungsmenge, was schon ein sehr einfaches Beispiel zeigt:

$$x = 1 \quad \overset{\Longrightarrow}{\underset{\ne}{}} \quad x^2 = 1 \iff x = \pm 1, \tag{1.24}$$

insgesamt also **keine** Äquivalenzumformung vorliegt. Denn bei reellen Zahlen gilt für die quadratischen (und damit i. Allg. für gerade) Potenzen

$$\boxed{a = b \implies a^2 = b^2 \text{ und } a^2 = b^2 \nRightarrow a = b.} \tag{1.25}$$

Beispiel 1.24. Gegeben seien die beiden Gleichungen

$$\sqrt{x-1} = 2 \text{ und } \sqrt{x-1} = -2. \tag{1.26}$$

Wir quadrieren beide Geichungen und erhalten für beide Varianten dieselbe **lineare** Gleichung $x - 1 = 4$ mit der reellen Lösung $x = 5$.

Eine **Überprüfung** zeigt, dass für die zweite Gleichung erwartungsgemäß der ermittelte Wert keine Lösung darstellt. Quadrieren kann nichtlösbare Gleichungen „lösbar" machen, wie es bei der zweiten Gleichung in (1.26) der Fall ist.

Erklärung. Quadrieren (bzw. Anwendung gerader Potenzen) ist auf ganz $\mathbb{R}$ gemäß (1.25) keine Äquivalenzumformung. Beschränken wir uns jedoch auf einen der beiden Bereiche

$$(-\infty, 0) \text{ oder } (0, \infty),$$

dann schon. Anders formuliert, Quadrieren ist streng monoton fallend im negativen Bereich, denn für $a, b > 0$ gilt

$$-a < -b \iff a^2 > b^2, \tag{1.27}$$

und ist streng monoton steigend im positiven Bereich, da

$$a < b \iff a^2 < b^2. \tag{1.28}$$

Wir kommen nun zu der im Beispiel 1.10 angekündigten $\boxed{\textbf{kurzen Version}}$ der Berechnungen.

Beispiel 1.25. Dazu führen wir eine Reihe von **Äquivalenzumformungen** durch. Es gelten

$$|3x - 5| > 2|x + 2|$$

$$\overset{(1.28)}{\iff} \quad 9x^2 - 30x + 25 > 4x^2 + 16x + 16$$

$$\iff \quad 5x^2 - 46x > -9$$

$$\iff \quad \left(x - \frac{46}{10}\right)^2 > \frac{1936}{100}$$

$$\overset{(1.17)}{\iff} \quad \left|x - \frac{46}{10}\right| > \frac{44}{10}$$

$$\iff \quad -x + \frac{46}{10} > \frac{44}{10} \ \text{ oder } \ x - \frac{46}{10} > \frac{44}{10}$$

$$\iff \quad x < \frac{1}{5} \ \text{ oder } \ x > 9$$

$$\iff \quad x \in \left(-\infty, \frac{1}{5}\right) \cup \left(9, +\infty\right) = \mathbb{R} \setminus \left[\frac{1}{5}, 9\right].$$

Beispiel 1.26. Welche $x \in \mathbb{R}$ erfüllen

$$2\sqrt{x - 4} = \sqrt{x + 5}\,? \tag{1.29}$$

Beide Radikanden müssen **positiv** sein, der linke ist es für $x \geq 4$ und der rechte für $x \geq -5$, insgesamt also für

$$x \geq 4. \tag{1.30}$$

Wir erhalten durch Quadrieren die **lineare** Gleichung mit

$$4(x - 4) = x + 5 \iff x = 7,$$

in Übereinstimmung mit (1.30).

Beispiel 1.27. Welche $x \in \mathbb{R}$ erfüllen

$$\sqrt{x + 1} = x - 1 ? \tag{1.31}$$

Die Wurzel ist definiert für $x \geq -1$, die rechte Seite erfüllt $x - 1 \geq 0$ für $x \geq 1$. Wir quadrieren auf beiden Seiten und erhalten dann insgesamt für $x \geq 1$ die Äquivalenzumformungen

$$\sqrt{x + 1} = x - 1 \iff x + 1 = x^2 - 2x + 1 \iff x^2 - 3x = 0 \iff x = 3.$$

Der Wert $x = 0$ erfüllt ebenfalls die quadratische Gleichung, jedoch nicht die gegebene Gleichung (1.31) im Einklang mit der oben formulierten Einschränkung an die Lösung.

Wenn wir die Ausgangsgleichung ohne Beachtung der Einschränkungen umformen, ergibt sich nach wie vor die quadratische Gleichung $x^2 - 3x = 0$ mit den Lösungen $x_1 = 0$ und $x_2 = 3$. Jetzt muss allerdings eine **Probe** durchgeführt werden, um daraus die richtige(n) Lösung(en) zu ermitteln!

Beispiele 1.28. Welche $x \in \mathbb{R}$ erfüllen die Gleichungen

$$a) \ \sqrt{x + \sqrt{x - 4}} = 2, \quad b) \ \sqrt{x - \sqrt{x - 4}} = 2 ?$$

Zweimaliges Quadrieren verbunden mit einigen Umformungen ergeben:

a) Die quadratische Gleichung $x^2 - 9x + 20 = 0$, d. h.,

$$x_{1,2} = \frac{9 \pm \sqrt{81 - 4 \cdot 20}}{2}$$

mit den beiden Lösungen

$$x_1 = 4 \text{ und } x_2 = 5.$$

Eine Probe bestätigt, dass nur $x = 4$ eine Lösung von a) ist und $x_2 = 5$ (wegen $\sqrt{6} \neq 2$) keine.

b) Die selbe quadratische Gleichung $x^2 - 9x + 20 = 0$ mit den beiden Lösungen

$$x_1 = 4 \text{ und } x_2 = 5.$$

Eine Probe bestätigt, dass sogar beide Werte Lösungen von b) sind.

Wir führen jetzt **Äquivalenzumformungen** durch, indem wir vor jeder Umformung eventuelle Einschränkungen an die Lösungen beachten:

a) Wir erhalten

$$\sqrt{x + \sqrt{x - 4}} = 2$$

$$\overset{x \geq 4}{\Longleftrightarrow} \quad x + \sqrt{x - 4} = 4$$

$$\overset{x \leq 4}{\Longleftrightarrow} \quad \sqrt{x - 4} = 4 - x$$

$$\Longleftrightarrow \quad x = 4.$$

b) Entsprechend erhalten wir hier

$$\sqrt{x - \sqrt{x - 4}} = 2$$

$$\overset{x \geq 4}{\Longleftrightarrow} \quad x - \sqrt{x - 4} = 4$$

$$\Longleftrightarrow \quad x - 4 = \sqrt{x - 4}$$

$$\Longleftrightarrow \quad (x - 4)^2 = x - 4$$

$$\Longleftrightarrow \quad x^2 - 9x + 20 = 0$$

$$\Longleftrightarrow \quad x_1 = 4 \ \text{und} \ x_2 = 5.$$

Beispiel 1.29. Welche $x \in \mathbb{R}$ erfüllen die Gleichung

$$\sqrt{4x - 9} + \sqrt{6x - 7} = \sqrt{5x - 3} + \sqrt{5x - 13} \, ? \tag{1.32}$$

Insgesamt sind für $x \geq 13/5$ alle vier Wurzeln definiert. Damit gelten folgende **Äquivalenzumformungen:**

$$\sqrt{4x - 9} + \sqrt{6x - 7} = \sqrt{5x - 3} + \sqrt{5x - 13}$$

$$\overset{x \geq \frac{13}{5}}{\Longleftrightarrow} \quad \left(\sqrt{4x - 9} + \sqrt{6x - 7}\right)^2 = \left(\sqrt{5x - 3} + \sqrt{5x - 13}\right)^2$$

$$\Longleftrightarrow \quad \sqrt{24x^2 - 82x + 63} = \sqrt{25x^2 - 80x + 39}$$

$$\Longleftrightarrow \quad x^2 + 2x - 24 = 0$$

$$\Longleftrightarrow \quad x = 4.$$

Die quadratische Gleichung liefert auch den Wert $x = -6$, welcher allerdings im Widerspruch zu $x \geq 13/5$ keine Lösung ist.

Die letzten Beispiele legen die Vermutung nahe, dass durch wiederholtes Quadrieren die Wurzeln aus den Wurzelgleichungen nach und nach vollständig verschwinden. Dazu folgende Gleichung von der die Lösung bekannt ist:

Gegenbeispiel 1.30. Die Wurzelgleichung

$$\sum_{k=1}^{n} \sqrt{(k + 1)x - k} = n \tag{1.33}$$

hat für jedes beliebig $n \in \mathbb{N}$ als einzige Lösung den Wert $x = 1$. Beispielsweise für $n = 3$ liegt die Gleichung

$$\sqrt{2x - 1} + \sqrt{3x - 2} + \sqrt{4x - 3} = 3 \tag{1.34}$$

vor. Jetzt tun wir so, als würden wir die Lösung nicht kennen und versuchen diese durch Quadrieren wie folgt zu ermitteln:

$$\left(\sqrt{2x - 1} + \sqrt{3x - 2} + \sqrt{4x - 3}\right)^2$$

$$= (2x - 1) + 2\sqrt{2x - 1}\sqrt{3x - 2} + 2\sqrt{2x - 1}\sqrt{4x - 3}$$

$$+ (3x - 2) + 2\sqrt{3x - 2}\sqrt{4x - 3} + (4x - 3) = 9$$

bzw. nach einigen Umformungen

$$2\sqrt{2x - 1}\left(\sqrt{3x - 2} + \sqrt{4x - 3}\right) + \sqrt{3x - 2}\sqrt{4x - 3} = 15 - 9x$$

Quadrieren wir nun diese Gleichung wieder auf beiden Seiten, dann erhalten wir nach einigen Umformungen

$$8x\left(4\sqrt{2x-1}\,\sqrt{3x-2}+3\sqrt{2x-1}\,\sqrt{4x-3}+2\sqrt{3x-2}\,\sqrt{4x-3}\right)$$

$$-8\left(3\sqrt{2x-1}\,\sqrt{3x-2}+2\sqrt{2x-1}\,\sqrt{4x-3}+\sqrt{3x-2}\,\sqrt{4x-3}\right)$$

$$=\ 181-134x-23x^2.$$

Fahren wir auf diese Art und Weise fort, erhöht sich die Anzahl der Wurzeln drastisch und wir hätten keine Chance, die gesuchte Größe $x \in \mathbb{R}$ aus dem Wurzeldickicht zu befreien!

Wir **ändern** die Strategie und formen jetzt die Ausgangsgleichung (1.34) derart um, indem wir nur **eine** der vorliegenden Wurzeln auf die rechte Seite bringen. Daraus reultiert durch Quadrieren beider Seiten folgende Gleichung:

$$\left(\sqrt{2x-1}+\sqrt{3x-2}-3\right)^2=\left(-\sqrt{4x-3}\right)^2$$

bzw.

$$5x+6-6\sqrt{2x-1}+2\sqrt{2x-1}\,\sqrt{3x-2}-6\sqrt{3x-2}=4x-3,$$

womit die Wurzel $\sqrt{4x-3}$ verschwunden ist. Wir wollen nun eine weitere Wurzel, z. B. $\sqrt{3x-2}$ eliminieren. Dazu schaffen wir alle Terme, welche die besagte Wurzel beinhalten auf die rechte Seite, **klammern** diese aus und erhalten

$$x+9-6\sqrt{2x-1}=2\left(3-\sqrt{2x-1}\right)\sqrt{3x-2}.$$

Quadrieren ergibt, nachdem wir die verbliebene zu eliminierende Wurzel wieder auf die rechte Seite verfrachtet haben

$$109+10x-23x^2=(156-60x)\sqrt{2x-1}.$$

Daraus resultiert durch Quadrieren die wurzelfreie Gleichung

$$529x^4-7660x^3+36126x^2-65212x+36217=0.$$

Nach nur **drei** Schritten (das ist kein Zufall!) konnte die Unbekannte x aus den Wurzeln befreit werden. Dieses resultierende Polynom 4. Grades hat nun vier Nullstellen und wie Sie schnell bestätigt haben werden, ist auch $x = 1$ als einzige Lösung der ursprünglichen Gleichung darin enthalten.

Fazit. Die in Beispiel 1.30 formulierte Gleichung kann nach **höchstens** n Quadrierungen von allen Wurzeln befreit werden. Folgende Strategie führt dabei stets zum Erfolg:

Wir fixieren eine der Wurzeln und bringen diese gesondert auf eine Seite. Durch Quadrieren auf beiden Seite wird diese Wurzeln ausgemerzt und auf der anderen Seite entstehen verschiedene Produkte und Summen bestehend aus den übrigen Wurzeln. Wir konzentrieren uns auf eine der restlichen Wurzeln, bringen alle Terme mit dieser gesondert auf eine Seite, **klammern** die besagte Wurzel aus und Quadrieren wieder auf beiden Seiten. Nachdem nun auch diese Wurzel eliminiert ist, beginnt das Spiel erneut. Nach maximal n Schritten sind alle Wurzeln verschwunden.

Die soeben beschriebene Vorgehensweise gilt ganz allgemein.

Bemerkung 1.31. Seien dazu Q_k, P_k, $k = 1, \ldots, n$, jeweils beliebige Polynome in der Variablen $x \in \mathbb{R}$. Wir setzen $W_k := \sqrt{P_k}$ und betrachten den Ausdruck

$$
\begin{aligned}
F_n &:= Q_1 W_1^{\alpha_{1,1}} \cdots W_n^{\alpha_{1,n}} + \ldots + Q_n W_1^{\alpha_{n,1}} \cdots W_n^{\alpha_{n,n}} \\
&= \sum_{k=1}^{n} Q_k W_1^{\alpha_{k,1}} \cdots W_n^{\alpha_{k,n}},
\end{aligned}
\tag{1.35}
$$

wobei $\alpha_{k,j} \in \{0,1\}$, $j = 1, \ldots, n$. Dann kann die Gleichung

$$
F_n(x) = 0
$$

mit maximal n Quadrierungen wurzelfrei gemacht werden. Die resultierende Polynomgleichung besitzt i. Allg. mehr Lösungen als die Ausgangsgleichung, weshalb die tatsächliche(n) Lösung(en) durch eine Probe ermittelt werden müssen!

Diese Vorgehensweise verbunden mit der vorgestellten Idee ist zugegebenermaßen faszinierend, bleibt allerdings wegen des zu hohen Rechenaufwandes eher Theorie. Schade!

Im Gegensatz zu (1.24) betrachten wir jetzt die Äquivalenzumformungen

$$
x = \pm 1 \iff x^3 = \pm 1 \iff x = \pm \sqrt[3]{|\pm 1|} \iff x = \pm 1. \tag{1.36}
$$

Bei reellen Zahlen gilt für deren **kubische** Potenzen

$$
\boxed{a = b \implies a^3 = b^3 \text{ und } a^3 = b^3 \implies a = b.} \tag{1.37}
$$

Bemerkung 1.32. Die in (1.25) und (1.37) formulierten Resultate gelten allgemein für **gerade** und **ungerade** ganzzahlige Potenzen.

Beispiel 1.33. Welche $x \in \mathbb{R}$ erfüllen

$$2\sqrt[3]{x-1} = \sqrt[3]{x+13}\,? \tag{1.38}$$

Insgesamt sind beide Wurzeln für $x \geq 1$ definiert. Für die resultierende **lineare** Gleichung gilt

$$\left(2\sqrt[3]{x-1}\right)^3 = \left(\sqrt[3]{x+13}\right)^3 \iff 8(x-1) = x+13 \iff x = 3.$$

Dieser Wert löst (1.38) im Einklang mit der Forderung $x \geq 1$.

Wir betrachten jetzt folgende Gleichung:

Beispiel 1.34. Welche $x \in \mathbb{R}$ erfüllen

$$\sqrt[3]{x-5}\,\sqrt[3]{x+2} = 2\,? \tag{1.39}$$

Potenzieren mit 3 ergibt die **quadratische** Gleichung

$$(x-5)(x+2) = 8 \iff x^2 - 3x - 18 = 0.$$

Also gilt

$$x_{1,2} = \frac{3 \pm \sqrt{9 + 4 \cdot 18}}{2} \iff x_1 = 6 \text{ und } x_2 = -3.$$

Dabei ist $x_2 = -3$ keine Lösung, da

$$\sqrt[3]{x_2 - 5}\,\sqrt[3]{x_2 + 2} = \sqrt[3]{-8}\,\sqrt[3]{-1}$$

entgegen Folgerung 1.18 resultiert, also negative Radikanten auftreten.

Bei Gleichungen mit mehreren Wurzeln unterschiedlicher Ordnung potenzieren wir beide Seiten mit dem *kleinsten gemeinsamen Vielfachen* der Wurzelexponenten.

Beispiel 1.35. Welche $x \in \mathbb{R}$ erfüllen

$$\sqrt[2]{x+1} = \sqrt[4]{4x+4}\,? \tag{1.40}$$

Wir potenzieren beide Seiten mit 4 und erhalten

$$(x+1)^{4/2} = (4x+4)^{4/4} \implies (x+1)^2 = 4x+4 \iff x^2 - 2x - 3 = 0.$$

Daraus resultieren die beiden Lösungen

$$x_1 = -1 \text{ und } x_2 = 3,$$

welche durch Einsetzen auch bestätigt werden.

Beispiel 1.36. Welche $x \in \mathbb{R}$ erfüllen

$$\sqrt[3]{2x+1} = \sqrt[9]{26x+1}\,? \qquad (1.41)$$

Wir potenzieren beide Seiten mit 9 und erhalten die kubische Gleichung

$$(2x+1)^{9/3} = (26x+1)^{9/9} \iff (2x+1)^3 = 26x+1 \iff 4x(2x^2+3x-5) = 0.$$

Daraus resultieren die drei Lösungen

$$x_1 = 0, \; x_2 = 1 \text{ und } x_3 = -\frac{5}{2}.$$

Wir setzen diese drei Werte in die Gleichung (1.41) ein und erhalten der Reihe nach

$$\sqrt[3]{2x_1+1} = \sqrt[9]{26x_1+1} \iff 1 = 1,$$

$$\sqrt[3]{2x_2+1} = \sqrt[9]{26x_2+1} \iff \sqrt[3]{3} = \sqrt[3]{\sqrt[3]{27}} \iff \sqrt[3]{3} = \sqrt[3]{3},$$

$$\sqrt[3]{2x_3+1} = \sqrt[9]{26x_3+1} \iff \sqrt[3]{-4} = \sqrt[9]{-64}.$$

Daran erkennen Sie, dass für $x_3 = -5/2$ die beiden Wurzeln nicht definiert sind. Damit sind also die übrigen beiden Werte die einzigen Lösungen.

Beispiel 1.37. Welche $x \in \mathbb{R}$ erfüllen

$$\sqrt[2]{5x+1} = \sqrt[3]{21x+1}\,? \qquad (1.42)$$

Wir potenzieren beide Seiten mit $2 \cdot 3 = 6$ und erhalten nach einigen Umformungen

$$(5x+1)^{6/2} = (21x+1)^{6/3} \iff x(125x^2 - 366x - 27) = 0$$

Daraus resultieren die drei Lösungen

$$x_1 = 0, \; x_2 = 3 \text{ und } x_3 = -\frac{18}{250}.$$

Wir setzen diese drei Werte in die Gleichung (1.42) ein und erhalten der Reihe nach

$$\sqrt[2]{5x_1 + 1} = \sqrt[3]{21x_1 + 1} \iff 1 = 1,$$

$$\sqrt[2]{5x_2 + 1} = \sqrt[3]{21x_2 + 1} \iff \sqrt[2]{16} = \sqrt[3]{64} \iff 4 = 4,$$

$$\sqrt[2]{5x_3 + 1} = \sqrt[3]{21x_3 + 1} \iff \sqrt[2]{-\frac{90}{250} + 1} = \sqrt[3]{-\frac{378}{250} + 1}.$$

Daran erkennen Sie, dass für $x_3 = -18/250$ die rechte Wurzel nicht definiert ist, da der Radikand negativ ist. Somit sind die beiden übrigen Werte die einzigen Lösungen.

Fazit. Denken Sie bei Wurzelgleichungen **stets** an die **Probe!**

Auch **Wurzelungleichungen** bieten interessante Beispiele. Im Folgenden verwenden wir die Äquivalenz

$$0 \le a \le b \iff a^2 \le b^2. \tag{1.43}$$

Beispiel 1.38. Welche $x \in \mathbb{R}$ erfüllen die Ungleichung

$$\sqrt{x^2 - 2x + 1} > x\,? \tag{1.44}$$

Bevor wir quadrieren, muss eine Fallunterscheidung gemacht werden.

Fall 1: Für $x < 0$ ist die Ungleichung immer erfüllt, da in diesem Fall für die linke Seite stets $\sqrt{x^2 - 2x + 1} = \sqrt{(x-1)^2} \ge 0$ gilt.

Fall 2: Sei nun $x \ge 0$. Dann ist gemäß (1.43) Quadrieren eine äquivalente Umformung. Wir erhalten

$$x^2 - 2x + 1 > x^2 \iff 0 \le x < \frac{1}{2}.$$

Insgesamt wird die gegebene Ungleichung für alle

$$x < \frac{1}{2}$$

erfüllt.

Ein **alternativer** Lösungsweg führt über den Betrag. Mit

$$\sqrt{x^2 - 2x + 1} = \sqrt{(x-1)^2} = |x - 1|$$

erhalten wir die Ungleichung

$$|x - 1| > x.$$

Fall 1: Für $x - 1 > 0$ erhalten wir

$$x - 1 > x \iff 0 < -1,$$

also gibt es keine Lösung für diesen Fall.

Fall 2: Für $x - 1 < 0$ erhalten wir

$$-x + 1 > x \iff x < \frac{1}{2},$$

in Übereinstimmung mit den Berechnungen davor.

Beispiel 1.39. Welche $x \in \mathbb{R}$ erfüllen die Ungleichung

$$\sqrt{x^2 - 2x + 1} < x\,? \tag{1.45}$$

Eine Fallunterscheidung ist hier nicht nötig, da die vorgelegte Ungleichung ohnehin nur für $x \geq 0$ gültig ist. Unter dieser Annahme ist Quadrieren nach (1.43) eine Äquivalenzumformung und wir erhalten

$$x^2 - 2x + 1 < x^2 \iff x > \frac{1}{2}.$$

Beispiel 1.40. Welche $x \in \mathbb{R}$ erfüllen die Ungleichung

$$\sqrt{4x - 4} \geq x\,? \tag{1.46}$$

Für $x \geq 1$ ist der Radikand nichtnegativ. Also ist in diesem Bereich Quadrieren der Ungleichung eine Äquivalenzumformung und wir erhalten

$$4x - 4 \geq x^2 \iff (x^2 - 2)^2 \leq 0.$$

Damit ist die Ungleichung (1.46) eigentlich eine Gleichung, weil sie lediglich für den einzelnen Wert $x = 2$ erfüllt ist, also $2 \geq 2$ gilt. Die strikte Ungleichung

$$\sqrt{4x - 4} > x$$

ist somit nicht lösbar, wie Sie sofort erkennen!

Abschließend betrachten wir noch eine Ungleichung.

Beispiel 1.41. Welche $x \in \mathbb{R}$ erfüllen die Ungleichung

$$\sqrt{x + 2} < |x + 1|\,? \tag{1.47}$$

Für $x \geq -2$ ist die Wurzel definiert. Dafür gelten folgende Äquivalenzumformungen:

$$\sqrt{x+2} < |x+1|$$

$$\underset{\Longleftrightarrow}{x \geq -2} \qquad x+2 < x^2 + 2x + 1$$

$$\Longleftrightarrow \qquad 1 < x^2 + x$$

$$\Longleftrightarrow \qquad \frac{5}{4} < \left(x + \frac{1}{2}\right)^2$$

$$\Longleftrightarrow \qquad \frac{\sqrt{5}}{2} < \left|x + \frac{1}{2}\right|$$

$$\Longleftrightarrow \qquad x < \underbrace{-\frac{\sqrt{5}+1}{2}}_{\approx -1{,}62} \text{ oder } x > \frac{\sqrt{5}-1}{2}.$$

Insgesamt gilt also

$$x \in \left(-\infty, -\frac{\sqrt{5}+1}{2}\right) \cup \left(\frac{\sqrt{5}-1}{2}, \infty\right).$$

Haben Sie die Zahl

$$G := \frac{\sqrt{5}+1}{2}$$

erkannt? Natürlich, was für eine Frage! G ist der goldene Schnitt.

Jede Zahl lässt sich eindeutig als Kettenbruch darstellen. Der goldene Schnitt nimmt in diesem Zusammenhang eine einmalige Stellung ein. Dazu zunächst

---

Definition 1.42. Eine rationale Zahl $x \in \mathbb{R}$ liefert einen **endlichen Kettenbruch** der Form

$$x = a_0 + \cfrac{1}{a_1 + \cfrac{1}{a_2 + \cfrac{1}{a_3 + \cdots \cfrac{1}{a_{n-1} + \cfrac{1}{a_n}}}}}$$

mit $a_n \neq 1$, $a_0 \in \mathbb{Z}$ und $a_1, \cdots, a_n \in \mathbb{N}$ gefordert werden, um die eindeutige Darstellung zu wahren. Wir schreiben abkürzend

$$x = [a_0, a_1, \cdots, a_n].$$

Entsprechend gilt

Definition 1.43. Eine irrationale Zahl $x \in \mathbb{R}$ lässt sich durch einen **unendlichen Kettenbruch** der Form

$$x = a_0 + \cfrac{1}{a_1 + \cfrac{1}{a_2 + \cfrac{1}{a_3 + \cfrac{1}{a_4 + \cdots}}}}$$

darstellen, worin $a_0 \in \mathbb{Z}$ und $a_i \in \mathbb{N}$ für $i \in \mathbb{N}$ gelten. Wir schreiben abkürzend

$$x = [a_0, a_1, a_2, a_3, a_4, \cdots].$$

Um einen Kettenbruch zu berechnen, wenden wir folgendes Verfahren an:

Kettenbruchdarstellung. Sei $x \in \mathbb{R}$. Dann bezeichne $[x] \in \mathbb{Z}$ den ganzzahligen Anteil von x. Damit gilt

$$x = [x] + \underbrace{(x - [x])}_{\text{Rest}}.$$

Daraus resultiert im Vergleich mit der Kettenbruchdarstellung die Rekursion

$$a_0 := [x] \quad \text{mit dem inversen Rest } x_1 := \frac{1}{x - a_0},$$
$$a_1 := [x_1] \quad \text{mit dem inversen Rest } x_2 := \frac{1}{x_1 - a_1},$$
$$a_2 := [x_2] \quad \text{mit dem inversen Rest } x_3 := \frac{1}{x_2 - a_2},$$
$$\vdots$$

Das Verfahren wird abgebrochen, sobald der inverse Rest ganzzahlig ist, was für $x \in \mathbb{Q}$ der Fall ist. Für $x \in \mathbb{R} \setminus \mathbb{Q}$ endet das Verfahren nie. Insgesamt erhalten wir den gewünschten Kettenbruch

$$x = [a_0, a_1, a_2, \cdots],$$

mit $a_i := [x_i]$ für $i \geq 0$.

Beispiel 1.44.

a) Sei $x = 3{,}14$. Mit $[3{,}14] = 3$ liefert die Rekursion

$$a_0 = \quad [3{,}12] \quad = \boxed{3},$$

$$a_1 = [7{,}1429\cdots] = \boxed{7},$$

$$a_2 = \quad [7] \quad = \boxed{7}$$

und damit den Kettenbruch $3{,}14 = [3, 7, 7] = \boxed{3} + \cfrac{1}{\boxed{7} + \cfrac{1}{\boxed{7}}}$.

b) Sei $x = \dfrac{11}{3}$. Mit $[x] = 3$ liefert die Rekursion

$$a_0 = [11/3] = \boxed{3},$$

$$a_1 = [3/2] = \boxed{1},$$

$$a_2 = \quad [2] \quad = \boxed{2}$$

und damit den Kettenbruch $\dfrac{11}{3} = [3, 1, 2] = \boxed{3} + \cfrac{1}{\boxed{1} + \cfrac{1}{\boxed{2}}}$.

c) Die Kreiszahl π hat die Darstellung

$$\pi = [3, 7, 15, 1, 292, 1, 1, 1, 2, 1, 3, 1, 14, \cdots].$$

d) Der goldene Schnitt $G = \frac{\sqrt{5}+1}{2}$ liefert die Darstellung

$$G = [1, 1, \cdots] = [\overline{1}].$$

Aufgrund dieser Darstellung wird G als die **nobelste Zahl** bezeichnet.

Gegenbeispiel 1.45. Um die Forderung $a_n \neq 1$ aus Definition 1.42 zu untermauern, betrachten wir nochmals $x = 11/3$. Wir hatten

$$[3,1,2] = \boxed{3} + \cfrac{1}{\boxed{1} + \cfrac{1}{\boxed{2}}} \overset{!!}{=} \boxed{3} + \cfrac{1}{\boxed{1} + \cfrac{1}{\boxed{1} + \cfrac{1}{\boxed{1}}}} = [3,1,1,1].$$

Wie das Beispiel deutlich zeigt, liefert eine Missachtung der erwähnten Konvention (hier $a_3 = 1$ im zweiten Kettenbruch) eine Mehrdeutigkeit der Darstellung. Unser rekursiver Algorithmus berücksichtigt die gewünschte Forderung jedoch automatisch!

1.3 Komplexe Zahlen

Es gibt bekanntlich keine Zahl $x \in \mathbb{R}$, welche die Gleichung

$$x^2 = -1 \tag{1.48}$$

erfüllt. Die Mathematiker gaben an dieser Stelle jedoch nicht auf und haben mit der genialen Erfindung der sog. **imaginären Einheit** i als „Zahl" durch eben diese Festlegung

$$\boxed{i^2 := -1} \tag{1.49}$$

einen Weg gefunden, der eingangs genannten Gleichung und damit auch weitaus komplizierteren Gleichungen vernünftig entgegenzutreten. Obige Gleichung (1.48) hat damit die Lösungen $x = \pm i$, womit der Weg zu den komplexen Zahlen wie folgt freigegeben ist:

Definition 1.46. Eine komplexe Zahl ist eine Größe der Form

$$z := a + ib \quad \text{oder} \quad z := a + bi, \tag{1.50}$$

mit $a, b \in \mathbb{R}$ und der gemäß (1.49) definierten imaginären Einheit i. Darin heißen

$$a =: \operatorname{Re}(z) \quad \text{der Realteil von } z,$$

$$b =: \operatorname{Im}(z) \quad \text{der Imaginärteil von } z.$$

Die Menge der komplexen Zahlen wird mit dem Symbol

$$\mathbb{C} := \{a + ib : a, b \in \mathbb{R}\}$$

bezeichnet.

Beispiele 1.47. Komplexe Zahlen $z_k \in \mathbb{C}$, $k = 1, 2, 3$, sind:

a) $z_1 := 2 + 3i$ mit $\operatorname{Re}(z_1) = 2$ und $\operatorname{Im}(z_1) = 3$,

b) $z_2 := 2$ mit $\operatorname{Re}(z_2) = 2$ und $\operatorname{Im}(z_2) = 0$,

c) $z_3 := 3i$ mit $\operatorname{Re}(z_3) = 0$ und $\operatorname{Im}(z_3) = 3$.

Aus Teil b) des Beispiels wird ersichtlich, dass $\boxed{\mathbb{R} \subset \mathbb{C}}$ gilt.

Bemerkung. An dieser Stelle sei erwähnt, dass eine komplexe Zahl weder positiv noch negativ ist. Das Produkt **zweier positver** bzw. **zweier negativer reeller** Zahlen ist bekanntlich stets positiv. Bei komplexen Zahlen kann eine derartige Charakterisierung aus besagten Gründen nicht zutreffen. Wählen Sie „gegenbeispielsweise" die komplexe Zahl $z := i$, dann gilt gleichermaßen

$$i \cdot i = (-i) \cdot (-i) = -1 < 0 \text{ sowie } (-i) \cdot i = i \cdot (-i) = 1 > 0.$$

Beachten Sie zudem, dass die im Gegensatz zu (1.49) häufig verwendete Festlegung der imaginären Einheit durch

$$i := \sqrt{-1}$$

so nicht erklärt ist, denn daraus ergäbe sich der Widerspruch

$$\boxed{i} = \sqrt{-1} = \sqrt{\frac{1}{-1}} = \frac{\sqrt{1}}{\sqrt{-1}} = \boxed{\frac{1}{i}} \implies i^2 = 1.$$

Bezeichnung 1.48. Sei $z = a + ib \in \mathbb{C}$. Dann heißt

$$\bar{z} := a - ib \qquad (1.51)$$

die zu $z \in \mathbb{C}$ **konjugiert komplexe Zahl.**

Beispiele 1.49. Konjugiert komplexe Zahlen $\bar{z}_k \in \mathbb{C}$, $k = 1, 2, 3$, sind:

a) $z_1 := 2 - 3i$, dann ist $\bar{z}_1 := 2 + 3i$,

b) $z_2 := 2$, dann ist $\bar{z}_2 := 2$,

c) $z_3 := 3i$, dann ist $\bar{z}_3 := -3i$.

Beachten wir die Festlegung (1.49), dann kann mit komplexen Zahlen wie mit reellen Zahlen gerechnet werden. Die vier Grundrechenarten $\{\pm, \cdot, :\}$ in $\mathbb{C}$ fassen wir wie folgt zusammen:

Rechenregeln 1.50. Sei $\gamma \in \mathbb{R}$. Es gelten folgende Regeln:

1. $\gamma(a + ib) = (a + ib)\gamma = \gamma a + i\gamma b$.

2. $(a_1 + ib_1) \pm (a_2 + ib_2) = (a_1 \pm a_2) + i(b_1 \pm b_2)$.

3. $(a_1 + ib_1) \cdot (a_2 + ib_2) = (a_1 a_2 - b_1 b_2) + i(b_1 a_2 + b_2 a_1)$.

4. $\dfrac{a_1 + ib_1}{a_2 + ib_2} = \dfrac{(a_1 + ib_1)(a_2 - ib_2)}{(a_2 + ib_2)(a_2 - ib_2)} = \dfrac{1}{a_2^2 + b_2^2}\big[(a_1 a_2 + b_1 b_2) + i(b_1 a_2 - a_1 b_2)\big]$,

   wobei a_2 oder $b_2 \neq 0$.

Bemerkung 1.51. Für eine komplexe Zahl $z = a + ib$ gilt stets

$$z \cdot \bar{z} = \bar{z} \cdot z = (a + ib) \cdot (a - ib) = a^2 + b^2 \in \boxed{\mathbb{R}}. \tag{1.52}$$

Deswegen wird bei der Division zweier komplexer Zahlen mit der konjugiert Komplexen zu der im Nenner stehenden Zahl erweitert, um im Nenner einen rein reellen Anteil zu bekommen. Damit kann dann zum Weiterrechnen mit $\gamma := 1/\left(a_2^2 + b_2^2\right)$ obige Rechenregel 1 verwendet werden.

Beispiele 1.52. Seien $u := 2 + 3i$, $v := 4 + 2i$ und $w := i$ gegeben. Dann gelten:

a) $uv = (2 + 3i)(4 + 2i) = 8 + 4i + 12i + 6i^2 = 2 + 16i$.

b) $\dfrac{u}{v} = \dfrac{2 + 3i}{4 + 2i} = \dfrac{(2 + 3i)(4 - 2i)}{(4 + 2i)(4 - 2i)} = \dfrac{14 + 8i}{20} = \dfrac{7 + 4i}{10} = 0,7 + 0,4i$.

c) $\dfrac{v}{w} = \dfrac{4 + 2i}{i} = \dfrac{-i(4 + 2i)}{-i \cdot i} = -2 - 4i = -(2 + 4i)$.

d) $\dfrac{w}{u\bar{v}} = \dfrac{i}{(2 + 3i)(4 - 2i)} = \dfrac{i}{14 + 8i} = \dfrac{i(14 - 8i)}{(14 + 8i)(14 - 8i)} = \dfrac{8 + 14i}{260}$.

e) $u^{-1} = \dfrac{1}{u} = \dfrac{\bar{u}}{u\bar{u}} = \dfrac{2+3i}{13}$.

f) $w^3 = i^3 = i \cdot i^2 = -i$.

Letzteres kann verallgemeinert werden zu nachfolgender

Rechenregel 1.53. Für $k \in \mathbb{N}_0$ ergibt sich

$$
i^n = \begin{cases}
1 & : \quad n = 4k, \\
i & : \quad n = 4k + 1, \\
-1 & : \quad n = 4k + 2, \\
-i & : \quad n = 4k + 3.
\end{cases}
$$

Mit obiger Rechenregel 1.53 und der binomischen Formel

$$
z^n = (a+ib)^n = \sum_{k=0}^{n} \binom{n}{k} a^{n-k}(ib)^k, \tag{1.53}
$$

welche natürlich auch für komplexe Zahlen gilt, lassen sich höhere Potenzen recht einfach bestimmen.

Beispiele 1.54. Es gelten folgende Auswertungen:

a) $(1-2i)^3 = 1^3 + 3 \cdot 1^2(-2i) + 3 \cdot 1(-2i)^2 + (-2i)^3 = 1 - 6i - 12 + 8i = -11 + 2i$.

b) $i^{2847} = i^{4 \cdot 711+3} = i^{4 \cdot 711} \cdot i^3 = 1 \cdot i^3 = i \cdot i^2 = -i$.

Gleichung (1.52) hat eine besondere Bedeutung, denn dahinter verbirgt sich der Betrag einer komplexen Zahl.

Definition 1.55. Sei $z = a + ib \in \mathbb{C}$ mit $a, b \in \mathbb{R}$. Dann heißt

$$
|z| := \sqrt{z\bar{z}} = \sqrt{a^2 + b^2} \in \mathbb{R} \tag{1.54}
$$

Absolutbetrag oder kurz **Betrag** von z mit der **konjugiert komplexen Zahl** $\bar{z} = a - ib$ von z.

Jede komplexe Zahl lässt sich als Pfeil in der x-y–Ebene darstellen, dessen Länge dem Betrag dieser Zahl entspricht.

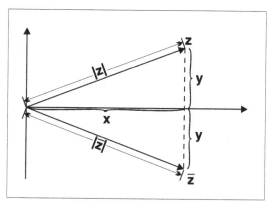

Betrag und Konjugierte von $\mathbf{z} := \mathbf{x} + \mathbf{i} \mathbf{y}$

Damit ist z. B. für $z = 7 + 2i$ der Betrag $|z| = \sqrt{53}$. Für $\bar{z} = 7 - 2i$ gilt natürlich $|\bar{z}| = |z|$.

Rechenregeln 1.56. Für komplexe Zahlen gelten folgende Resultate:

1. $\overline{(z_1 \pm z_2)} = \bar{z}_1 \pm \bar{z}_2$, $\overline{(z_1 \cdot z_2)} = \bar{z}_1 \cdot \bar{z}_2$, $\overline{(z_1 : z_2)} = \bar{z}_1 : \bar{z}_2$,

2. $\operatorname{Re}(\bar{z}) = \operatorname{Re}(z)$, $\operatorname{Im}(\bar{z}) = -\operatorname{Im}(z)$,

3. $\operatorname{Re}(z) = \frac{1}{2}(z + \bar{z})$, $\operatorname{Im}(z) = \frac{1}{2i}(z - \bar{z})$,

4. $z \cdot \bar{z} = |z|^2 \geq 0$, $\dfrac{z_1}{z_2} = \dfrac{z_1 \bar{z}_2}{|z_2|^2}$,

5. $|z_1 \cdot z_2| = |z_1| \cdot |z_2|$, $|z_1 : z_2| = |z_1| : |z_2|$,

6. $|z| = 0 \iff z = 0$,

7. In Analogie zu (1.14) gilt auch hier die (umgekehrte) Dreiecksungleichung:
$$\big| |z_1| - |z_2| \big| \leq |z_1 \pm z_2| \leq |z_1| + |z_2|.$$

Mit den bisher formulierten Rechenregeln für komplexe Zahlen lassen sich eine Reihe von Aufgabenstellungen formulieren. Nachfolgende Seiten liefern eine kleine Auswahl an Beispielen dazu.

Wir beginnen mit dem Nachweis der Dreiecksungleichung.

Beweis. Zunächst überzeugen wir uns, dass für jedes $w \in \mathbb{C}$ die Ungleichung

$$w + \overline{w} \leq 2|w|$$

gilt. Schreiben wir dazu w in der Darstellung $w = a + bi$ mit $a, b \in \mathbb{R}$. Dann gilt

$$w + \overline{w} = a + bi + a - bi = 2a \leq 2|a| = 2\sqrt{a^2} \overset{(*)}{\leq} 2\sqrt{a^2 + b^2} = 2|w|, \quad (1.55)$$

da in $(*)$ die Ungleichung $a^2 \leq a^2 + b^2$ und damit auch $\sqrt{a^2} \leq \sqrt{a^2 + b^2}$ gilt, also die Monotonie der Wurzel verwendet wurde.

Seien jetzt $z_1, z_2 \in \mathbb{C}$ beliebig. Dann setzen wir $w := z_1 \overline{z}_2$ in (1.55) ein und erhalten mit einigen der oben formulierten Rechenregeln (Sie identifizieren die richtigen), dass

$$z_1 \overline{z}_2 + \overline{z_1 \overline{z}_2} \leq 2|z_1 \overline{z}_2|$$

$$\Longleftrightarrow \quad z_1 \overline{z}_2 + \overline{z}_1 z_2 \leq 2|z_1| |\overline{z}_2|$$

$$\Longleftrightarrow \quad z_1 \overline{z}_1 + z_1 \overline{z}_2 + \overline{z}_1 z_2 + z_2 \overline{z}_2 \leq z_1 \overline{z}_1 + 2|z_1||z_2| + z_2 \overline{z}_2$$

$$\Longleftrightarrow \quad (z_1 + z_2)(\overline{z}_1 + \overline{z}_2) \leq |z_1|^2 + 2|z_1||z_2| + |z_2|^2$$

$$\Longleftrightarrow \quad (z_1 + z_2)(\overline{z_1 + z_2}) \leq \big(|z_1| + |z_2|\big)^2$$

$$\Longleftrightarrow \quad |z_1 + z_2|^2 \leq \big(|z_1| + |z_2|\big)^2$$

$$\Longleftrightarrow \quad |z_1 + z_2| \leq |z_1| + |z_2|$$

gilt. Da die beiden komplexen Zahlen z_1 und z_2 beliebig waren, gilt die Dreiecksungleichung für alle $z_1, z_2 \in \mathbb{C}$.   qed

Beispiel 1.57. Sei $z_1 := 1 + i$ und $z_2 := \lambda z_1$, $\lambda \in \mathbb{R}$.

a) $\lambda := 2$:

$$|z_1 + z_2| = |(1 + i) + 2(1 + i)| = 3|1 + i| = 3\sqrt{2},$$

$$|z_1| + |z_2| = |(1 + i)| + 2|(1 + i)| = 3|1 + i| = 3\sqrt{2}.$$

Damit gilt Gleichheit bei der Dreiecksungleichung.

b) $\lambda := -2$:

$$\big||z_1| - |z_2|\big| = \big||1 + i| - |-2||1 + i|\big| = \big||1 + i| - 2|1 + i|\big| = |-1|\sqrt{2},$$

$$|z_1 + z_2| = |(1 + i) - 2(1 + i)| = |-1|\sqrt{2}.$$

Damit gilt Gleichheit bei der umgekehrten Dreiecksungleichung.

c) $\lambda := 0$:
$$\big|\,|1+i| - 0\,\big| = |(1+i) + 0| = |1+i| + 0 = \sqrt{2}.$$

Damit gilt Gleichheit insgesamt.

Die soeben gewonnenen Erkenntnisse sind verallgemeinbar.

Folgerung 1.58. Seien $z_1, z_2 \in \mathbb{C}$ mit $z_2 := \lambda z_1$, $z_1 \neq 0$ und $\lambda \in \mathbb{R}$. Dann gelten für die Ungleichungskette (mit der Summe im mittleren Betrag)

$$\big|\,|z_1| - |z_2|\,\big| \le |z_1 + z_2| \le |z_1| + |z_2|$$

folgende Aussagen:

a) Ist eine komplexe Zahl das **positive** Vielfache einer anderen, dann liegt in der Dreiecksungleichung Gleichheit vor, denn aus

$$|z_1| + |z_2| = \big(1 + |\lambda|\big) \cdot |z_1| \text{ und } |z_1 + z_2| = |1 + \lambda| \cdot |z_1|$$

folgt, dass

$$1 + |\lambda| \overset{!}{=} |1 + \lambda| \iff \lambda \ge 0.$$

b) Ist eine komplexe Zahl das **negative** Vielfache einer anderen, dann liegt in der umgekehrten Dreiecksungleichung Gleichheit vor, denn aus

$$\big|\,|z_1| - |z_2|\,\big| = \big|1 - |\lambda|\big| \cdot |z_1| \text{ und } |z_1 + z_2| = |1 + \lambda| \cdot |z_1|$$

folgt, dass

$$\big|1 - |\lambda|\big| \overset{!}{=} |1 + \lambda| \iff \lambda \le 0.$$

c) Ist eine der beiden komplexen Zahlen 0, dann liegt gemäß obiger Unterscheidungen insgesamt Gleichheit vor!

Den Fall mit der Differenz im mittleren Betrag, also

$$\big|\,|z_1| - |z_2|\,\big| \le |z_1 - z_2| \le |z_1| + |z_2|,$$

dürfen jetzt Sie analysieren.

Beispiele 1.59. Sei $z := x + iy \in \mathbb{C}$.

a) Welche Punktmenge verbirgt sich hinter der Gleichung

$$2|z - 1| = |z + 2|?$$

Wir schreiben die gegebene Gleichung aus und formen gemäß gültiger Rechenregeln um. Wir erhalten

$$2|z-1| = |z+2| \iff 2|x-1+iy| = |x+2+iy|$$
$$\iff 2\sqrt{(x-1)^2+y^2} = \sqrt{(x+2)^2+y^2}$$
$$\overset{(*)}{\iff} 4(x^2-2x+1+y^2) = x^2+4x+4+y^2$$
$$\iff x^2-4x+y^2 = 0$$
$$\iff (x-2)^2+y^2 = 4.$$

Dies sind alle Punkte auf der Kreislinie um den Punkt $(2,0)$ mit Radius 2.

b) Welche Punktmenge verbirgt sich hinter der Ungleichung

$$2|z-1| < |z+2|?$$

Wir erhalten entsprechend zur vorherigen Teilaufgabe

$$2|z-1| < |z+2| \iff 2|x-1+iy| < |x+2+iy|$$
$$\iff 2\sqrt{(x-1)^2+y^2} < \sqrt{(x+2)^2+y^2}$$
$$\overset{(*)}{\iff} 4(x^2-2x+1+y^2) < x^2+4x+4+y^2$$
$$\iff x^2-4x+y^2 < 0$$
$$\iff (x-2)^2+y^2 < 4.$$

Dies sind alle Punkte im Inneren des Kreises um den Punkt $(2,0)$ mit Radius 2.

Warum war Quadrieren an den mit $(*)$ gekennzeichneten Stellen eine Äquivalenzumformung (siehe dazu (1.25) und (1.43))?

Beispiel 1.60. Wir lösen die Gleichung

$$\frac{4+20i+(-2+2i)z}{1+i+(2-i)z} = 2+4i$$

für $z \in \mathbb{C}$.

Für den Nenner muss

$$1+i+(2-i)z \neq 0$$

gelten, also aufgelöst nach z ergibt

$$z \neq \frac{-1-i}{2-i} = \frac{-(1+i)(2+i)}{(2-i)(2+i)} = -\frac{1}{5} - \frac{3}{5}i. \tag{1.56}$$

Folgende Umformungen sind äquivalent:

$$\frac{4 + 20i + (-2 + 2i)z}{1 + i + (2 - i)z} = 2 + 4i$$

$$\Longleftrightarrow 4 + 20i + (-2 + 2i)z = (2 + 4i)(1 + i + (2 - i)z)$$

$$\Longleftrightarrow 4 + 20i + (-2 + 2i)z = 2 + 2i + (4 - 2i)z + 4i - 4 + \\ + 4i(2 - i)z$$

$$\Longleftrightarrow ((-2 + 2i) - (4 - 2i))z - \\ -4i(2 - i)z = 2 + 2i + 4i - 4 - 4 - 20i$$

$$\Longleftrightarrow (-6 + 4i - 8i - 4)z = -6 - 14i$$

$$\Longleftrightarrow z = \frac{-6 - 14i}{-10 - 4i} = \frac{(-6 - 14i)(-10 + 4i)}{(-10 - 4i)(-10 + 4i)}$$

$$\Longleftrightarrow z = \frac{60 - 24i + 140i + 56}{116} = \frac{116 + 116i}{116}$$

$$\Longleftrightarrow z = 1 + i.$$

Im Vergleich mit (1.56) gilt $1 + i \neq -1/5 - 3i/5$, also ist $z = 1 + i$ die gesuchte Lösung.

Wir kommen nun zu **Wurzeln** komplexer Zahlen.

Definition 1.61. Die Lösungen $z \in \mathbb{C}$ von $z^2 = \alpha + i\beta =: c \in \mathbb{C}$ heißen komplexe Wurzeln bzw. komplexe Quadratwurzeln aus c.

Eine **Lösung** obiger Gleichungen erlangen wir durch Einsetzen des **Ansatzes** $z = x + iy$ in die Gleichung $z^2 = \alpha + i\beta$. Das nachfolgende Beispiel soll diese Vorgehensweise und den nicht unerheblichen Aufwand verdeutlichen.

Beispiel 1.62. Gesucht werden komplexe Zahlen $z = x + iy$, welche

$$z^2 = -2i$$

erfüllen. Dazu machen wir den Ansatz

$$z^2 := (x + iy)^2 = (x^2 - y^2) + 2xyi \overset{!}{=} 0 - 2i.$$

Wir vergleichen Real- und Imaginärteil, quadrieren diese und erhalten

$$\left.\begin{array}{r} x^2 - y^2 = 0, \\[2mm] 2xy = -2, \end{array}\right\} \quad \underset{\Longrightarrow}{\text{vgl. (1.25)}} \quad \left\{\begin{array}{l} x^4 + y^4 - 2x^2y^2 = 0, \\[2mm] 4x^2y^2 = 4. \end{array}\right.$$

Wir addieren die letzten beiden Gleichungen

$$x^4 + y^4 - 2x^2y^2 + 4x^2y^2 = (x^2 + y^2)^2 = 4 \implies 0 \le x^2 + y^2 = 2.$$

Dazu addieren **bzw.** davon subtrahieren wir $x^2 - y^2 = 0$ mit dem Resultat

$$2x^2 = 2 \implies x = \pm 1 \quad \textbf{bzw. } 2y^2 = 2 \implies y = \pm 1.$$

Durch Quadrieren, also unter Berücksichtigung von (1.25) haben wir evtl. zuviele Lösungen. In den Ausgangsgleichungen galt aber $2xy = -2$, weshalb nur die beiden Lösungen

$$z_1 = 1 - i \quad \text{und} \quad z_2 = -z_1 = -1 + i \tag{1.57}$$

in Frage kommen.

Beispiel 1.63. Wie lauten die beiden komplexen Nullstellen der quadratischen Gleichung

$$z^2 + (1 + i)z + i = 0? \tag{1.58}$$

Wir erhalten mithilfe der Mitternachtsformel

$$
\begin{aligned}
z_{1,2} &= \frac{-(1+i) \pm \sqrt{(1+i)^2 - 4i}}{2} = \frac{-(1+i) \pm \sqrt{1 - 2i + i^2}}{2} \\[2mm]
&= \frac{-(1+i) \pm \sqrt{-2i}}{2} \overset{(1.57)}{=} \frac{-(1+i) \pm \left(\pm(1-i)\right)}{2} \\[2mm]
&= \frac{-(1+i) \pm (1-i)}{2}.
\end{aligned}
$$

Daraus resultieren die **beiden** Lösungen

$$z_1 = -i \quad \text{und} \quad z_2 = -1.$$

Ein Probe bestätigt die Richtigkeit dieser Resultate.

Wir formen jetzt die Wurzel aus der Mitternachtsformel etwas anders um und erhalten alternativ

$$\sqrt{-2i} = \sqrt{1 - 2i + i^2} = \sqrt{(1 - i)^2},$$

also gilt

$$\sqrt{-2i} = \sqrt{(1 - i)^2} = \pm(1 - i). \tag{1.59}$$

Allgemein gilt das folgende Resultat:

Folgerung 1.64. Die Lösungen $z \in \mathbb{C}$ von $z^n = \alpha + i\beta =: c \in \mathbb{C}$, $n \in \mathbb{N}$, heißen n-te komplexe Wurzeln aus c. **Jede** komplexe Zahl $z \in \mathbb{C}$, $z \neq 0$, besitzt dabei **genau** n verschiedene n-te Wurzeln.

Bei komplexen Wurzeln sind – im Gegensatz zu reellen Wurzeln – keine besonderen Rechenregeln oder Einschränkungen wie Vorzeichenüberprüfung zu beachten. Es stellt sich lediglich die Frage nach einer effizienten Berechnung. Das letzte Beispiel hat gezeigt, dass schon die Berechnung von Quadratwurzeln einen erheblichen Aufwand erfordert. Die Berechnung von Wurzeln höheren Grades wird mit der vorgestellten Methode noch mühseliger, erfordert ggf. ein hohes Maß an Kreativität oder wird gar unmöglich.

Dazu noch zwei für spätere Betrachtungen interessante Beispiele, deren Berechnungsaufwand sich noch in Grenzen hält.

Beispiele 1.65. Es gelten folgende Resultate:

a) Gesucht werden komplexe Zahlen $z_k = x + iy$, $k = 1, 2, 3$, welche

$$z^3 = i$$

erfüllen. Dazu machen wir den Ansatz

$$z^3 = (x + iy)^3 = \left(x^3 - 3xy^2\right) + \left(3x^2y - y^3\right)i \overset{!}{=} i.$$

Wir vergleichen Real- und Imaginärteil, quadrieren diese und erhalten

$$\left.\begin{array}{r} x^3 - 3xy^2 = 0, \\[2mm] 3x^2y - y^3 = 1, \end{array}\right\} \quad \overset{\text{vgl. (1.25)}}{\Longrightarrow} \quad \left\{\begin{array}{l} x^6 - 6x^4y^2 + 9x^2y^4 = 0, \\[2mm] 9x^4y^2 - 6x^2y^4 + y^6 = 1^2. \end{array}\right.$$

Wir addieren die letzten beiden Gleichungen

$$x^6 + 3x^4y^2 + 3x^2y^4 + y^6 = 1 \iff \left(x^2 + y^2\right)^3 = 1 \overset{\text{vgl. (1.37)}}{\iff} x^2 + y^2 = 1.$$

Daraus resultieren die beiden Darstellungen

$$x^2 + y^2 = 1 \iff \left\{\begin{array}{l} y^2 = 1 - x^2, \\[2mm] \qquad \text{oder} \\[2mm] x^2 = 1 - y^2. \end{array}\right. \qquad (1.60)$$

Wir setzen den ersten Zweig aus (1.60) in die obige Gleichung

$$x^3 - 3xy^2 = 0$$

ein und erhalten nach einer kurzen Rechnung

$$x(4x^2 - 3) = 0 \iff x_1 = 0 \text{ oder } x_{2,3} = \pm\frac{\sqrt{3}}{2}. \qquad (1.61)$$

Wir setzen jetzt den zweiten Zweig aus (1.60) in die obige Gleichung

$$3x^2y - y^3 = 1$$

ein und ermitteln nach einer kurzen Rechnung

$$4y^3 - 3y + 1 = 0 \iff y_1 = -1 \text{ oder } y_{2,3} = \frac{1}{2}. \qquad (1.62)$$

Die richtige Kombination der fünf Werte aus (1.61) und (1.62) ergeben unter Zuhilfenahme der Gleichung $x^2 + y^2 = 1$ die **drei** gesuchten Wurzeln für die komplexe Zahl $z = i$:

$$z_1 = \frac{\sqrt{3}}{2} + \frac{i}{2}, \quad z_2 = -\frac{\sqrt{3}}{2} + \frac{i}{2} \text{ und } z_3 = -i.$$

Die Probe $\left(z_k\right)^3 = i$, $k = 1, 2, 3$, bestätigt die Berechnungen.

b) Gesucht werden komplexe Zahlen $z_k = x + iy$, $k = 1, 2, 3$, welche

$$z^3 = 1$$

erfüllen. Dazu machen wir den Ansatz

$$z^3 = (x + iy)^3 = \left(x^3 - 3xy^2\right) + \left(3x^2y - y^3\right)i \overset{!}{=} 1.$$

Wir vergleichen Real- und Imaginärteil, quadrieren diese und erhalten

$$\left.\begin{array}{l} x^3 - 3xy^2 = 1, \\[2mm] 3x^2y - y^3 = 0, \end{array}\right\} \quad \overset{\text{vgl. (1.25)}}{\Longrightarrow} \quad \left\{\begin{array}{l} x^6 - 6x^4y^2 + 9x^2y^4 = 1^2, \\[2mm] 9x^4y^2 - 6x^2y^4 + y^6 = 0. \end{array}\right.$$

Wir addieren die letzten beiden Gleichungen

$$x^6 + 3x^4y^2 + 3x^2y^4 + y^6 = 1 \iff \left(x^2 + y^2\right)^3 = 1 \overset{\text{vgl. (1.37)}}{\iff} x^2 + y^2 = 1.$$

Daraus resultieren die beiden Darstellungen

$$x^2 + y^2 = 1 \iff \begin{cases} y^2 = 1 - x^2, \\ \quad \text{oder} \\ x^2 = 1 - y^2. \end{cases} \tag{1.63}$$

Wir setzen den ersten Zweig aus (1.63) in die obige Gleichung

$$x^3 - 3xy^2 = 1$$

ein und erhalten nach einer kurzen Rechnung

$$4x^3 - 3x - 1 = 0 \iff x_1 = 1 \text{ oder } x_{2,3} = -\frac{1}{2}. \tag{1.64}$$

Wir setzen jetzt den zweiten Zweig aus (1.63) in die obige Gleichung

$$3x^2 y - y^3 = 0$$

ein und ermitteln nach einer kurzen Rechnung

$$y(3 - 4y^2) = 0 \iff y_1 = 0 \text{ oder } y_{2,3} = \pm\frac{\sqrt{3}}{2}. \tag{1.65}$$

Die richtige Kombination der fünf Werte aus (1.64) und (1.65) ergeben unter Zuhilfenahme der Gleichung $x^2 + y^2 = 1$ die **drei** gesuchten Wurzeln für die komplexe Zahl $z = 1$:

$$z_1 = 1, \quad z_2 = -\frac{1}{2} + i\frac{\sqrt{3}}{2} \text{ und } z_3 = -\frac{1}{2} - i\frac{\sqrt{3}}{2}.$$

Die Probe $\left(z_k\right)^3 = 1$, $k = 1, 2, 3$, bestätigt die Berechnungen.

Bei höheren Potenzen (z. B. schon bei $z^5 = 1$) ist es fraglich, ob obige Methoden überhaupt noch praktisch durchführbar sind. Dagegen wird die Berechnung komplexer Wurzeln denkbar **einfach**, wenn komplexe Zahlen nicht mehr wie bisher in kartesischen Koordinaten in Form von Real- und Imaginärteil, sondern in **Polarform** dargestellt werden. Um dies zu bewerkstelligen und um den Sachverhalt zu erklären, benötigen wir die bekannten trigonometrischen Funktionen **Sinus** und **Cosinus**.

Wir betrachten dazu in der (x, y)-Ebene den Einheitskreis um den Ursprung. Jeder Punkt $P = P(x, y)$ auf diesem Kreis kann als Pfeil mit Länge 1 durch den Ursprung repräsentiert werden, der mit dem Pfeil $E(0, 1)$ einen Winkel

φ einschließt. Wir bezeichnen die x-Koordinate des winkelabängigen Punktes $P = P(x,y)$ mit $\cos\varphi$, die y-Koordinate mit $\sin\varphi$. Dadurch haben wir für $\varphi \in \mathbb{R}$ die trigonometrischen Funktionen

$$\varphi \mapsto \cos\varphi \quad \text{und} \quad \varphi \mapsto \sin\varphi$$

erklärt, dessen mögliche Richtungen in der nachstehenden Skizze durch die mit $\pm$ markierten Pfeile angedeutet werden, wenn also φ sowohl positiv (gegen den Uhrzeigersinn) als auch negativ (im Uhrzeigersinn) orientiert sein darf.

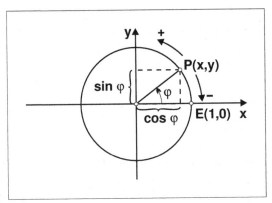

Winkelfunktionen

Darin ist nicht zu erkennen wie oft sich der angedeutete Pfeil bereits um den Ursprung gedreht hat, der Winkel $\varphi \in \mathbb{R}$ also nur bis auf ein additives Vielfaches von 2π festgelegt ist. Dieser sog. „sichtbare" Winkel wird auch **Hauptwert** eines Winkels genannt. Um Unterscheidungen zu treffen, wird dieser gelegentlich mit φ_H bezeichnet.

Einige markante Werte der trigonometrischen Funktionen finden Sie in den nachfolgenden Tabellen:

φ	0	$30^o \,\hat{=}\, \frac{\pi}{6}$	$45^o \,\hat{=}\, \frac{\pi}{4}$	$60^o \,\hat{=}\, \frac{\pi}{3}$	$90^o \,\hat{=}\, \frac{\pi}{2}$
$\sin\varphi$	$\frac{1}{2}\sqrt{0} = 0$	$\frac{1}{2}\sqrt{1}$	$\frac{1}{2}\sqrt{2}$	$\frac{1}{2}\sqrt{3}$	$\frac{1}{2}\sqrt{4} = 1$
$\cos\varphi$	$\frac{1}{2}\sqrt{4} = 1$	$\frac{1}{2}\sqrt{3}$	$\frac{1}{2}\sqrt{2}$	$\frac{1}{2}\sqrt{1}$	$\frac{1}{2}\sqrt{0} = 0$

(1.66)

φ	$120^o\hat{=}\frac{2\pi}{3}$	$135^o\hat{=}\frac{3\pi}{4}$	$150^o\hat{=}\frac{5\pi}{6}$	$180^o\hat{=}\pi$
$\sin\varphi$	$\frac{1}{2}\sqrt{3}$	$\frac{1}{2}\sqrt{2}$	$\frac{1}{2}\sqrt{1}$	$\frac{1}{2}\sqrt{0}=0$
$\cos\varphi$	$-\frac{1}{2}\sqrt{1}$	$-\frac{1}{2}\sqrt{2}$	$-\frac{1}{2}\sqrt{3}$	$-\frac{1}{2}\sqrt{4}=-1$

(1.67)

Die Funktionsverläufe sind in den nachfolgenden Graphen dargestellt:

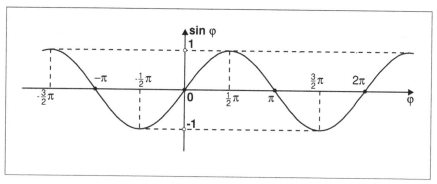

Graph der Sinus–Funktion

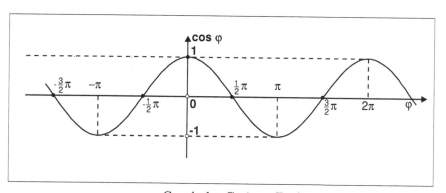

Graph der Cosinus–Funktion

Sinus und **Cosinus** sind auf ganz $\mathbb{R}$ erklärte reelle Funktionen, für die folgende Rechenregeln Gültigkeit haben:

Rechenregeln 1.66. Seien $\varphi, \psi \in \mathbb{R}$. Dann gelten folgende Resultate:

1. $-1 \leq \sin\varphi \leq 1, \ -1 \leq \cos\varphi \leq 1$,

2. $\cos^2 \varphi + \sin^2 \varphi = 1$,

3. $\cos(-\varphi) = \cos \varphi$,   d. h., cos ist eine gerade Funktion,

4. $\sin(-\varphi) = -\sin \varphi$,   d. h., sin ist eine ungerade Funktion,

5. $\cos(\varphi + 2k\pi) = \cos \varphi$, $\sin(\varphi + 2k\pi) = \sin \varphi$, $k \in \mathbb{Z}$, d. h., beide Funktionen sind 2π-periodisch.

Aus der 2. und 5. Rechenregel resultiert

Folgerung 1.67. Gilt für zwei Zahlen $a, b \in \mathbb{R}$ der Zusammenhang

$$a^2 + b^2 = 1,$$

dann existiert ein Winkel $\varphi \in \mathbb{R}$ mit

$$\cos \varphi = a \quad \text{und} \quad \sin \varphi = b.$$

Dabei ist φ bis auf ein additives Vielfaches von 2π eindeutig bestimmt. Der Hauptwert φ_H eines Winkels φ ist der „sichtbare Winkel" und ist eindeutig bestimmt. Es gilt der Zusammenhang

$$\varphi_H - \varphi = 2k\pi \quad \text{für ein} \quad k \in \mathbb{Z}.$$

Jetzt sind wir in der Lage die angestrebte **Polardarstellung** einer beliebigen komplexen Zahl $z = x + iy$ anzugeben, deren Länge durch den Betrag

$$r := |z| = \sqrt{x^2 + y^2}$$

gegeben ist. Sie lautet

$$z = r\big(\cos \varphi + i \sin \varphi \big). \tag{1.68}$$

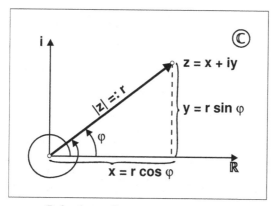

Polardarstellung von $z = x + iy$

Den Winkel $\varphi \in \mathbb{R}$ ermitteln wir durch Vergleich von Real– und Imaginärteil gemäß

$$r \cos\varphi + ir \sin\varphi \stackrel{!}{=} x + iy \implies \begin{cases} \cos\varphi = \dfrac{x}{r}, \\[2mm] \sin\varphi = \dfrac{y}{r}. \end{cases} \tag{1.69}$$

Damit lässt sich φ beispielsweise elektronisch ermitteln.

Beispiel 1.68. Sei $z = 2 - 3i$. Daraus resultiert

$$r := |z| = \sqrt{13}.$$

Wir erhalten weiter die approximativen Werte

$$\cos\varphi = \frac{2}{\sqrt{13}} = 0{,}5547\cdots \implies \varphi = \pm 0{,}98\cdots,$$

$$\sin\varphi = \frac{-3}{\sqrt{13}} = -0{,}8320\cdots \implies \varphi = -0{,}98\cdots.$$

Wir nehmen den **gemeinsamen** Wert $\varphi = -0{,}98\cdots$ als resultierenden Winkel und erhalten die Polardarstellung

$$z = \sqrt{13}\left(\cos(-0{,}98\cdots) + i\sin(-0{,}98\cdots)\right).$$

Beispiel 1.69. Sei $z = 1 + i$. Daraus resultieren sofort $r := |z| = \sqrt{2}$ und $\varphi = \pi/4$. Also ist

$$z = \sqrt{2}\left(\cos\frac{\pi}{4} + i\sin\frac{\pi}{4}\right)$$

die Polardarstellung von z. Wir führen noch eine Probe durch. Es gilt gemäß obiger Tabelle (1.66), dass

$$\sqrt{2}\left(\cos\frac{\pi}{4} + i\sin\frac{\pi}{4}\right) = \sqrt{2}\left(\frac{\sqrt{2}}{2} + i\frac{\sqrt{2}}{2}\right) = 1 + i.$$

Natürlich ist die Ermittlung des Winkels φ gemäß (1.69) umständlich, wenn nicht gerade markante Werte entsprechend obiger Tabellen (1.66) und (1.67) vorliegen oder Werte, die sich damit erschließen lassen. Eine einfache Methode ergibt sich mit Hilfe des **Arcustangens**, der Umkehrabbildung des **Tangens**, zwei weitere Winkelfunktionen, die Ihnen jetzt vorgestellt werden.

Definition 1.70. Die Funktion

$$\tan x := \frac{\sin x}{\cos x}$$

heißt **Tangens**. An den Nullstellen von cos ist diese Funktion nicht definiert und weist Unendlichkeitsstellen (Pole) auf. Der Definitionsbereich D lautet somit

$$D := \mathbb{R} \setminus \left\{\left(k + \frac{1}{2}\right)\pi : k \in \mathbb{Z}\right\},$$

wie aus dem oben dargestellten Funktionsverlauf des cos ersichtlich ist. Der Wertebereich umfasst ganz $\mathbb{R}$. Demnach liegt eine Abbildung der Form

$$\tan : D \to \mathbb{R}$$

vor.

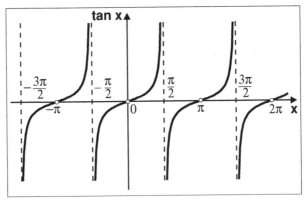

Graph der Tangens-Funktion

Die π-Periodizität des Tangens kann wie folgt geschrieben werden:

$$\boxed{\tan x = y_0 \implies x = x_0 + k\pi, \; x_0, y_0 \in \mathbb{R}, \; k \in \mathbb{Z}}. \qquad (1.70)$$

Definition 1.71. Die Umkehrfunktion des Tangens im Bereich $(-\pi/2, \pi/2)$ heißt **Arcustangens**. Es liegt also eine Abbildung der Form

$$\arctan : \mathbb{R} \to \left(-\frac{\pi}{2}, \frac{\pi}{2}\right)$$

vor.

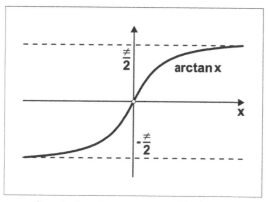

Graph der Arcustangens–Funktion

Damit ergibt sich im Gegensatz zu (1.69) die folgende präzisere Darstellung des gesuchten Winkels in der x-y–Ebene. Dabei resultiert $\varphi \in [0, 2\pi)$ für $x \neq 0$ aus

$$\varphi := \begin{cases} \arctan \dfrac{y}{x} & : \; x > 0, \; y \geq 0, \\[2mm] \arctan \dfrac{y}{x} + 2\pi & : \; x > 0, \; y < 0, \\[2mm] \arctan \dfrac{y}{x} + \pi & : \; x < 0, \; y \in \mathbb{R}, \end{cases} \qquad (1.71)$$

der Reihe nach (im Uhrzeigersinn) in den vier Quadranten. Entlang der y-Achse fehlen in (1.71) noch die beiden Winkel

$$\varphi := \begin{cases} \dfrac{\pi}{2} & : x = 0, \ y > 0, \\[2ex] \dfrac{3\pi}{2} & : x = 0, \ y < 0, \end{cases} \tag{1.72}$$

welche hiermit nun auch festgelegt sind.

Einige spezielle Werte finden Sie in der nachfolgenden Tabelle:

x	$-\sqrt{3}$	-1	$-\dfrac{1}{\sqrt{3}}$	$-\dfrac{1}{2}$	0	$\dfrac{1}{2}$	$\dfrac{1}{\sqrt{3}}$	1	$\sqrt{3}$
$\arctan x$	$-\dfrac{\pi}{3}$	$-\dfrac{\pi}{4}$	$-\dfrac{\pi}{6}$	$-0{,}4636$	0	$0{,}4636$	$\dfrac{\pi}{6}$	$\dfrac{\pi}{4}$	$\dfrac{\pi}{3}$

Beispiele 1.72. Die Berechnng der Beträge nachfolgender komplexer Zahlen z_k, $k = 1, \cdots, 6$, für die Polardarstellung ist klar. Es gelten folgende Resultate:

a) Die beiden komplexen Zahlen $z_{1,2} = 1 \pm i\sqrt{3}$ haben gemäß obiger Tabelle und (1.71) die Polardarstellungen

$$z_1 = 2\left(\cos\varphi_1 + i\sin\varphi_1\right),$$
$$z_2 = 2\left(\cos\varphi_2 + i\sin\varphi_2\right),$$

wobei

$$\varphi_1 = \arctan\frac{\sqrt{3}}{1} \qquad = \frac{\pi}{3},$$
$$\varphi_2 = \arctan\frac{-\sqrt{3}}{1} + 2\pi = \frac{5\pi}{6}.$$

b) Die beiden komplexen Zahlen $z_{3,4} = -1 \pm i\sqrt{3}$ haben gemäß obiger Tabelle und (1.71) die Polardarstellungen

$$z_3 = 2\left(\cos\varphi_3 + i\sin\varphi_3\right),$$
$$z_4 = 2\left(\cos\varphi_4 + i\sin\varphi_4\right),$$

wobei

$$\varphi_3 = \arctan\frac{-\sqrt{3}}{1} + \pi = \frac{2\pi}{3},$$
$$\varphi_4 = \arctan\frac{\sqrt{3}}{1} + \pi \quad = \frac{5\pi}{3}.$$

c) Die beiden komplexen Zahlen $z_{5,6} = \pm i\sqrt{3}$ haben gemäß (1.72) die Polardarstellungen

$$z_5 = \sqrt{3}\left(\cos\varphi_5 + i\sin\varphi_5\right) = i\sqrt{3}\sin\varphi_5,$$
$$z_6 = \sqrt{3}\left(\cos\varphi_6 + i\sin\varphi_6\right) = i\sqrt{3}\sin\varphi_6,$$

da

$$\varphi_5 = \frac{\pi}{2} \quad \text{und} \quad \varphi_6 = \frac{3\pi}{2}.$$

Wir formulieren nun eine von Leonhard Euler eingeführte Abkürzung zur Polardarstellung und werden in wenigen Augenblicken feststellen, dass sich damit nicht nur der Schreibaufwand reduziert, sondern auch das Rechnen mit komplexen Zahlen, speziell die Berechnung derer Wurzeln, erheblich vereinfacht.

Definition 1.73. Für alle $\varphi \in \mathbb{R}$ schreiben wir

$$e^{i\varphi} := \cos\varphi + i\sin\varphi. \tag{1.73}$$

Diese Gleichung heißt **Euler-Formel**.

Damit lautet die Polardarstellung einer komplexen Zahl z mit $r = |z|$ und $\varphi \in \mathbb{R}$ mithilfe der Euler-Formel

$$\boxed{z = re^{i\varphi} = re^{i(\varphi + 2k\pi)},} \tag{1.74}$$

wobei wir die 2π−Periodizität der trigonometrischen Funktionen in weiser Voraussicht berücksichtigen.

Der große Vorteil dieser „abkürzenden Schreibweise" liegt nun darin, dass dafür die Potenzgesetze gelten und somit insbesondere Potenzieren und damit verbunden Wurzelberechnungen sehr einfach werden.

Beispiel 1.74. Sei $z = 1 + i$. Die Polardarstellung dieser Zahl lautet

$$z = \sqrt{2}e^{i\frac{\pi}{4}} \implies z^2 = \left(\sqrt{2}e^{i\frac{\pi}{4}}\right)^2 = 2e^{2i\frac{\pi}{4}} = 2e^{i\frac{\pi}{2}} = 2i.$$

Wir machen den kurzen Test mithilfe der kartesischen Darstellung

$$z^2 = (1+i)^2 = 2i.$$

Weiter gilt

$$z^{100} = \left(\sqrt{2}e^{i\frac{\pi}{4}}\right)^{100} = 2^{50}e^{i25\pi} \overset{(1.74)}{=} 2^{50}e^{i\pi} = -2^{50}.$$

Den Test mithilfe der kartesischen Darstellung führen wir aus Zeit– und Platzgründen lieber nicht durch!

Wir verallgemeinern das letzte Beispiel. Es gelten folgende

Rechenregeln 1.75 (Regeln von De Moivre). Für alle r, r_1, r_2, φ, φ_1, $\varphi_2 \in \mathbb{R}$ gilt

1. $\overline{re^{i\varphi}} = re^{-i\varphi} = \dfrac{r}{e^{i\varphi}}$,

2. $r_1 e^{i\varphi_1} \cdot r_2 e^{i\varphi_2} = r_1 \cdot r_2 e^{i(\varphi_1 + \varphi_2)}$,

3. $\dfrac{r_1 e^{i\varphi_1}}{r_2 e^{i\varphi_2}} = \dfrac{r_1}{r_2} e^{i(\varphi_1 - \varphi_2)}$,

4. $(re^{i\varphi})^n = r^n e^{in\varphi}$ für alle $n \in \mathbb{Z}$.

Folgerung 1.76. Aus der 4. Rechenregel folgt insbesondere, dass

$$\boxed{(\cos\varphi + i\sin\varphi)^n = \cos(n\varphi) + i\sin(n\varphi).}$$ (1.75)

Beispiel 1.77. Es gilt der Zusammenhang

$$(\cos\varphi + i\sin\varphi)^2 = \cos^2\varphi - \sin^2\varphi + 2i\cos\varphi\sin\varphi \stackrel{!}{=} \cos 2\varphi + \sin 2\varphi.$$

Vergleichen wir Real- und Imaginärteil, so erhalten wir

$$\cos^2\varphi - \sin^2\varphi = \cos 2\varphi,$$
$$2\cos\varphi\sin\varphi = \sin 2\varphi.$$

Hinter diesem Beispiel verbergen sich die sog. Additionstheoreme der Form

---

Rechenregeln 1.78. Seien $\varphi, \psi \in \mathbb{R}$, dann gelten die beiden Additionstheoreme:

1. $\cos(\varphi \pm \psi) = \cos\varphi\cos\psi \mp \sin\varphi\sin\psi$,

2. $\sin(\varphi \pm \psi) = \sin\varphi\cos\psi \pm \sin\psi\cos\varphi$.

Eine wichtige Anwendung der Rechenregeln 1.75 ist die komfortable Berechnung **komplexer Wurzeln**. Ausgangspunkt ist dabei folgende Rechnung:

Sei $z = re^{i\varphi}$ gegeben, dann liefert

$$z^{\frac{1}{n}} = \left(re^{i\varphi}\right)^{\frac{1}{n}} = r^{\frac{1}{n}}e^{i\frac{\varphi}{n}}$$

nur **eine** von n verschiedenen n-ten Wurzeln. Berücksichtigen wir zudem die 2π–Periodizität gemäß (1.74), dann ergeben sich schließlich **alle** wie folgt:

Satz 1.79. Sei $c = re^{i\varphi} \neq 0$, $n \in \mathbb{N}$. Die Lösungen der Gleichung $z^n = c \in \mathbb{C}$ sind gegeben durch

$$z_k = \sqrt[n]{r}\, e^{i\varphi_k} \text{ mit } \varphi_k = \frac{\varphi + 2k\pi}{n}, \quad k = 0, 1, 2, \cdots, n-1.$$

Die Lösungen von $z^n = c \neq 0$ heißen **n-te komplexe Wurzeln** von $c \in \mathbb{C}$, und wir bezeichnen die **Menge** der z_k mit

$$\sqrt[n]{c} := \{z_0, z_1, \cdots, z_{n-1}\}.$$

Diese bilden ein regelmäßiges n-Eck auf dem Kreis mit dem Radius $\sqrt[n]{r}$.

Bemerkung 1.80.

1. Es gilt $\sqrt[n]{0} = 0$. Für $c \neq 0$ ist die komplexe Wurzel $\sqrt[n]{c}$ stets n-deutig, d. h.,

$$\boxed{\sqrt[n]{c} \text{ ist eine } n\text{-elementige } \textbf{Menge.}} \qquad (1.76)$$

Dies gilt auch, wenn wir aus einer reellen Zahl die komplexe Wurzel berechnen.

2. Wegen der Mehrdeutigkeit haben viele Potenzgesetze aus $\mathbb{R}$, wie z. B. $\left(\sqrt[n]{z}\right)^m \neq \sqrt[n]{z^m}$, keine allgemeine Gültigkeit mehr.

So gilt z. B. gemäß Beispiel 1.65, dass

$$\sqrt[3]{i} = \left\{-i, \frac{\sqrt{3}}{2} \pm \frac{i}{2}\right\}$$

und erhalten, wenn wir **elementweise** potenzieren, die einelementige Menge

$$\left(\sqrt[3]{i}\right)^3 = \left\{(-i)^3, \left(\frac{\sqrt{3}}{2} \pm \frac{i}{2}\right)^3\right\} = \{i\}.$$

Dagegen gilt

$$\sqrt[3]{i^3} = \sqrt[3]{-i} = \left\{ i, \pm\frac{\sqrt{3}}{2} - \frac{i}{2} \right\}.$$

Demnach sind $\left(\sqrt[3]{i}\right)^3$ und $\sqrt[3]{i^3}$ zwei verschiedene **Mengen**!

Wie Sie leicht nachrechnen, gilt dagegen

$$\sqrt[3]{i^2} = \left(\sqrt[3]{i}\right)^2.$$

3. Rechenoperationen wie

$$\sqrt[3]{i} + \sqrt[5]{i} = ?$$

bleiben wegen (1.76) ungeklärt, da eine Addition und eine Multiplikation auf zwei verschiedene Mengen bezogen nicht existiert.

Beispiele 1.81. Wir greifen Beispiele 1.65 nochmals auf. Die Beträge lauten für alle der drei nachfolgenden komplexen Zahlen $r = 1$.

a) Gesucht werden komplexe Zahlen $z_k = \sqrt[3]{r}e^{i\varphi_k}$, $k = 0, 1, 2$, $\varphi_k \in \mathbb{R}$, welche

$$z^3 = i$$

erfüllen. Bei der Polardarstellung von i beträgt der Winkel $\varphi = \pi/2$. Damit lauten gemäß Satz 1.75 die Winkel

$$\varphi_k = \frac{\pi/2 + 2k\pi}{3}.$$

Die drei Wurzeln sind somit

$$z_0 = e^{i\frac{\pi}{6}} = \cos\frac{\pi}{6} + i\,\sin\frac{\pi}{6},$$

$$z_1 = e^{i\frac{5\pi}{6}} = \cos\frac{5\pi}{6} + i\,\sin\frac{5\pi}{6},$$

$$z_2 = e^{i\frac{9\pi}{6}} = \cos\frac{9\pi}{6} + i\,\sin\frac{9\pi}{6},$$

deren kartesische Darstellungen erwartungsgemäß mit den Berechnungen aus Beispiel 1.65 a) übereinstimmen.

b) Gesucht werden komplexe Zahlen $z_k = \sqrt[3]{r}e^{i\varphi_k}$, $k = 0, 1, 2$, $\varphi_k \in \mathbb{R}$, welche

$$z^3 = 1$$

erfüllen. Bei der Polardarstellung von 1 beträgt der Winkel $\varphi = 0$. Damit lauten gemäß Satz 1.79 die Winkel

$$\varphi_k = \frac{2k\pi}{3}.$$

Die drei Wurzeln sind somit

$$z_0 = e^{i \cdot 0} = 1,$$

$$z_1 = e^{i \frac{2\pi}{3}} = \cos \frac{2\pi}{3} + i \sin \frac{2\pi}{3},$$

$$z_2 = e^{i \frac{4\pi}{3}} = \cos \frac{4\pi}{3} + i \sin \frac{4\pi}{3},$$

deren kartesische Darstellungen erwartungsgeäß mit den Berechnungen aus Beispiel 1.65 b) übereinstimmen.

c) Gesucht werden jetzt komplexe Zahlen $e_k = \sqrt[5]{r} e^{i\varphi_k}$, $k = 0, 1, \cdots, 4$, $\varphi_k \in \mathbb{R}$, welche

$$z^5 = 1$$

erfüllen. Die Winkel gemäß Satz 1.79 sind

$$\varphi_k = \frac{2k\pi}{5}.$$

Daraus resultieren

$$e_0 = e^{i \cdot 0} = 1,$$

$$e_1 = e^{i \frac{2\pi}{5}} = \cos \frac{2\pi}{5} + i \sin \frac{2\pi}{5},$$

$$e_2 = e^{i \frac{4\pi}{5}} = \cos \frac{4\pi}{5} + i \sin \frac{4\pi}{5},$$

$$e_3 = e^{i \frac{6\pi}{5}} = \cos \frac{6\pi}{5} + i \sin \frac{6\pi}{5},$$

$$e_4 = e^{i \frac{8\pi}{5}} = \cos \frac{8\pi}{5} + i \sin \frac{8\pi}{5}.$$

Sie bilden ein 5-Eck im Einheitskreis.

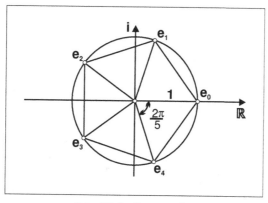

5-te Einheitswurzeln

d) Nun gilt für Wurzeln aus Teil b) und c), dass beispielsweise

$$z_1 \in \sqrt[3]{1} \implies (z_1)^5 = e^{i\frac{10\pi}{3}} = -\frac{1}{2} - i\frac{\sqrt{3}}{2},$$

$$e_1 \in \sqrt[5]{1} \implies (e_1)^3 = e^{i\frac{6\pi}{5}} = -\frac{1+\sqrt{5}}{2} - i\frac{\sqrt{5-\sqrt{5}}}{2\sqrt{2}},$$

im Einklang mit $\left(\sqrt[n]{z}\right)^m \neq \sqrt[n]{z^m}$ aus obiger Bemerkung 1.80. Ebenso gilt für die beiden Mengen insgesamt

$$\sqrt[3]{1} := \{z_0, z_1, z_2\} \neq \{e_0, e_1, e_2, e_3. e_4\} =: \sqrt[5]{1}!$$

Das in $\mathbb{R}$ viel diskutierte Beispiel darf in $\mathbb{C}$ natürlich nicht fehlen.

Beispiel 1.82. Gesucht ist die Menge $\sqrt[3]{-8}$. Die entsprechende Polardarstellung von $z = -8$ lautet

$$z = 8e^{i\pi}.$$

Daraus resultiert

$$\sqrt[3]{-8} = \left\{2e^{i\frac{\pi}{3}}, 2e^{i\pi}, 2e^{i\frac{5\pi}{3}}\right\} = \left\{1 + i\sqrt{3}, -2, 1 - i\sqrt{3}\right\}.$$

Kapitel 2

Folgen und Reihen

Begriffe wie Stetigkeit, Differenzierbarkeit und Integration werden auf der Basis eines „Grenzübergangs" definiert. Somit sind Folgen, Reihen und der damit verbundene Begriff des Grenzwertes wichtigste Bestandteile der Analysis.

2.1 Zahlenfolgen

Definition 2.1. Eine Zuordnung bzw. Abbildung der Form

$$a : \mathbb{N} \to \mathbb{R}; \quad n \mapsto a(n) =: a_n$$

heißt **reelle Zahlenfolge**. Dabei bezeichnet a_n das n-te Folgenglied und $\{a_n\}_{n \in \mathbb{N}} \subset \mathbb{R}$ die Menge aller Folgenglieder.

Beispiele 2.2. Einige grundlegende Folgen sind:

a) Die **identische** Folge ist

$$a_1 = 1, \ a_2 = 2, \ a_3 = 3, \ a_4 = 4, \cdots \ \text{bzw.} \ a_n = n, \ n \in \mathbb{N}.$$

b) Eine **konstante** Folge ist

$$a_1 = 1, \ a_2 = 1, \ a_3 = 1, \ a_4 = 1, \cdots \ \text{bzw.} \ a_n = 1, \ n \in \mathbb{N}.$$

c) Die **reziproke** Folge lautet

$$a_1 = 1, \ a_2 = \frac{1}{2}, \ a_3 = \frac{1}{3}, \ a_4 = \frac{1}{4}, \cdots \ \text{bzw.} \ a_n = \frac{1}{n}, \ n \in \mathbb{N}.$$

d) Eine **streng monoton fallende** Folge ist

$$a_1 = \frac{2}{1}, \ a_2 = \frac{3}{2}, \ a_3 = \frac{4}{3}, \ a_4 = \frac{5}{4}, \cdots \ \text{bzw.} \ a_n = \frac{n+1}{n}, \ n \in \mathbb{N}.$$

e) Eine **streng monoton steigende** Folge ist

$$a_1 = \frac{1}{2}, \ a_2 = \frac{2}{3}, \ a_3 = \frac{3}{4}, \ a_4 = \frac{4}{5}, \cdots \ \text{bzw.} \ a_n = \frac{n}{n+1}, \ n \in \mathbb{N}.$$

f) Eine **alternierende** Folge ist

$$a_1 = -1, \ a_2 = 1, \ a_3 = -1, \ a_4 = 1, \cdots \ \text{bzw.} \ a_n = (-1)^n, \ n \in \mathbb{N}.$$

g) Eine weitere **alternierende** Folge ist

$$a_1 = 0, \ a_2 = 2, \ a_3 = 0, \ a_4 = 2, \cdots \ \text{bzw.} \ a_n = \Big(1 + (-1)^n\Big), \ n \in \mathbb{N}.$$

Definition 2.3. Es gelten folgende Vereinbarungen:

1. Sei $\{a_n\}_{n \in \mathbb{N}}$ eine **reelle Zahlenfolge**. Dann heißt $a \in \mathbb{R}$ **Grenzwert** von $\{a_n\}_{n \in \mathbb{N}}$, falls es zu jedem $\varepsilon > 0$ eine Zahl $N(\varepsilon) \in \mathbb{N}$ gibt mit der Eigenschaft

$$\forall n \geq N(\varepsilon) \ \text{und} \ n \in \mathbb{N} \implies |a_n - a| < \varepsilon.$$

2. Falls $\{a_n\}_{n \in \mathbb{N}}$ einen Grenzwert a besitzt, dann sagt man, dass $\{a_n\}_{n \in \mathbb{N}}$ **gegen** a **konvergiert** und die Folge somit **konvergent** ist. Anderenfalls ist die Folge **divergent**.

Erklärung.

a) Bei der Zahl $N(\varepsilon) \in \mathbb{N}$ handelt es sich um eine natürliche Zahl, welche von $\varepsilon > 0$ abhängt. Dabei wird $N(\varepsilon)$ umso größer, je kleiner $\varepsilon > 0$ gewählt wird.

b) Zu $a \in \mathbb{R}$ und $\varepsilon > 0$ ist die Menge $U_\varepsilon(a) = \{a_n \in \mathbb{R} : |a_n - a| < \varepsilon\}$ gerade die in (1.1) erwähnte ε-Umgebung von a und bedeutet, dass a genau dann Grenzwert der Folge $\{a_n\}_{n \in \mathbb{N}}$ ist, falls für **jedes** (noch so kleine) $\varepsilon > 0$ **alle bis auf endlich viele** Folgenglieder in $U_\varepsilon(a)$ liegen, also **alle** diejenigen, die den Index $n \geq N(\varepsilon)$ tragen. Man sagt auch, dass sich **fast alle** Folgenglieder in $U_\varepsilon(a)$ befinden.

Wenn also beispielsweise – bei entsprechend kleinem $\varepsilon > 0$ – die „ersten" $10^{100000000000000000000000000000}$ Folgenglieder außerhalb der Umgebung liegen, und ab dem nächsten Folgenglied alle weiteren unendlich viele in $U_\varepsilon(a)$ verbleiben, dann sprechen wir von Konvergenz.

Bezeichnung 2.4. Ist a der Grenzwert von $\{a_n\}_{n\in\mathbb{N}}$, dann schreiben wir

$$\lim_{n\to\infty} a_n = a \text{ oder } a_n \to a \text{ für } n \to \infty.$$

Weiter gilt

Definition 2.5. Eine **reelle Zahlenfolge** $\{a_n\}_{n\in\mathbb{N}}$ strebt gegen $+\infty$ bzw. $-\infty$, falls es zu jedem $\varepsilon > 0$ eine Zahl $N(\varepsilon) \in \mathbb{N}$ gibt mit der Eigenschaft

$$a_n > \frac{1}{\varepsilon} \text{ bzw. } a_n < -\frac{1}{\varepsilon}$$

für alle $n > N(\varepsilon)$. Wir schreiben

$$\lim_{n\to\infty} a_n = \pm\infty \text{ oder } a_n \to \pm\infty \text{ für } n \to \infty$$

und nennen diese „Grenzwerte" **uneigentlich**.

Beispiele 2.6. Für die Folgen aus den Beispielen 2.2 gelten folgende Grenzübergänge:

$$a) \ \lim_{n\to\infty} n = \infty, \quad b) \ \lim_{n\to\infty} 1 = 1, \quad c) \ \lim_{n\to\infty} \frac{1}{n} = 0,$$

$$d) \ \lim_{n\to\infty} \frac{n+1}{n} = 1, \quad e) \ \lim_{n\to\infty} \frac{n}{n+1} = 1.$$

Mit Definition 2.3 und der binomischen Formel aus Beispiel 1.23 lässt sich nachfolgender Grenzwert bestätigen:

Beispiel 2.7. Es gilt
$$\lim_{n\to\infty} \sqrt[n]{n} = 1.$$

Wir zeigen, dass für alle $\varepsilon > 0$ ein $N(\varepsilon) \in \mathbb{N}$ existiert mit $N(\varepsilon) > 2/\varepsilon^2$. Dieser Zusammenhang berechnet sich wie folgt:

Wir setzen $b_n := \sqrt[n]{n} - 1 \geq 0$, lösen dies nach n auf und erhalten mit der Binomialentwicklung aus Beispiel 1.23

$$n = (1+b_n)^n = 1 + \binom{n}{1} b_n + \binom{n}{2} b_n^2 + \cdots + \binom{n}{n-1} b_n^{n-1} + b_n^n.$$

Die rechte Seite kann beispielsweise abgeschätzt werden durch

$$1 + \binom{n}{1} b_n + \binom{n}{2} b_n^2 + \cdots + \binom{n}{n-1} b_n^{n-1} + b_n^n \geq 1 + \binom{n}{2} b_n^2,$$

also gilt nach (1.23)

$$n \geq 1 + \binom{n}{2} b_n^2 \iff n - 1 \geq \frac{n(n-1)}{2} b_n^2.$$

Damit ergibt sich schließlich das gewünschte Resultat

$$b_n = |\sqrt[n]{n} - 1| \leq \sqrt{\frac{2}{n}} \overset{!}{<} \varepsilon \overset{(1.43)}{\iff} n > \frac{2}{\varepsilon^2}.$$

Mithilfe von Definition 2.3 lassen sich nachfolgende Resultate für **reelle** Zahlenfolgen bestätigen.

Folgerungen 2.8. Es gelten folgende Aussagen:

a) Eine Zahlenfolge $\{a_n\}_{n \in \mathbb{N}}$ hat höchstens einen Grenzwert.

b) Jede konvergente Folge ist beschränkt, d. h. es existiert eine untere und obere Schranke. Die Umkehrung gilt i. Allg. nicht!

c) Eine monotone (wachsend oder fallend) und beschränkte Folge ist konvergent.

Erklärungen.

Zu a) Angenommen die Folge $\{a_n\}_{n \in \mathbb{N}}$ hat zwei verschiedene Grenzwerte $a \neq b$. Da $\varepsilon > 0$ beliebig gewählt werden kann, setzen wir $\varepsilon := \dfrac{|b - a|}{2} > 0$. Dann gibt es gemäß Definition 2.3 natürliche Zahlen

$$N_1(\varepsilon) \in \mathbb{N} \text{ und } N_2(\varepsilon) \in \mathbb{N}$$

mit

$$n \geq N_1(\varepsilon) \implies |a_n - a| < \varepsilon,$$
$$n \geq N_2(\varepsilon) \implies |a_n - b| < \varepsilon.$$

Für $n \geq \max\{N_1(\varepsilon), N_2(\varepsilon)\}$ ergibt sich

$$|a - b| \leq |a - a_n| + |a_n - b| < \varepsilon + \varepsilon = |b - a|,$$

also der Widerspruch

$$|a - b| < |a - b|.$$

qed

Demnach sind die beiden nachstehenden Folgen divergent:

$$(i) \qquad (-1)^n = \begin{cases} -1 \ : \ n \ \text{ungerade,} \\[2mm] 1 \ : \ n \ \text{gerade,} \end{cases} \tag{2.1}$$

und

$$(ii) \qquad \left(1 + (-1)^n\right) = \begin{cases} 0 \ : \ n \ \text{ungerade,} \\[2mm] 2 \ : \ n \ \text{gerade.} \end{cases} \tag{2.2}$$

Zu b) Da die Folge $\{a_n\}_{n \in \mathbb{N}}$ konvergent ist, gibt es z. B. für das großzügig gewählte $\varepsilon := 1$ ein $N(1) \in \mathbb{N}$, sodass für alle $n \geq N(1)$ die Abschätzung $|a_n - a| < 1$ gilt. Daraus folgt nun mit der Dreiecksungleichung, dass

$$|a_n| = |a_n - a + a| \leq |a_n - a| + |a| < 1 + |a|.$$

Mit $S := \max\{|a_1|, |a_2|, \cdots, |a_{N(1)-1}|, 1 + |a|\}$ ergibt sich die Behauptung

$$|a_n| \leq S \ \text{für alle} \ n \in \mathbb{N}.$$

Dass die Umkehrung nicht gilt, zeigt das **Gegenbeispiel**

$$a_n = (-1)^n \frac{n+1}{n} \implies \begin{cases} a_{2n} = \dfrac{2n+1}{2n} \to 1 \ \text{für} \ n \to \infty, \\[4mm] a_{2n+1} = -\dfrac{2n+2}{2n+1} \to -1 \ \text{für} \ n \to \infty. \end{cases}$$

Trotzdem ist die **divergente** Folge beschränkt, denn

$$\left| (-1)^n \frac{n+1}{n} \right| \leq 2 \ \text{für alle} \ n \in \mathbb{N}.$$

Ebenso sind die beiden Folgen in a) und b) aus dem vorherigen Unterpunkt als Gegenbeispiele zu sehen!

Zu c) Wir betrachten nur den Fall einer monoton wachsenden Folge. Sei dazu $a := \sup a_n$ und $\varepsilon > 0$ beliebig. Dann existiert wegen der Monotonie ein Index $N(\varepsilon) \in \mathbb{N}$ mit $a - \varepsilon < a_{N(\varepsilon)}$. Das bedeutet für alle $n \geq N(\varepsilon)$, dass

$$a - \varepsilon < a_{N(\varepsilon)} \leq a_n \implies |a_n - a| < \varepsilon.$$

Das heißt $a = \lim\limits_{n \to \infty} a_n$.

So ist die Folge

$$a_n := 3 - \frac{1}{n}$$

offensichtlich streng monoton steigend und beschränkt. Der Grenzwert lautet $a = 3$. Wir bestätigen dies wie folgt:

Sei $\varepsilon > 0$ beliebig vorgegeben. Ab einem bestimmten Folgenindex $N(\varepsilon) \in \mathbb{N}$ muss für alle $n > N(\varepsilon)$ die Ungleichung

$$a_n > 3 - \varepsilon$$

gelten. Wir bestimmen $N(\varepsilon)$ gemäß

$$3 - \frac{1}{n} > 3 - \varepsilon \iff \varepsilon > \frac{1}{n} \iff n > \frac{1}{\varepsilon} =: N(\varepsilon).$$

Nehmen wir spaßeshalber an, dass $a = 4$ der Grenzwert obiger Folge $\{a_n\}_{n \in \mathbb{N}}$ ist. Damit ergibt sich dann folgender Widerspruch bei der Berechnung von $N(\varepsilon) \in \mathbb{N}$:

$$3 - \frac{1}{n} > 4 - \varepsilon \iff \frac{1}{n} < \varepsilon - 1 \iff \begin{cases} \dfrac{1}{\varepsilon - 1} > n \; : \; \varepsilon < 1, \\[2ex] \dfrac{1}{\varepsilon - 1} < n \; : \; \varepsilon > 1. \end{cases}$$

Bisher haben wir uns mit „elementaren" Folgen beschäftigt, deren Konvergenzverhalten offensichtlich war. Wie lässt sich dagegen das Verhalten der „komplizierteren" Folge

$$a_n := \frac{n^8 + n^4}{n^8 + n} + \frac{1}{n^{13}} \tag{2.3}$$

ermitteln?

Um dies zu bewerkstelligen formulieren wir

Rechenregeln 2.9. Seien $\{a_n\}_{n \in \mathbb{N}}$ und $\{b_n\}_{n \in \mathbb{N}}$ Folgen mit $a_n \to a$ und $b_n \to b$, jeweils für $n \to \infty$. Dann gelten folgende Resultate:

1. für die Summenfolge $(a_n + b_n) \to (a + b)$,

2. für die Produktfolge $(a_n \cdot b_n) \to (a \cdot b)$,

3. für die Quotientenfolge $\dfrac{a_n}{b_n} \to \dfrac{a}{b}$, falls $b_n \neq 0$.

Beispiele 2.10. Mithilfe obiger Rechenregeln ergeben sich folgende Resultate:

a) Es gilt

$$\underbrace{\frac{1}{n} + \ldots + \frac{1}{n}}_{k\text{-mal}} \to 0 + \ldots + 0 = 0.$$

b) Für alle $k \in \mathbb{N}$ gilt

$$\frac{1}{n^k} = \underbrace{\frac{1}{n} \cdot \ldots \cdot \frac{1}{n}}_{k\text{-mal}} \to 0 \cdot \ldots \cdot 0 = 0.$$

c) Folgen der nachstehenden Art kommen oft vor:

$$\frac{28n^4 - 20n^3 + 10n}{14n^4 + 200} = \frac{28 - \frac{20}{n} + \frac{10}{n^3}}{14 + \frac{200}{n^4}} \to 2.$$

Folgerung 2.11. Seien $p, q \in \mathbb{N}$, dann gilt für die Quotientenfolge allgemein

$$\frac{n^p}{n^q} \to \begin{cases} \infty, & \text{falls } p > q, \\ 1, & \text{falls } p = q, \\ 0, & \text{falls } p < q. \end{cases}$$

Dass die oben formulierte Folge (2.3) gegen 1 konvergiert, haben Sie sich sicherlich schon überlegt.

Beispiele 2.12. Divergente Folgen, deren Summe, Differenz, Produkt und Quotient konvergieren sind:

a) Summe: $a_n = n$ und $b_n = -n$ für alle $n \in \mathbb{N}$,

b) Differenz: $a_n = n$ und $b_n = n$ für alle $n \in \mathbb{N}$,

c) Produkt: $a_n = (-1)^n$ und $b_n = (-1)^n$ für alle $n \in \mathbb{N}$,

d) Quotient: $a_n = (-1)^n$ und $b_n = (-1)^n$ für alle $n \in \mathbb{N}$.

Die unterschiedlichen Wachstumsgeschwindigkeiten bei Folgen, frei nach dem Motto: „Wer rast schneller gegen Unendlich," fassen wir in der nachfolgenden „**Stärketabelle**" zusammen:

$$\boxed{n^p \overset{p<q}{\prec} n^q \overset{a>1}{\prec} a^n \overset{a\in\mathbb{R}}{\prec} n! \prec n^n.}$$ \hfill (2.4)

Beweis. Wir bestätigen die letzte Ungleichung

$$n! < n^n \text{ für } n \geq 2$$

mit **vollständiger Induktion**. Wir gehen in zwei Schritten vor:

a) Induktionsanfang: Sei $n = 2$, dann ergibt sich die wahre Aussage

$$2! = 2 < 2^2 = 4.$$

b) Induktionsschritt: Wir machen die **Induktionsannahme**, dass die Aussage für ein beliebiges $n \geq 2$ richtig ist. Daraus folgern wir, dass die Aussage dann auch für $n + 1$ stimmt. Es gilt

$$(n + 1)! = n! \, (n + 1) \overset{(*)}{<} n^n(n + 1) < (n + 1)^n(n + 1) = (n + 1)^{n+1},$$

womit die vorgelegte Ungleichung bestätigt ist. In $(*)$ haben wir die Induktionsannahme verwendet.   qed

Mit der Stärketabelle (2.4) lassen sich die nachfolgenden Grenzwerte rechtfertigen:

Beispiele 2.13. Der „Schnellere" gemäß obiger Tabelle (2.4) dominiert das Konvergenzverhalten folgender Quotienten:

Sei $a > 1$ und $p \in \mathbb{N}$, dann erhält man

$$\frac{a^n}{n^p} \to \infty.$$

Dagegen ist für $a \in \mathbb{R}$ beliebig

$$\frac{a^n}{n!} \to 0.$$

Schließlich gilt

$$\frac{n^n}{n!} \to \infty.$$

Weitere Kombinationen dürfen Sie sich selbst zusammenstellen.

Beispiel 2.14. Aus der soeben formulierten Stärketabelle (2.4) ergibt sich sofort

$$\lim_{n \to \infty} \frac{n^k}{2^n} = 0 \text{ für ein beliebiges } k \in \mathbb{N}.$$

Dies ergibt sich auch aus dem üblichen Trick, den gegebenen Ausdruck $A := n^k/2^n$ in der Form

$$A = e^{\ln A} = e^{k \ln n - n \ln 2}$$

zu schreiben. Da $k \ln n - n \ln 2 \to -\infty$ für $n \to \infty$, folgt

$$\lim_{n \to \infty} e^{k \ln n - n \ln 2} = 0.$$

Beispiel 2.15. Seien $b_1, b_2, \cdots, b_\nu \in \mathbb{R}$ fest gegeben mit $b_k \geq 0$, $k = 1, \cdots, \nu$. Wir bestimmen den Grenzwert der Folge

$$a_n := \sqrt[n]{b_1^n + \cdots + b_\nu^n}.$$

Wir setzen

$$B := \max\{b_1, \cdots, b_\nu\}.$$

Damit gilt

$$b_1^n + \cdots + b_\nu^n \leq \nu \cdot B^n \iff (b_1^n + \cdots + b_\nu^n)^{\frac{1}{n}} \leq (\nu \cdot B^n)^{\frac{1}{n}} = \nu^{\frac{1}{n}} \cdot B.$$

Ebenso ergibt sich

$$B^n \leq b_1^n + \cdots + b_\nu^n \iff B \leq (b_1^n + \cdots + b_\nu^n)^{\frac{1}{n}}.$$

Es liegt also folgende Ungleichungskette vor:

$$B \leq a_n \leq \nu^{\frac{1}{n}} \cdot B.$$

Da $\lim_{n \to \infty} \nu^{\frac{1}{n}} = 1$, folgt

$$\lim_{n \to \infty} a_n = B.$$

Siehe dazu zum Vergleich auch Beispiel 2.7.

Es gilt ganz allgemein für konvergente reelle Folgen das folgende **Einschließungs-** oder **Sandwichprinzip**:

$$\boxed{a_n \to A, \quad b_n \to A, \quad a_n \leq c_n \leq b_n \implies c_n \to A.} \tag{2.5}$$

Beispiel 2.16. Gegeben sei die Folge

$$a_n := \frac{\cos(n^2)}{n}.$$

Es gilt $\lim_{n \to \infty} a_n = 0$, denn

$$-1 \leq \cos(n^2) \leq 1 \implies -\frac{1}{n} \leq \frac{\cos(n^2)}{n} \leq \frac{1}{n}.$$

Bemerkung 2.17. Sind $\{a_n\}_{n\in\mathbb{N}}$ und $\{b_n\}_{n\in\mathbb{N}}$ konvergente reelle Zahlenfolgen mit

$$\lim_{n\to\infty} a_n = a, \quad \lim_{n\to\infty} b_n = b \quad \text{und} \quad a_n < b_n$$

für alle $n \in \mathbb{N}$, dann gilt $a \leq b$ und **nicht** $a < b$.

Gegenbeispiel 2.18. So erfüllen die beiden Folgen $a_n \equiv 0$ und $b_n = 1/n$ für alle $n \in \mathbb{N}$ die strikte Ungleichung $a_n < b_n$, der Grenzwert ist jedoch bei beiden Folgen 0.

Bemerkung 2.19. Die Folgen in (2.1) und (2.2) sind **divergent**, da die Grenzübergänge bei beiden Beispielen keine eindeutigen, sondern verschiedene Werte liefern. In diesem Fall sprechen wir von **Häufungspunkten** einer Folge.

Beispiel 2.20. Setzen wir $n_k := 2k$, $k \in \mathbb{N}$, dann durchläuft n_k für $k \to \infty$ alle geraden natürlichen Zahlen. Ersetzen wir also beispielsweise in der Folge $a_n = (-1)^n$ den Index n mit $n_k = 2k$, dann erhalten wir die sog. **Teilfolge** $\{a_{n_k}\}_{k\in\mathbb{N}}$ mit

$$\boxed{\{a_{n_k}\}_{k\in\mathbb{N}} \subset \{a_n\}_{n\in\mathbb{N}},}$$

gegeben durch

$$a_{n_k} := a_{2k} = (-1)^{2k} \quad \text{mit} \quad \lim_{k\to\infty} (-1)^{2k} = 1.$$

Durchlaufen wir gemäß $n_k := 2k - 1$ die ungeraden natürlichen Zahlen, so erhalten wir $\lim_{k\to\infty}(-1)^{2k-1} = -1$.

Im soeben betrachteten Beispiel 2.20 wurde nicht die „ganze Folge" betrachtet, sondern nur eine Teilmenge davon, woraus unterschiedliche Konvergenzverlaten reultierten. Wir fassen zusammen

---

Definition 2.21. Gegeben sei die Folge $\{a_n\}_{n\in\mathbb{N}}$ sowie die streng monoton wachsende Folge $\{n_k\}_{k\in\mathbb{N}}$ **natürlicher** Zahlen. Dann heißt $\{a_{n_k}\}_{k\in\mathbb{N}}$ eine **Teilfolge** von $\{a_n\}_{n\in\mathbb{N}}$.

Dies veranlasst zur

Definition 2.22. Eine Zahl $a \in \mathbb{R}$ heißt **Häufungspunkt** einer Folge $\{a_n\}_{n\in\mathbb{N}}$, genau dann, wenn eine Teilfolge $\{a_{n_k}\}_{k\in\mathbb{N}}$ von $\{a_n\}_{n\in\mathbb{N}}$ existiert mit $a_{n_k} \to a$ für $k \to \infty$.

Bemerkung 2.23. Jeder Häufungspunkt einer Folge $\{a_n\}_{n\in\mathbb{N}}$ kann also mithilfe einer Teilfolge angesteuert werden, insbesondere der Grenzwert als einziger Häufungspunkt selbst.

Wir formulieren nun den bekannten Satz von Bolzano-Weierstrass:

Satz 2.24. Eine beshränkte Folge $\{a_n\}_{n\in\mathbb{N}} \subset \mathbb{C}$ hat mindesten einen Häufungspunkt.

Beispiel 2.25. Eine Folge mit drei Häufungspunkten ist gegeben durch

$$a_n := \left(1 + (-1)^n\right)(-1)^{n(n+1)/2} = \begin{cases} 2 & : \ n \text{ durch 4 teilbar,} \\ -2 & : \ n \text{ durch 4 teilbar mit Rest 2,} \\ 0 & : \ n \text{ ungerade.} \end{cases}$$

Um auf die so seltsam wirkende Unterscheidung zwischen einer durch 4 teilbaren Zahl mit Rest 0 oder mit Rest 2 zu kommen, gehen wir folgendermaßen vor:

Zunächst wird die übliche Unterscheidung n ist gerade oder ungerade getroffen. Der letztere Fall ist klar, wogegen der Fall „n gerade", also $n = 2k$ für $k \in \mathbb{N}$, die besagten Unterscheidungen liefert. Es gilt nämlich, wenn wir jetzt wie folgt $k \in \mathbb{N}$ in gerade und ungerade aufteilen:

$$a_{2k} = \left(1 + (-1)^{2k}\right)(-1)^{2k(2k+1)/2} = 2\,(-1)^{k(2k+1)} = 2\left((-1)^{(2k+1)}\right)^k$$

$$= 2\,(-1)^k = \begin{cases} 2 & : \ k \text{ gerade, d.h., } n \text{ durch 4 teilbar,} \\ -2 & : \ k \text{ ungerade, d.h., } n \text{ durch 4 teilbar mit Rest 2.} \end{cases}$$

Beispiel 2.26. Eine **komplexwertige** Folge mit vier Häufungspunkten ist gegeben durch

$$a_n := \frac{n^3 + n}{n^3 + n^2}\, i^n, \ n \in \mathbb{N},$$

wobei $i \in \mathbb{C}$ die imaginäre Einheit bezeichnet. Um die Häufungspunkte zu ermitteln, erinnern wir uns an Rechenregel 1.53 mit

$$i^n = \begin{cases} 1 & : \ n = 4k, \\ i & : \ n = 4k+1, \\ -1 & : \ n = 4k+2, \\ -i & : \ n = 4k+3. \end{cases} \tag{2.6}$$

Da

$$\lim_{n \to \infty} \frac{n^3 + n}{n^3 + n^2} = 1,$$

ergeben sich für $a_n \subset \mathbb{C}$ gemäß (2.6) und wegen der Rechenregln 2.9 die Häufungspunkte

$$\{1, i, -1, -i\}.$$

Bemerkung 2.27. Die im letzten Beispiel ermittelten Häufungspunkte lassen sich **nicht** der Größe nach ordnen, weil auf $\mathbb{C}$ keine **Ordnungsstruktur** gegeben ist!

Dagegen lassen sich Häufungspunkte **reeller** Zahlenfolgen klassifizieren gemäß

Definition 2.28. Wir unterscheiden zwischen dem **größten** $L \in \mathbb{R}$ und dem **kleinsten** $l \in \mathbb{R}$ Häufungspunkt einer **reellen** Zahlenfolge $\{a_n\}_{n \in \mathbb{N}}$, und benennen diese sinngemäß

$$\textbf{limes superior } \text{bzw. } \textbf{limes inferior}$$

mit den Bezeichnungen

$$\limsup_{n \to \infty} a_n := L \quad \text{bzw.} \quad \liminf_{n \to \infty} a_n := l.$$

Uneigentliche Häufungspunkte sind ebenfalls zugelassen, d. h., auch

$$\limsup_{n \to \infty} a_n = \pm\infty \quad \text{bzw.} \quad \liminf_{n \to \infty} a_n = \pm\infty$$

sind möglich.

Oft werden auch die Bezeichnungen

$$\overline{\lim} := \limsup \quad \text{bzw.} \quad \underline{\lim} := \liminf$$

verwendet.

Beispiele 2.29. a) Gegeben sei die reelle Folge $a_n := \exp\left((-1)^{n+1} n^{((-1)^n)}\right)$.
Dann gilt

$$\lim_{n\to\infty} a_n = \lim_{n\to\infty} \left\{ \begin{array}{lll} \exp(-n) & : & n \text{ gerade,} \\ \exp\left(\frac{1}{n}\right) & : & n \text{ ungerade} \end{array} \right\} = \left\{ \begin{array}{lll} 0 & : & n \text{ gerade,} \\ 1 & : & n \text{ ungerade.} \end{array} \right.$$

Also sind

$$\liminf_{n\to\infty} a_n = 0 \text{ und } \limsup_{n\to\infty} a_n = 1.$$

b) Gegeben sei die Folge $a_n = n^{((-1)^n)}$. Jetzt gilt

$$\lim_{n\to\infty} a_n = \lim_{n\to\infty} \left\{ \begin{array}{lll} n & : & n \text{ gerade,} \\ \frac{1}{n} & : & n \text{ ungerade} \end{array} \right\} = \left\{ \begin{array}{lll} \infty & : & n \text{ gerade,} \\ 0 & : & n \text{ ungerade.} \end{array} \right.$$

Also sind

$$\liminf_{n\to\infty} a_n = 0 \text{ und } \limsup_{n\to\infty} a_n = \infty.$$

Existieren neben lim inf und lim sup noch weitere Häufungspunkte einer Folge, dann liegen diese stets dazwischen. Aus Definition 2.28 ergibt sich folgendes Resultat:

Folgerung 2.30. Sei $\{a_n\}_{n\in\mathbb{N}}$ eine beschränkte Folge reeller Zahlen und sei

$$M := \left\{a \in \mathbb{R} : \lim_{k\to\infty} a_{n_k} = a \text{ für eine Teilfolge } \{a_{n_k}\}_{k\in\mathbb{N}}\right\}$$

die Menge aller Häufungspunkte. Falls

$$\liminf_{n\to\infty} a_n = l \text{ und } \limsup_{n\to\infty} a_n = L,$$

dann gilt

$$\{l, L\} \subset M \subset [l, L].$$

Beispiele 2.31. Bei den nachstehenden beiden Folgen bestimmen wir die Menge M aus Satz 2.30:

a) Die reelle Folge

$$a_n := \sin n$$

ist durch $|a_n| \leq 1$ beschränkt und nicht konvergent. Doch für **jedes** $a \in [-1, 1]$ existiert eine Teilfolge $\{a_{n_k}\}_{k\in\mathbb{N}}$ von $\{a_n\}_{n\in\mathbb{N}}$ mit

$$\lim_{k \to \infty} a_{n_k} = a.$$

Also hat die Folge $\{\sin n\}_{n \in \mathbb{N}}$ nach Definition 2.22 unendlich viele Häufungspunkte mit

$$\liminf_{n \to \infty} a_n = -1 \quad \text{und} \quad \limsup_{n \to \infty} a_n = 1.$$

Somit bekommen wir das Intervall $M = [-1, 1]$.

Wir zeigen jetzt, dass **jedes** $a \in [-1, 1]$ ein Häufungspunkt der Folge $a_n := \sin n$ ist. Dazu „komplexifizieren" wir diese Folge und betrachten gemäß (1.73) die Folge

$$b_n := e^{in} = \cos n + i \sin n, \quad n \in \mathbb{N}.$$

Grund der Komplexifizierung liegt darin, dass alle Folgenglieder auf dem Einheitskreis liegen, da

$$|b_n| = \sqrt{\sin^2 n + \cos^2 n} = 1$$

gilt. Zudem werden die Eigenschaften der Exponentialfunktion noch hilfreich sein. Diese Kreislinie ist beschränkt und abgeschlossen, somit existiert nach Satz 2.24 mindestens ein Häufungspunkt $a_0 \in \mathbb{C}$, also eine Teilfolge mit

$$\lim_{k \to \infty} b_k = a_0,$$

wobei wir der Einfachheit halber eben diese Notation gewählt haben anstatt $\{b_{n_k}\}_{k \in \mathbb{N}}$. Es existieren also eine ε-Umgegebung $U_\varepsilon(a_0)$ um a_0 und zwei verschiedene Indizes $k_1, k_2 \in \mathbb{N}$ mit

$$b_{k_1}, b_{k_1} \in U_\varepsilon(a_0) \quad \text{bzw.} \quad |b_{k_2} - b_{k_1}| \leq \varepsilon,$$

worin $b_{k_2} \neq b_{k_1}$ und $k_2 - k_1 \in \mathbb{N}$, also – wie es so schön heißt – ohne Einschränkung der Allgemeinheit $k_2 > k_1$ gelte.

Wir bilden jetzt eine weitere Teilfolge von $\{b_n\}_{n \in \mathbb{N}}$, nämlich

$$b_{k_1 + m(k_2 - k_1)} = e^{i(k_1 + m(k_2 - k_1))}, \quad k_1, k_2 \in \mathbb{N} \text{ fest und } m \in \mathbb{N},$$

also mit $k_m := k_1 + m(k_2 - k_1) \in \mathbb{N}$ eine gültige Teilfolge. Es wird demnach der Index k_1 sukzessive um $k_2 - k_1 > 0$ erhöht und für zwei aufeinanderfolgende Glieder gilt stets:

$$\left| b_{k_{m+1}} - b_{k_m} \right| = \left| b_{k_1 + (m+1)(k_2 - k_1)} - b_{k_1 + m(k_2 - k_1)} \right|$$

$$= \left| e^{i(k_1 + (m+1)(k_2 - k_1))} - e^{i(k_1 + m(k_2 - k_1))} \right|$$

$$= \left| e^{i(k_1 + (k_2 - k_1))} - e^{ik_1} \right| \cdot \underbrace{\left| e^{im(k_2 - k_1)} \right|}_{=1}$$

$$= \left| e^{ik_2} - e^{ik_1} \right| \leq \varepsilon.$$

Nun durchschreiten nach genau $2\pi/(b_{k_2} - b_{k_1})$ Schritten die Folgenglieder den Eiheitskreis mit konstantem Abstand, der kleiner oder gleich $\varepsilon > 0$ ist.

Wir finden also in jeder ε-Umgebung auf dem Einheitskreis mindestens eines der eben betrachteten Folgenglieder. Da dies allerdings für jedes noch so kleine $\varepsilon > 0$ gilt, ist jeder Punkt auf dem Einheitskreis ein Häufungspunkt.

Wir „entkomplexifizieren" wieder, indem wir lediglich die Imaginärteile der Folge und der Häufungspunkte in Betracht ziehen. Somit ist jeder Punkt des abgeschlossenen Intervalls $[-1, 1]$ Häufungspunkt der Folge $a_n = \sin n$.

Daraus resultiert auch die **Divergenz** der Folge!

Dennoch zeigen wir jetzt spaßes- und auch übungshalber die Divergenz der Folge $a_n := \sin n$ durch einen separaten Beweis. Wir gehen indirekt vor und nehmen an, dass ein **eindeutiger** Grenzwert

$$a \in [-1, 1]$$

existiert, also

$$\lim_{n \to \infty} \sin n = a \tag{2.7}$$

gilt.

Auch **jede** Teilfolge besitzt im Falle der Konvergenz den Grenzwert aus (2.7). So gilt beispielsweise

$$\lim_{n \to \infty} \sin(n + k) = a,$$

wobei $k \in \mathbb{N}$ fest gewählt ist. Wir verwenden das Additionstheorem für den Sinus gemäß Rechenregel 1.78 und erhalten

$$\sin(n + k) = \sin n \cos k + \cos n \sin k$$

$$= \sin n \cos k \pm \sqrt{1 - (\sin n)^2} \, \sin k.$$

Wir führen auf beiden Seiten den Grenzübergang für $n \to \infty$ durch und erhalten

$$a = a \cos k \pm \sqrt{1 - a^2} \, \sin k$$

bzw.

$$a(1 - \cos k) = \pm\sqrt{1 - a^2} \, \sin k. \tag{2.8}$$

Daraus resultiert durch Quadrieren

$$a^2(1 - \cos k)^2 = (1 - a^2)\,(\sin k)^2$$

Dies ist gleichbedeutend mit

$$a^2 = \frac{(\sin k)^2}{2 - 2\cos k} = \frac{1 - (\cos k)^2}{2 - 2\cos k} = \frac{1}{2}\,(1 + \cos k)$$

$$= \frac{1}{2}\left(1 + \left(\cos \tfrac{k}{2}\right)^2 - \left(\sin \tfrac{k}{2}\right)^2\right) = \left(\cos \tfrac{k}{2}\right)^2.$$

also

$$a = \pm\sqrt{\left(\cos \tfrac{k}{2}\right)^2} = \pm\left|\cos \tfrac{k}{2}\right|.$$

Wir betrachten nun zwei verschiedene Teilfolgen und wählen dazu $k = 1$ und $k = 2$. Wir erhalten die beiden Mengen möglicher Grenzwerte

$$M_1 := \left\{-\cos \tfrac{1}{2}, \ \cos \tfrac{1}{2}\right\},$$

$$M_2 := \left\{-\cos 1, \ \cos 1\right\}.$$

Da ein Grenzwert eindeutig ist, müsste dieser in beiden Mengen liegen.

Es gilt jedoch

$$M_1 \cap M_2 = \emptyset.$$

Dies bestätigt wiederum die Divergenz der Folge.

Entsprechendes gilt auch für die Folge $c_n := \cos n$. Überprüfen Sie dies doch als lehrreiche Übungsaufgabe.

Nach diesem Marathonlauf ist die nächste Folge eher mit einem gemütlichen Spaziergang zu vergleichen.

b) Sei

$$a_n := \left(2 - (-1)^n\right)\frac{n}{n + 2}.$$

Diese Folge ist ebenfalls beschränkt und hat neben

$$\liminf_{n\to\infty} a_n = 1 \text{ und } \limsup_{n\to\infty} a_n = 3$$

keine weiteren Häufungspunkte. Somit gilt also $M = \{1, 3\}$.

Bemerkung 2.32. Eine reelle Zahlenfolge $\{a_n\}_{n\in\mathbb{N}}$ ist genau dann konvergent, wenn die Menge M aus Satz 2.30 **einelementig** ist.

Wir wechseln das Thema.

Beispiel 2.33. Wir bestimmen zwei reelle Folgen $\{a_n\}_{n\in\mathbb{N}}$ und $\{b_n\}_{n\in\mathbb{N}}$ derart, dass für $n \to \infty$ folgende Ungleichungskette gilt:

$$\underline{\lim}\, a_n + \underline{\lim}\, b_n < \underline{\lim}\,(a_n + b_n)$$

$$< \underline{\lim}\, a_n + \overline{\lim}\, b_n$$

$$< \overline{\lim}\,(a_n + b_n) < \overline{\lim}\, a_n + \overline{\lim}\, b_n.$$

Die Wahl

$$a_n := 0, 1, 2, 1,\ 0, 1, 2, 1,\ 0, 1, 2, 1, \ldots,$$

$$b_n := 2, 1, 1, 0,\ 2, 1, 1, 0,\ 2, 1, 1, 0, \ldots$$

liefert die gewünschte Ungleichungskette mit den konkreten Werten

$$0 < 1 < 2 < 3 < 4.$$

Es gelten folgende Eigenschaften für den limes superior und limes inferior:

> **Satz 2.34.** Gegeben seien zwei reelle Folgen $\{a_n\}_{n\in\mathbb{N}}$ und $\{b_n\}_{n\in\mathbb{N}}$. Es gelten stets folgende Ungleichungen:
>
> $$\limsup_{n\to\infty}(a_n + b_n) \leq \limsup_{n\to\infty} a_n + \limsup_{n\to\infty} b_n,$$
> $$\liminf_{n\to\infty}(a_n + b_n) \geq \liminf_{n\to\infty} a_n + \liminf_{n\to\infty} b_n.$$

Beispiel 2.35. Die beiden reellen Folgen

$$a_n := \begin{cases} (-1)^{\frac{n}{2}} & : n \text{ gerade,} \\ \frac{1}{2} & : n \text{ ungerade} \end{cases} \quad \text{und} \quad b_n := \begin{cases} (-1)^{\frac{n}{2}+1} & : n \text{ gerade,} \\ \frac{1}{2} & : n \text{ ungerade} \end{cases}$$

bestätigen die Ungleichungen aus Satz 2.34. Zunächst gilt

$$a_n + b_n = \begin{cases} 0 & : n \text{ gerade,} \\ 1 & : n \text{ ungerade,} \end{cases}$$

also sind

$$\liminf_{n \to \infty}(a_n + b_n) = 0 \quad \text{und} \quad \limsup_{n \to \infty}(a_n + b_n) = 1.$$

Jede der beiden Folgen $\{a_n\}_{n \in \mathbb{N}}$ und $\{b_n\}_{n \in \mathbb{N}}$ hat drei Häufungspunkte, denn

$$a_n = \begin{cases} -1 & : n \text{ gerade und nicht durch 4 teilbar,} \\ 1 & : n \text{ gerade und durch 4 teilbar,} \\ \frac{1}{2} & : n \text{ ungerade} \end{cases}$$

und

$$b_n = \begin{cases} 1 & : n \text{ gerade und nicht durch 4 teilbar,} \\ -1 & : n \text{ gerade und durch 4 teilbar,} \\ \frac{1}{2} & : n \text{ ungerade.} \end{cases}$$

Damit haben wir

$$\limsup_{n \to \infty} a_n = 1 \quad \text{und} \quad \liminf_{n \to \infty} a_n = -1$$

sowie

$$\limsup_{n \to \infty} b_n = 1 \quad \text{und} \quad \liminf_{n \to \infty} b_n = -1.$$

In Zahlen lauten die (strikten) Ungleichungen aus Satz 2.34 damit

$$1 < 2 \quad \text{und} \quad 0 > -2.$$

Bemerkung 2.36. Bei konvergenten Folgen, wenn also für eine Folge $\{a_n\}_{n \in \mathbb{N}}$ die Beziehung

$$\lim_{n \to \infty} a_n = \limsup_{n \to \infty} a_n = \liminf_{n \to \infty} a_n$$

gilt, liegt in Satz 2.34 stets Gleichheit (in beiden Ungleichungen) vor. Dies resultiert aus der Rechenregel 2.9, 1.

Übrigens: Falls $a \in \mathbb{R}$ der Grenzwert von $\{a_n\}_{n \in \mathbb{N}}$ ist, so gilt stets

$$\lim_{n\to\infty} a_n = a \iff \limsup_{n\to\infty} a_n = \liminf_{n\to\infty} a_n = a.$$

Gegenbeispiel 2.37. Gibt es Folgen $\{a_{1,n}\}_{n\in\mathbb{N}}$, $\{a_{2,n}\}_{n\in\mathbb{N}}$, ..., welche – als Gegenbeispiele zu Satz 2.34 – die Ungleichung

$$\limsup_{n\to\infty}(a_{1,n} + a_{2,n} + \ldots) > \limsup_{n\to\infty} a_{1,n} + \limsup_{n\to\infty} a_{2,n} + \ldots$$

erfüllen? Ja, beispielsweise die **unendlich vielen** Folgen der Form

$$a_{1,n} = 1, 0, 0, 0, 0, \ldots$$
$$a_{2,n} = 0, 1, 0, 0, 0, \ldots$$
$$a_{3,n} = 0, 0, 1, 0, 0, \ldots$$
$$\vdots$$

bzw. in kompakter Notation

$$a_{k,n} := \begin{cases} 1 & : k = n, \\ 0 & : k \neq n \end{cases}$$

für $k, n \in \mathbb{N}$. Daraus resultiert

$$\limsup_{n\to\infty} a_{k,n} = 0 \text{ für alle } k \in \mathbb{N}$$

sowie

$$a_{1,n} + a_{2,n} + a_{3,n} + \ldots = 1, 1, 1, \ldots,$$

also

$$\limsup_{n\to\infty}(a_{1,n} + a_{2,n} + a_{3,n} + \ldots) = 1.$$

Die Ungleichung liest sich damit zahlenmäßig als

$$1 > 0.$$

Für eine **endliche** Anzahl von Folgen gilt diese Ungleichung gemäß Satz 2.34 natürlich nicht!

Abschließend formulieren wir alternativ zu Definition 1.6 die Abgeschlossenheit mittels konvergenter Zahlenfolgen.

Definition 2.38. Eine Menge $A \subset \mathbb{R}$ heißt **abgeschlossen**, genau dann wenn für jede in A enthaltene konvergente Zahlenfolge $\{a_n\}_{n \in \mathbb{N}} \subset A$ auch deren Grenzwert in A enthalten ist, wenn also

$$\lim_{n \to \infty} a_n =: a \in A$$

gilt. Eine Menge $B \subset \mathbb{R}$ heißt **offen**, falls $\mathbb{R} \setminus B$ abgeschlossen ist.

Gegenbeispiel 2.39. Das Intervall $A := (0,5]$ ist nicht abgeschlossen, da $a_n := 1/n \subset A$, aber $\lim_{n \to \infty} a_n = 0 \notin A$.

2.2 Zahlenreihen

Eine unendliche Reihe ist eine Folge von Partialsummen. Sei also $\{a_n\}_{n \in \mathbb{N}}$ eine reelle Zahlenfolge, dann setzen wir

$$
\begin{aligned}
s_1 &:= a_1, \\
s_2 &:= a_1 + a_2, \\
&\vdots \\
s_n &:= a_1 + \ldots + a_n = \sum_{k=1}^{n} a_k.
\end{aligned}
\tag{2.9}
$$

Wir ordnen also einer Folge $\{a_n\}_{n \in \mathbb{N}}$ eine weitere Folge $\{s_n\}_{n \in \mathbb{N}}$ nach obiger Vorschrift (2.9) zu. Wir beschränken uns hier auf **reelle** Folgen und weisen auf Abweichungen gesondert hin. Konvergiert die Folge der Partialsummen, dann schreiben wir

$$\lim_{n \to \infty} s_n = \lim_{n \to \infty} \sum_{k=1}^{n} a_k =: \sum_{k=1}^{\infty} a_k =: s, \tag{2.10}$$

wobei $s \in \mathbb{R}$. Im Falle einer Divergenz ist auch $s \in \{\pm\infty\}$ zugelassen. Natürlich darf eine Reihe bei jedem beliebigen Index $k := k_0 \in \mathbb{Z}$ starten, d. h.,

$$s = \sum_{k=k_0}^{\infty} a_k \tag{2.11}$$

ist ebenfalls möglich. Bei allgemeinen Ausführungen schreiben wir der Einfachheit halber $k = 1$.

Beispiel 2.40. Die **geometrische Summenformel** liefert für festes $q \in \mathbb{R}$ eine Zahlenfolge $\{s_n\}_{n \in \mathbb{N}} \subset \mathbb{R}$, gegeben durch

$$s_n := \sum_{k=0}^{n} q^k = \begin{cases} \dfrac{1 - q^{n+1}}{1 - q} & : q \neq 1, \\[2mm] n + 1 & : q = 1. \end{cases} \tag{2.12}$$

Während $\lim\limits_{n \to \infty} q^{n+1} = q \cdot \lim\limits_{n \to \infty} q^n = 0$ für alle $|q| < 1$ in (2.12) gilt, divergiert dagegen die Folge $\{q^{n+1}\}_{n \in \mathbb{N}}$ für alle $|q| \geq 1$, $q \neq 1$. Das heißt, die Folge $\{s_n\}_{n \in \mathbb{N}}$ konvergiert nur für $|q| < 1$. Wir fassen das Haupresultat für die geometrische Reihe zusammen:

$$\lim_{n \to \infty} s_n = \lim_{n \to \infty} \sum_{k=0}^{n} q^k = \sum_{k=0}^{\infty} q^k = \frac{1}{1 - q} \quad \text{für alle } -1 < q < 1.$$

Die geometrische Reihe gehört zu den wenigen Reihen, bei denen der Summenwert explizit angegeben, und damit das Konvergenzverhalten auf einfache Art und Weise analysiert werden kann. Auch bei der nachfolgenden Reihe ist dies der Fall:

Beispiel 2.41. Die **Teleskop-Summe** liefert eine Zahlenfolge $(s_n)_{n \in \mathbb{N}} \subset \mathbb{R}$, gegeben durch

$$s_n := \sum_{k=1}^{n} \frac{1}{k(k + 1)} = \sum_{k=1}^{n} \left(\frac{1}{k} - \frac{1}{k + 1} \right) = 1 - \frac{1}{n + 1}, \tag{2.13}$$

worin sich also bis auf den ersten und letzten Summanden alle wegheben. Wir sehen sofort, dass und wohin diese Folge konvergiert. Wir fassen zusammen:

$$\lim_{n \to \infty} s_n = \lim_{n \to \infty} \sum_{k=1}^{n} \frac{1}{k(k + 1)} =: \sum_{k=1}^{\infty} \frac{1}{k(k + 1)} = 1.$$

Ein **allgemeines** Konvergenzkriterium für Reihen lautet:

Satz 2.42 (Cauchy-Kriterium für Reihen). Eine reelle Zahlenreihe $\sum_{k=1}^{\infty} a_k$ konvergiert genau dann, falls zu jedem $\varepsilon > 0$ ein $N(\varepsilon) \in \mathbb{N}$ existiert, derart dass für alle $n, m \geq N(\varepsilon)$ mit $m > n$ die Abschätzung

$$\left| s_m - s_n \right| = \left| \sum_{k=n+1}^{m} a_k \right| < \varepsilon$$

gilt.

Folgerung 2.43. Konvergiert die Reihe $\sum_{k=1}^{\infty} a_k$, dann folgt für $m := n+1$, dass $|a_{n+1}| < \varepsilon$ für alle $n \geq N(\varepsilon) \in \mathbb{N}$ gilt. Als **notwendige** Bedingung für die Konvergenz muss also

$$\lim_{k \to \infty} a_k = \lim_{k \to \infty} |a_k| = 0 \qquad (2.14)$$

gelten. Die Umkehrung ist i. Allg. falsch.

Beispiele 2.44. a) Die Reihe $\sum_{k=1}^{\infty} (1 - \frac{1}{k})^k$ ist **divergent**, denn

$$\lim_{k \to \infty} a_k = \lim_{k \to \infty} \left(1 - \frac{1}{k}\right)^k = \frac{1}{e} \neq 0.$$

b) Die **harmonische Reihe**

$$s = \sum_{k=1}^{\infty} \frac{1}{k} \qquad (2.15)$$

ist **divergent**, obwohl $a_k = \frac{1}{k}$ eine Nullfolge ist.

Wäre die Reihe konvergent, so gäbe es nach dem Cauchy-Kriterium für Reihen zu $\varepsilon = 1/2$ ein $N(1/2) \in \mathbb{N}$ mit folgender Eigenschaft:

$$n, m \geq N\left(\frac{1}{2}\right), \ m > n \implies \sum_{k=n+1}^{m} \frac{1}{k} < \frac{1}{2}.$$

Nun gilt für jedes $N \in \mathbb{N}$, dass

$$\sum_{k=N+1}^{N+N} \frac{1}{k} = \frac{1}{N+1} + \ldots + \frac{1}{N+N} \geq \frac{N}{N+N} = \frac{1}{2},$$

im Widerspruch zur Annahme.

c) Dagegen konvergiert die **alternierende harmonische Reihe** der Form

$$s = \sum_{k=1}^{\infty} (-1)^{k+1} \frac{1}{k}. \qquad (2.16)$$

Dazu untersuchen wir die Differenz $s_m - s_n$ für $m > n$ mit der Wahl $m := n + l$, $l \in \mathbb{N}$. Es gilt

$$s_{n+l} - s_n = (-1)^n \underbrace{\left[\frac{1}{n+1} - \frac{1}{n+2} + \frac{1}{n+3} - \ldots + (-1)^{l+1} \frac{1}{n+l}\right]}_{=: A}.$$

Der Ausdruck in eckigen Klammern ist für alle $l \in \mathbb{N}$ **positiv**, denn

$$A = \left[\left(\frac{1}{n+1} - \frac{1}{n+2} \right) + \ldots + \left(\frac{1}{n+l-1} - \frac{1}{n+l} \right) \right], \quad l \text{ gerade},$$

$$A = \left[\left(\frac{1}{n+1} - \frac{1}{n+2} \right) + \ldots + \left(\frac{1}{n+l-2} - \frac{1}{n+l-1} \right) + \frac{1}{n+l} \right],$$

$$l \text{ ungerade}.$$

Da stets $A < 1/(n+1)$ gilt, folgt insgesamt die Ungleichung

$$\left| s_{n+k} - s_n \right| < \frac{1}{n+1},$$

welche dem oben genannten Cauchy-Kriterium für konvergente Reihen entspricht, denn für beliebiges $\varepsilon > 0$ gilt

$$\left| s_{n+k} - s_n \right| < \varepsilon \text{ für alle } n > \frac{1-\varepsilon}{\varepsilon}.$$

Das letzte Beispiel gibt Anlass zu folgender Verallgemeinerung:

Definition 2.45. Eine **reelle** Reihe der Form $\sum_{k=1}^{\infty} (-1)^{k+1} a_k$ mit Koeffizienten $a_k \geq 0$ heißt **alternierende Reihe**.

Satz 2.46 (Leibniz-Kriterium). Die Reihe $\sum_{k=1}^{\infty} (-1)^{k+1} a_k$ mit Koeffizienten $a_k \geq 0$ **konvergiert** genau dann, wenn

$$\lim_{k \to \infty} a_k = 0$$

und ein $K \in \mathbb{N}$ existiert, sodass

$$a_k \geq a_{k+1} \text{ für alle } k \geq K.$$

Beweis. Für $k > K$ und jedes $l \in \mathbb{N}$ gilt in völliger Analogie – zwar etwas anders hingeschrieben – zu Beispiel 2.44 b), dass

$$(s_{k+l} - s_k) = \sum_{j=k+1}^{k+l} (-1)^{j+1} a_j = (-1)^{k+2} a_{k+1} + \ldots + (-1)^{k+l+1} a_{k+l}$$

$$= (-1)^k \big[a_{k+1} - \underbrace{(a_{k+2} - a_{k+3})}_{\geq 0} - \ldots - \underbrace{a_{k+l}}_{\geq 0} \big] \leq a_{k+1}.$$

Wir schließen hieraus

$$|s_{k+l} - s_k| \leq a_{k+1} \to 0 \ \text{für} \ k \to \infty.$$

Die Folge der Partialsummen ist also nach dem Cauchy-Kriterium konvergent.

qed

Beispiel 2.47. Die Leibniz-Reihe

$$\sum_{k=0}^{\infty} (-1)^k \frac{1}{2k+1} = 1 - \frac{1}{3} + \frac{1}{5} - \frac{1}{7} + \cdots$$

erfüllt wegen

$$a_k := \frac{1}{2k+1} > \frac{1}{2k+3} =: a_{k+1}$$

für alle $k \in \mathbb{N}_0 := \mathbb{N} \cup \{0\}$ sowie wegen

$$\lim_{k \to \infty} a_k = 0$$

die Voraussetzungen des Leibniz-Kriteriums und ist somit konvergent.

Für diese konvergente Reihe kann mit Mitteln der Differential- und Integralrechnung gezeigt werden, dass

$$\sum_{k=0}^{\infty} (-1)^k \frac{1}{2k+1} = \frac{\pi}{4}.$$

Für die Reihe aus dem Beispiel davor ergibt sich mithilfe der selben Mittel der Wert

$$\sum_{k=1}^{\infty} (-1)^{k+1} \frac{1}{k} = \ln 2. \tag{2.17}$$

Elementare Manipulationen, die bei endlichen Summen den Wert nicht verändern, sind bei unendlichen Summen (Reihen) nicht erlaubt. So ist eine Umordnung der Summanden einer Reihe i. Allg. nicht zulässig, denn dadurch kann sich das Konvergenzverhalten ändern. Dazu

Beispiel 2.48. Mit der soeben genannten Reihe (2.17) erhalten wir

$$\ln 2 = 1 - \tfrac{1}{2} + \tfrac{1}{3} - \tfrac{1}{4} + \tfrac{1}{5} - \tfrac{1}{6} + \tfrac{1}{7} - \tfrac{1}{8} + \dots$$

$$+\tfrac{1}{2}\ln 2 = 0 + \tfrac{1}{2} + 0 - \tfrac{1}{4} + 0 + \tfrac{1}{6} + 0 - \tfrac{1}{8} + \dots$$

$$= \tfrac{3}{2}\ln 2 = 1 \quad\; + \tfrac{1}{3} - \tfrac{1}{2} + \tfrac{1}{5} \quad\; + \tfrac{1}{7} - \tfrac{1}{4} + \dots$$

An der letzten Zeile ist zu erkennen, dass durch diese Summation eine **Umordnung** der ersten Zeile vorliegt und dadurch ein anderer Reihenwert zustande kommt.

Das Weglassen von Klammern ist i. Allg. falsch. Dazu betrachten wir das

Beispiel 2.49. Gegegeben sei die konvergente Reihe

$$\sum_{k=0}^{\infty} a_k := (1-1) + (1-1) + (1-1) + \dots = 0,$$

worin $a_k := (1-1)$ gesetzt wurde. Schreiben wir dagegen

$$1 - 1 + 1 - 1 + 1 - 1 + \dots =: \sum_{k=0}^{\infty} b_k,$$

wobei jetzt $b_k = (-1)^k$ gilt. Diese Reihe ist divergent, und es gelten die Beziehungen $s_n := \sum_{k=0}^{n} b_k = 0$ für gerade n sowie $s_n := \sum_{k=0}^{n} b_k = 1$ für ungerade n.

Umgekehrt dürfen bei divergenten Reihen keine Klammern gesetzt werden, bei konvergenten Reihen dagegen schon!

Ebenso kann sich durch Weglassen **unendlich** vieler Reihenglieder das Konvergenzverhalten einer Reihe ändern. Dazu das

Beispiel 2.50. Wir streichen in der harmonischen Reihe alle Summanden, deren Nenner die Zahl 0 enthält. Die sog. gestrichene harmonische Reihe s' hat die Form:

$$s' = \left(\frac{1}{1} + \dots + \frac{1}{9}\right) + \left(\frac{1}{11} + \dots + \frac{1}{19} + \frac{1}{21} + \dots + \frac{1}{99}\right)$$

$$+ \left(\frac{1}{111} + \dots + \frac{1}{999}\right) + \dots$$

$$\leq 9 \cdot 1 + 9^2 \cdot \frac{1}{10} + 9^3 \cdot \frac{1}{100} + \dots = 9 \cdot \underbrace{\sum_{k=0}^{\infty} \left(\frac{9}{10}\right)^k}_{\text{geom. Reihe}}$$

$$= 9 \cdot \frac{1}{1 - \frac{9}{10}} = 90.$$

Aus der Nichtnegativität der Reihenglieder und der Beschränktheit der Reihe ergibt sich die Konvergenz. Dies gilt allgemein:

Satz 2.51. Es gelte $a_k \geq 0$ für alle $k \in \mathbb{N}$. Die Reihe $\sum_{k=0}^{\infty} a_k$ konvergiert genau dann, wenn ein $K > 0$ existiert, sodass

$$s_n := \sum_{k=1}^{n} a_k \leq K \quad \text{für alle } n \in \mathbb{N}. \tag{2.18}$$

Beispiel 2.52. Die Reihe $\sum_{k=1}^{\infty} \frac{1}{k^2}$ ist **konvergent**. Um dies zu sehen, verwenden wir das Kriterium (2.18) für $a_k := 1/k^2$.

Ist $k \geq 2$, dann gilt die Abschätzung mit einer „berechenbaren" Teleskop-Reihe der Form

$$\frac{1}{k^2} \leq \frac{1}{k(k-1)} = \frac{1}{k-1} - \frac{1}{k},$$

also gilt mit der Aufteilung $\sum_{k=1}^{\infty} \frac{1}{k^2} = 1 + \sum_{k=2}^{\infty} \frac{1}{k^2}$

$$s_n = \sum_{k=1}^{n} a_k \leq 1 + \sum_{k=2}^{n} \left(\frac{1}{k-1} - \frac{1}{k} \right) = 1 + 1 - \frac{1}{n} < 2 =: K$$

für alle $n \geq 2$.

Euler zeigte, dass

$$\sum_{k=1}^{\infty} \frac{1}{k^2} = \frac{\pi^2}{6}.$$

Bemerkung 2.53. Allgemein gilt die Aussage

$$\sum_{k=1}^{\infty} \frac{1}{k^\alpha} \text{ ist } \begin{cases} \text{konvergent} : \alpha > 1, \\ \text{divergent} \quad : \alpha \leq 1. \end{cases} \tag{2.19}$$

In diesem Zusammenhang lässt sich das **Euler-Produkt** erklären.

Bemerkung 2.54. Sei $\mathbb{P} := \{2, 3, 5, 7, 11, 13, 17, \cdots\}$ die Menge der Primzahlen. Es gilt der Zusammenhang

$$\sum_{k=1}^{\infty} \frac{1}{k^\alpha} = \prod_{p \in \mathbb{P}} \frac{1}{1 - \frac{1}{p^\alpha}} \quad \text{für } \alpha > 1. \tag{2.20}$$

Beweis. Um die Gleichheit in (2.20) nachzurechnen, schreiben wir die Summe zunächst aus und erhalten mit der abkürzenden Schreibweise

$$\zeta(\alpha) := = 1 + \frac{1}{2^\alpha} + \frac{1}{3^\alpha} + \frac{1}{4^\alpha} + \frac{1}{5^\alpha} + \frac{1}{6^\alpha} + \frac{1}{7^\alpha} + \cdots .$$

Multiplikation mit $1/2^\alpha$ liefert nur gerade Anteile im Nenner

$$\frac{1}{2^\alpha}\zeta(\alpha) = \frac{1}{2^\alpha} + \frac{1}{4^\alpha} + \frac{1}{6^\alpha} + \frac{1}{8^\alpha} + \frac{1}{10^\alpha} + \frac{1}{12^\alpha} + \frac{1}{14^\alpha} + \cdots .$$

Subtraktion dieser Reihe von der Reihe $\zeta(\alpha)$ eliminiert alle geraden Anteile im Nenner, d. h. wir erhalten

$$\left(1 - \frac{1}{2^\alpha}\right)\zeta(\alpha) = 1 + \frac{1}{3^\alpha} + \frac{1}{5^\alpha} + \frac{1}{7^\alpha} + \frac{1}{9^\alpha} + \frac{1}{11^\alpha} + \frac{1}{13^\alpha} + \cdots .$$

Multiplikation dieser Reihe mit $1/3^\alpha$ liefert nur 3-er Anteile im Nenner

$$\frac{1}{3^\alpha}\left(1 - \frac{1}{2^\alpha}\right)\zeta(\alpha) = \frac{1}{3^\alpha} + \frac{1}{9^\alpha} + \frac{1}{15^\alpha} + \frac{1}{18^\alpha} + \frac{1}{21^\alpha} + \frac{1}{24^\alpha} + \cdots ,$$

Subtraktion dieser Reihe von der Reihe $\left(1 - \frac{1}{2^\alpha}\right)\zeta(\alpha)$ eliminiert alle 3-er Anteile im Nenner, d. h. wir erhalten jetzt

$$\left(1 - \frac{1}{3^\alpha}\right)\left(1 - \frac{1}{2^\alpha}\right)\zeta(\alpha) = 1 + \frac{1}{5^\alpha} + \frac{1}{7^\alpha} + \frac{1}{11^\alpha} + \frac{1}{13^\alpha} + \frac{1}{17^\alpha} + \frac{1}{19^\alpha} + \cdots .$$

Wir fahren nun beliebig lange auf diese Art und Weise fort und erhalten letzt(un)endlich

$$\cdots \left(1 - \frac{1}{7^\alpha}\right)\left(1 - \frac{1}{5^\alpha}\right)\left(1 - \frac{1}{3^\alpha}\right)\left(1 - \frac{1}{2^\alpha}\right)\zeta(\alpha) = 1,$$

also die gewünschte Gleichheit

$$\zeta(\alpha) = \frac{1}{\left(1 - \frac{1}{2^\alpha}\right)\left(1 - \frac{1}{3^\alpha}\right)\left(1 - \frac{1}{5^\alpha}\right)\left(1 - \frac{1}{7^\alpha}\right)\cdots}$$

$$= \left(\frac{1}{1 - \frac{1}{2^\alpha}}\right)\left(\frac{1}{1 - \frac{1}{3^\alpha}}\right)\left(\frac{1}{1 - \frac{1}{5^\alpha}}\right)\left(\frac{1}{1 - \frac{1}{7^\alpha}}\right)\cdots = \prod_{p \in \mathbb{P}} \frac{1}{1 - \frac{1}{p^\alpha}} .$$

qed

Ohne weitere Begründung verrate ich Ihnen noch, dass

$$\sum_{k=1}^{\infty} \frac{1}{k^2} = \frac{\pi^2}{6} = \prod_{p \in \mathbb{P}} \frac{1}{1 - \frac{1}{p^2}}.$$

Weiter gilt für die Reihe der reziproken Primzahlen, also für die „ausgedünnte harmonische Reihe" der Form

$$\sum_{p \in \mathbb{P}} \frac{1}{p} = \frac{1}{2} + \frac{1}{3} + \frac{1}{5} + \frac{1}{7} + \frac{1}{11} + \cdots = \infty.$$

Bemerkung 2.55. Vergleichen wir diese Reihe mit der gestrichen harmonischen Reihe aus Beispiel 2.50, dann lässt sich salopp sagen, dass die Anzahl der Primzahlen unendlich groß und deren Mächtigkeit größer ist als die Anzahl der natürlichen Zahlen, welche keine 0 enthalten.

Wir wechseln jetzt das Thema und kommen nochmals zurück zur konvergenten alternierenden harmonischen Reihe, siehe Beispiele 2.44 c), gegeben durch

$$s := \sum_{k=1}^{\infty} (-1)^{k+1} \frac{1}{k}.$$

Summieren wir nun über die Beträge, also über

$$\sum_{k=1}^{\infty} \left| (-1)^{k+1} \frac{1}{k} \right| = \sum_{k=1}^{\infty} \frac{1}{k},$$

dann resultiert daraus die divergente harmonische Reihe, siehe Beispiele 2.44 b). Allgemein gilt

---

Definition 2.56 (Absolute Konvergenz). Eine Reihe $\sum_{k=1}^{\infty} a_k$ heißt **absolut konvergent**, wenn auch die Reihe $\sum_{k=1}^{\infty} |a_k|$ konvergiert.

Wir überprüfen jetzt einige Reihen auf absolute Konvergenz.

Beispiele 2.57. Es gelten:

a) Die Reihe

$$\sum_{k=1}^{\infty} \frac{\sin(k^3 + 3)}{2k^3 + 2k + 1}$$

ist absolut konvergent, da die Abschätzung

$$\left| \frac{\sin\left(k^3 + 3\right)}{2k^3 + 2k + 1} \right| \le \frac{1}{2k^3}$$

gilt, und die „größere" Reihe

$$\sum_{k=1}^{\infty} \frac{1}{2k^3} = \frac{1}{2} \sum_{k=1}^{\infty} \frac{1}{k^3}$$

konvergent ist. Wir sprechen auch von einer konvergenten majorisierenden Reihe, kurz von einer konvergenten **Majorante**.

b) Die Reihe

$$\sum_{k=1}^{\infty} \frac{1}{k^{0,99}}$$

ist divergent, da die harmonische als „minorisierende" Reihe divergiert,
weil also

$$\sum_{k=1}^{\infty} \frac{1}{k} \le \sum_{k=1}^{\infty} \frac{1}{k^{0,99}}$$

gilt, und somit eine divergente **Minorante** vorliegt.

Beispiel 2.58. Die beiden Reihen

$$\sum_{k=1}^{\infty} \frac{\sin(kx)}{k^\alpha} \quad \text{und} \quad \sum_{k=1}^{\infty} \frac{\cos(kx)}{k^\alpha}, \quad \alpha > 1, \ x \in \mathbb{R},$$

sind **absolut konvergent**. Beide besitzen – siehe (2.19) – dieselbe konvergente Majorante $\sum_{k=1}^{\infty} \frac{1}{k^\alpha}$, da

$$\left| \frac{\sin(kx)}{k^\alpha} \right| \le \frac{1}{k^\alpha}, \quad \left| \frac{\cos(kx)}{k^\alpha} \right| \le \frac{1}{k^\alpha}.$$

Allgemein gilt das Vergleichskriterium

Satz 2.59. Falls ein $K \in \mathbb{N}$ existiert und die Abschätzung

$$0 \le |a_k| \le b_k \quad \text{für alle} \ k \ge K$$

gilt, dann liegen folgende Aussagen vor:

1. Ist $\sum_{k=1}^{\infty} b_k$ konvergent, dann ist $\sum_{k=1}^{\infty} a_k$ **absolut** konvergent,

2. ist $\sum_{k=1}^{\infty} |a_k|$ divergent, dann ist auch $\sum_{k=1}^{\infty} b_k$ divergent.

Gegenbeispiel 2.60. Gibt es eine konvergente Reihe $\sum_{k=1}^{\infty} a_k$ und eine divergente Reihe $\sum_{k=1}^{\infty} b_k$ mit der Eigenschaft $|a_k| \geq b_k$, $k \in \mathbb{N}$?

Zwei alte Bekannte erfüllen diese Bedingungen. Es sind

$$a_k := (-1)^{k+1} \frac{1}{k} \quad \text{und} \quad b_k := \frac{1}{k}.$$

Wir kommen nochmals zurück zu Beispiel 2.48. Dies legt die Vermutung nahe, dass bei konvergenten Reihen **Umordnungen** derart vorgenommen werden können, sodass jeder beliebig vorgegebene Summenwert angenommen werden kann. Bezeichne dazu

$$\pi : \mathbb{N}_0 \to \mathbb{N}_0 \tag{2.21}$$

eine Umordnung, welche einen Index $k \in \mathbb{N}_0$ an **genau** eine Stelle unter den Werten

$$\pi(0), \pi(1), \pi(2), \pi(3), \cdots$$

abbildet. Kurz gesagt, die Summationsreihenfolge der unendliche Reihe

$$\sum_{k=0}^{\infty} a_k = a_0 + a_1 + a_2 + a_3 + \cdots$$

wird gemäß

$$\sum_{k=0}^{\infty} a_{\pi(k)} = a_{\pi(0)} + a_{\pi(1)} + a_{\pi(2)} + a_{\pi(3)} + \cdots,$$

also z. B. zu

$$\sum_{k=0}^{\infty} a_{\pi(k)} = a_2 + a_3 + a_0 + a_1 + \cdots$$

umsortiert.

Satz 2.61 (Riemannscher Umordnungssatz). Sei $\sum_{k=1}^{\infty} a_k$ eine konvergente, aber **nicht absolut** konvergente, reelle Reihe. Dann existiert zu jedem $a \in \mathbb{R} \cup \{\pm\infty\}$ eine Umordnung $\pi : \mathbb{N}_0 \to \mathbb{N}_0$ mit

$$a = \sum_{k=0}^{\infty} a_{\pi(k)}.$$

Ein ähnliches Resultat für komplexe Reihen behandelt der Satz von Steinitz, auf den wir nicht näher eingehen werden. Dagegen gilt

Satz 2.62 (Umordnung absolut konvergenter Reihen). Sei $\sum_{k=0}^{\infty} a_k$ eine absolut konvergente Reihe (komplex oder reell) und sei $\pi : \mathbb{N}_0 \to \mathbb{N}_0$ eine Umordnung. Dann konvergiert auch $\sum_{k=0}^{\infty} a_{\pi(k)}$ absolut und es gilt

$$\sum_{k=0}^{\infty} a_{\pi(k)} = \sum_{k=0}^{\infty} a_k.$$

Beispiel 2.63. Es existiert eine Umordnung $\pi : \mathbb{N} \to \mathbb{N}$ der alternierenden harmonischen Reihe, sodass

$$\sum_{k=1}^{\infty} (-1)^{\pi(k)+1} \frac{1}{\pi(k)} = \infty. \qquad (2.22)$$

Die Umordnung sieht beispielsweise wie folgt aus:

$$\sum_{k=1}^{\infty} (-1)^{\pi(k)+1} \frac{1}{\pi(k)} = 1 - \boxed{\frac{1}{2}} + \frac{1}{3} - \boxed{\frac{1}{4}} + \frac{1}{5} + \frac{1}{7} - \boxed{\frac{1}{6}}$$

$$+ \frac{1}{9} + \frac{1}{11} + \frac{1}{13} + \frac{1}{15} - \boxed{\frac{1}{8}} + \cdots$$

$$\cdots + \frac{1}{2^k + 1} + \frac{1}{2^k + 3} + \cdots$$

$$\cdots + \frac{1}{2^{k+1} - 1} - \boxed{\frac{1}{2k + 2}} \pm \cdots$$

Wir schauen uns jetzt diese Umordnung etwas genauer an. Bei den eingerahmten negativen Zahlen befinden sich im Nenner stets gerade Zahlen. Zwischen zwei solchen Zahlen sind Summen, deren Summanden im Nenner nur ungerade Zahlen haben. Wir zählen die Anzahl die Summanden dieser dazwischenliegenden Teilsummen, welche wir mit s_k, $k \in \mathbb{N}$, bezeichnen. Für $k \geq 1$ erhalten wir

$$s_1 := \frac{1}{3},$$

$$s_2 := \frac{1}{5} + \frac{1}{7},$$

$$s_3 := \frac{1}{9} + \frac{1}{11} + \frac{1}{13} + \frac{1}{15},$$

$$s_4 := \frac{1}{17} + \frac{1}{19} + \frac{1}{21} + \cdots + \frac{1}{31},$$

$$\vdots$$

$$s_k := \frac{1}{2^k + 1} + \frac{1}{2^k + 3} + \cdots + \frac{1}{2^{k+1} - 1}$$

und erkennen, dass jede dieser Teilsummen genau $\boxed{2^{k-1}}$ Summanden enthält! Daraus resultiert die Abschätzung

$$\frac{1}{2^k + 1} + \frac{1}{2^k + 3} + \cdots + \frac{1}{2^{k+1} - 1}$$

$$\geq \underbrace{\frac{1}{2^{k+1}} + \frac{1}{2^{k+1}} + \cdots \frac{1}{2^{k+1}}}_{2^{k-1}-\text{mal}}$$

$$\geq \frac{2^{k-1}}{2^{k+1}} = \frac{1}{4}.$$

Mit dieser Erkenntnis erhalten wir die Abschätzung für die Partialsumme

$$S_n := \sum_{k=1}^{n} (-1)^{\pi(k)+1} \frac{1}{\pi(k)}$$

gemäß

$$S_n \geq \underbrace{1 - \boxed{\frac{1}{2}}}_{=\frac{1}{2}} + \underbrace{\frac{1}{4} - \boxed{\frac{1}{4}}}_{=0} + \underbrace{\frac{1}{4} - \boxed{\frac{1}{6}}}_{\geq \frac{1}{12}} + \underbrace{\frac{1}{4} - \boxed{\frac{1}{8}}}_{\geq \frac{1}{12}} + \cdots + \underbrace{\frac{1}{4} - \boxed{\frac{1}{2n + 2}}}_{\geq \frac{1}{12}}$$

$$\overset{(*)}{\geq} \frac{1}{2} + (n - 1)\frac{1}{12}.$$

Damit resultiert die Divergenz der Folge der Partialsummen, also

$$\lim_{n \to \infty} S_n = \infty$$

und bestätigt (2.22).

Um die obige mit $(*)$ markierte Ungleichung zu rechtfertigen, stellen wir zunächst fest, dass insgesamt $2n + 2$ Kästchen und somit $(2n + 2)/2$ geschweifte Klammern in der besagten Ungleichung vorliegen. Aus den beiden ersten Klammern resultiert die Größe $1/2$ und damit verbleiben die restlichen $(2n + 2)/2 - 2 = n - 1$ Summanden, welche jeweils durch die Größe $1/12$ abgeschätzt wurden.

Beispiel 2.64. Die alternierende Reihe

$$\sum_{k=1}^{\infty} (-1)^{k+1} \frac{1}{k^2}$$

ist absolut konvergent, deswegen gilt für jede Umordnung $\pi : \mathbb{N} \to \mathbb{N}$, dass

$$\sum_{k=1}^{\infty} (-1)^{\pi(k)+1} \frac{1}{(\pi(k))^2} = \sum_{k=1}^{\infty} (-1)^{k+1} \frac{1}{k^2}.$$

Weiter geht es mit der Herleitung bekannter **Konvergenzkriterien**. Dazu kann das Majorantenkriterium in Verbindung mit der geometrischen Reihe zur Formulierung solcher effektiver Kriterien verwendet werden. Gilt nämlich für die Koeffizienten einer Reihe $\sum_{k=1}^{\infty} a_k$ die Abschätzung

$$|a_k| \leq q^k < 1 \quad \text{für alle } k \geq K$$

ab einem Index $K \in \mathbb{N}$, dann folgt aus der Konvergenz der majorisierenden geometrischen Reihe die absolute Konvergenz der besagten Reihe. Es gilt also das Folgende:

Satz 2.65 (Wurzelkriterium). Die Reihe $\sum_{k=1}^{\infty} a_k$ ist **absolut konvergent**, falls eine Zahl $q \in (0,1)$ existiert und ein $K \in \mathbb{N}$ mit

$$\sqrt[k]{|a_k|} \leq q < 1 \quad \text{für alle } k \geq K. \tag{2.23}$$

Existiert der Grenzwert $\lim_{k \to \infty} \sqrt[k]{|a_k|}$, dann ist für die absolute Konvergenz die Bedingung

$$\lim_{k \to \infty} \sqrt[k]{|a_k|} < 1 \tag{2.24}$$

gleichbedeutend. Gilt dagegen für den Grenzwert

$$\lim_{k \to \infty} \sqrt[k]{|a_k|} > 1,$$

dann liegt stets **Divergenz** bei der Reihe vor. Im Falle

$$\lim_{k \to \infty} \sqrt[k]{|a_k|} = 1$$

kann **keine** Aussage getroffen werden, weil sowohl Konvergenz als auch Divergenz für die Reihe möglich ist.

Mit ähnlichen Argumenten ergibt sich alternativ folgendes Resultat:

Satz 2.66 (Quotientenkriterium). Die Reihe $\sum_{k=1}^{\infty} a_k$ ist **absolut konvergent**, falls eine Zahl $q \in (0,1)$ existiert und ein $K \in \mathbb{N}$ mit

$$\left| \frac{a_{k+1}}{a_k} \right| \leq q < 1 \text{ für alle } k \geq K. \tag{2.25}$$

Existiert der Grenzwert $\lim_{k \to \infty} |a_{k+1}/a_k|$, dann ist für die absolute Konvergenz die Bedingung

$$\lim_{k \to \infty} \left| \frac{a_{k+1}}{a_k} \right| < 1 \tag{2.26}$$

gleichbedeutend. Gilt dagegen für den Grenzwert

$$\lim_{k \to \infty} \left| \frac{a_{k+1}}{a_k} \right| > 1,$$

dann liegt stets **Divergenz** bei der Reihe vor. Im Falle

$$\lim_{k \to \infty} \left| \frac{a_{k+1}}{a_k} \right| = 1$$

kann **keine** Aussage getroffen werden, weil sowohl Konvergenz als auch Divergenz für die Reihe möglich ist.

Anmerkung. Es wäre falsch, aus der Beschränktheit der Beträge der Folgen (2.23) und (2.25) jeweils auf die Konvergenz eben dieser „Betragsfolgen" zu schließen. Deswegen muss in den beiden Sätzen 2.65 und 2.66 die Existenz der Grenzwerte für die Bedingungen (2.24) und (2.26) vorausgesetzt werden!

Gegenbeispiel 2.67. Die Folge

$$a_k := \frac{1}{3} + \frac{2}{3} \cdot (-1)^k$$

ist divergent, denn es liegen die beiden Häufungspunkte

$$\lim_{k \to \infty} a_k = \begin{cases} -\dfrac{1}{3} & : \ k \ \text{ungerade,} \\ \\ 1 & : \ k \ \text{gerade} \end{cases}$$

vor.

Für den Betrag dieser Folge gilt die Beschränkung $|a_k| \leq 1$ für alle $k \in \mathbb{N}$. Dennoch ist $|a_k|$ divergent, denn

$$\lim_{k \to \infty} |a_k| = \begin{cases} \dfrac{1}{3} & : \ k \ \text{ungerade,} \\ \\ 1 & : \ k \ \text{gerade.} \end{cases}$$

Wir wenden jetzt das Wurzel- und das Quotientenkriterium an.

Beispiel 2.68. Die Reihe

$$s := \sum_{k=0}^{\infty} \frac{k^4}{3^k}$$

konvergiert, denn das Wurzelkriterium liefert

$$\lim_{k \to \infty} \sqrt[k]{|a_k|} = \lim_{k \to \infty} \sqrt[k]{\frac{k^4}{3^k}} = \lim_{k \to \infty} \frac{\left(\sqrt[k]{k}\right)^4}{3} = \frac{1}{3} < 1.$$

Darin haben wir gemäß Beispiel 2.7 den Grenzwert

$$\lim_{k \to \infty} \sqrt[k]{k} = 1$$

verwendet.

Auch das Quotientenkriterium bestätigt die Konvergenz, denn

$$\lim_{k \to \infty} \left| \frac{a_{k+1}}{a_k} \right| = \lim_{k \to \infty} \frac{(k+1)^4 \cdot 3^k}{3^{k+1} \cdot k^4} = \lim_{k \to \infty} \frac{1}{3} \cdot \left(\frac{k+1}{k} \right)^4 = \frac{1}{3} < 1.$$

Beispiele 2.69. Aus Beispiel 2.44 b) wissen wir, dass die harmonische Reihe $\sum_{k=1}^{\infty} \frac{1}{k}$ divergiert, die Folge $\sum_{k=1}^{\infty} \frac{1}{k^2}$ aus Beispiel 2.52 konvergiert. Mithilfe des Wurzel- oder des Quotientenkriteriums ließe sich dies jedoch nicht ermitteln, da sich für beide Reihen mit beiden Kriterien stets der unentschiedene Fall ergibt.

Beispiel 2.70. Die Reihe

$$s := \sum_{k=0}^{\infty} \frac{k+4}{k^2 - 3k + 1}$$

ist divergent. Wir versuchen dies mithilfe des Quotientenkriteriums zu verifizieren. Eine kurze Rechnung ergibt

$$\lim_{k \to \infty} \left| \frac{a_{k+1}}{a_k} \right| = \lim_{k \to \infty} \frac{(k+5)(k^2 - 3k + 1)}{(k+4)(k^2 - k - 1)} = 1.$$

Auch das Wurzelkriterium liefert diesen Grenzwert.

Das **Minorantenkriterium** führt hier zum Erfolg. Es gilt

$$|a_k| = \frac{k \left(1 + \dfrac{4}{k} \right)}{k^2 \left(1 - \dfrac{3}{k} + \dfrac{1}{k^2} \right)} = \frac{1}{k} \cdot \underbrace{\frac{1 + \dfrac{4}{k}}{1 - \dfrac{3}{k} + \dfrac{1}{k^2}}}_{=: \, b_k},$$

wobei der Betrag für $k \geq 3$ weggelassen werden kann. Da

$$\lim_{k \to \infty} b_k = 1,$$

existiert ein $K \in \mathbb{N}$ derart, dass $b_k > a$ für alle $k \geq K$ gilt für ein $a \in \mathbb{R}$ mit $0 < a < 1$. Wir wählen beispielsweise $a = 1/2$ dann resultiert

$$\sum_{k=1}^{\infty} |a_k| > \frac{1}{2} \cdot \sum_{k=1}^{\infty} \frac{1}{k} \quad \text{für alle } k \geq K.$$

Dies ist eine **divergente** Minorante, woraus auch die Divergenz der vorgelegten Reihe folgt.

Fazit. Bei *gebrochen* rationalen Ausdrücken liefern Wurzel- und Quotientenkriterium stets den Grenzwert 1, weshalb eine Aussage über das Grenzverhalten nicht möglich ist.

Beispiel 2.71. Die Reihe

$$s := \sum_{k=0}^{\infty} \frac{k+4}{k^3 + k + 1}$$

ist konvergent. Wie im vorangegangenen Beispiel bringen uns Quotienten–
und Wurzelkriterium nicht weiter. Es liegt auch hier ein *gebrochen* rationaler
Summand vor. Hier führt nun das **Majorantenkriterium** zur gewünschten
Aussage. Es gilt

$$|a_k| = \frac{k\left(1 + \frac{4}{k}\right)}{k^3\left(1 + \frac{1}{k^2} + \frac{1}{k^3}\right)} = \frac{1}{k^2} \cdot \underbrace{\frac{1 + \frac{4}{k}}{1 + \frac{1}{k^2} + \frac{1}{k^3}}}_{=:\, b_k},$$

Da

$$\lim_{k \to \infty} b_k = 1,$$

existiert ein $K \in \mathbb{N}$ derart, dass $b_k < a$ für alle $k \geq K$ gilt für ein $a \in \mathbb{R}$ mit
$a > 1$. Wir wählen beispielsweise $a = 2$ dann resultiert

$$\sum_{k=1}^{\infty} |a_k| < 2 \cdot \sum_{k=1}^{\infty} \frac{1}{k^2} \text{ für alle } k \geq K.$$

Dies ist eine **konvergente** Majorante, woraus auch die (absolute) Konvergenz
der vorgelegten Reihe folgt.

Folgerung 2.72. Wenn also die Diverenz zwischen Nenner- und Zählergrad
bei gebrochen rationalen Ausdrücken größer als 1 ist, dann liegt Konvergenz
vor. Denn in diesem Fall kann **stets** eine konvergente Majorante gemäß (2.19)
gefunden werden!

Mit dem nun folgenden Beispiel leiten wir eine **Erweiterung** des Wurzel–
und Quotientenkriteriums und damit auch einen Vergleich beider Kriterien
her.

Beispiel 2.73. Gegeben sei die Reihe

$$\sum_{k=0}^{\infty} \frac{2 + (-1)^{k+1}}{2^k} = \frac{1}{2^0} + \frac{3}{2^1} + \frac{1}{2^2} + \frac{3}{2^3} + \frac{1}{2^4} + \cdots. \qquad (2.27)$$

Wir wollen deren Konvergenzverhalten mithilfe des Quotientenkriteriums
überprüfen. Mit $a_k = \dfrac{2 + (-1)^{k+1}}{2^k}$ ergibt sich

$$\left|\frac{a_{k+1}}{a_k}\right| = \frac{1}{2} \cdot \frac{2 + (-1)^{k+1}(-1)}{2 + (-1)^{k+1}} = \begin{cases} \dfrac{1}{6} & : k \text{ ungerade,} \\ \dfrac{3}{2} & : k \text{ gerade.} \end{cases}$$

Also sind

$$\liminf_{n\to\infty} \left|\frac{a_{k+1}}{a_k}\right| = \frac{1}{6} \quad \text{und} \quad \limsup_{n\to\infty} \left|\frac{a_{k+1}}{a_k}\right| = \frac{3}{2}.$$

Was nun? Wir versuchen es mit dem Wurzelkriterium und erhalten

$$\lim_{k\to\infty} \sqrt[k]{|a_k|} = \lim_{k\to\infty} \frac{\left(2+(-1)^{k+1}\right)^{1/k}}{2} = \frac{1}{2},$$

da

$$\left(2+(-1)^{k+1}\right)^{1/k} = \left\{\begin{array}{ll} 3^{1/k} & : k \text{ ungerade,} \\ 1^{1/k} & : k \text{ gerade} \end{array}\right\} \to 1 \text{ für } k \to \infty.$$

Während das Quotientenkriterium keine brauchbare Aussage liefert, liegt gemäß des Wurzelkriteriums **Konvergenz** vor.

Was verbirgt sich nun hinter diesem Beispiel? Wir erweitern dazu zunächst die im Satz 2.65 formulierten Konvergenz- bzw. Divergenzeigenschaften.

Satz 2.74 (Wurzelkriterium). Sei $\sum_{k=1}^{\infty} a_k$ eine Reihe. Dann gelten folgende Aussagen:

a) Ist

$$\limsup_{k\to\infty} \sqrt[k]{|a_k|} < 1,$$

dann ist die Reihe absolut konvergent.

b) Ist

$$\limsup_{k\to\infty} \sqrt[k]{|a_k|} > 1,$$

dann ist die Reihe divergent.

c) Gilt

$$\limsup_{k\to\infty} \sqrt[k]{|a_k|} = 1,$$

dann kann keine Aussage über das Konvergenzverhalten getroffen werden.

Wir erweitern jetzt die im Satz 2.66 formulierten Konvergenz– bzw. Divergenzeigenschaften.

Satz 2.75 (Quotientenkriterium). Sei $\sum_{k=1}^{\infty} a_k$ eine Reihe. Dann gelten folgende Aussagen:

a) Ist

$$\limsup_{k \to \infty} \left| \frac{a_{k+1}}{a_k} \right| < 1,$$

dann ist die Reihe absolut konvergent.

b) Ist

$$\liminf_{k \to \infty} \left| \frac{a_{k+1}}{a_k} \right| > 1,$$

dann ist die Reihe divergent.

c) Gilt

$$\liminf_{k \to \infty} \left| \frac{a_{k+1}}{a_k} \right| \leq 1 \leq \limsup_{k \to \infty} \left| \frac{a_{k+1}}{a_k} \right|,$$

dann kann keine Aussage über das Konvergenzverhalten getroffen werden.

Beachten Sie in den letzten beiden Sätzen die Unterschiede im Teil b) der Aussagen.

Das letzte Beispiel zeigt, dass das Wurzelkriterium stärker ist als das Quotientenkriterium, bei dem obige Reihe gerade den unentschiedenen Fall c) erfüllt. Es gelten weiter folgende Aussagen:

Satz 2.76. Sei $\{a_k\}_{k \in \mathbb{N}} \subset \mathbb{R}$ eine Folge. Dann gelten nachstehende Eigenschaften:

a) $\displaystyle\liminf_{k \to \infty} \left| \frac{a_{k+1}}{a_k} \right| \leq \liminf_{k \to \infty} \sqrt[k]{|a_k|}.$

b) $\displaystyle\limsup_{k \to \infty} \sqrt[k]{|a_k|} \leq \limsup_{k \to \infty} \left| \frac{a_{k+1}}{a_k} \right|.$

c) Ist die Folge $\{|a_{k+1}|/|a_k|\}_{k \in \mathbb{N}}$ konvergent, dann ist auch die Folge $\left\{ \sqrt[k]{|a_k|} \right\}_{k \in \mathbb{N}}$ konvergent und es gilt

$$\lim_{k \to \infty} \sqrt[k]{|a_k|} = \lim_{k \to \infty} \left| \frac{a_{k+1}}{a_k} \right|.$$

Die Umkehrung (siehe letztes Beispiel) gilt nicht.

Mit weiteren Beispielen belegen wir obige Feststellungen.

Beispiel 2.77. Gegeben sei die Folge

$$\sum_{k=1}^{\infty} \left(\frac{2}{5 + (-1)^k} \right)^k = \frac{1}{2^1} + \frac{1}{3^2} + \frac{1}{2^3} + \frac{1}{3^4} + \frac{1}{2^5} + \frac{1}{3^6} + \cdots. \qquad (2.28)$$

Das Wurzelkriterium liefert

$$\sqrt[k]{|a_k|} = \frac{2}{5 + (-1)^k} = \begin{cases} \dfrac{1}{2} & : k \text{ ungerade,} \\[2mm] \dfrac{1}{3} & : k \text{ gerade.} \end{cases}$$

Also gilt

$$\limsup_{k \to \infty} \sqrt[k]{|a_k|} = \frac{1}{2} < 1.$$

Somit liegt nach Satz 2.74 absolute Konvergenz der Reihe vor.

Andererseits ergibt sich

$$\left| \frac{a_{k+1}}{a_k} \right| = 2 \cdot \frac{\left(5 + (-1)^k\right)^k}{\left(5 + (-1)^{k+1}\right)^{k+1}} = \begin{cases} \dfrac{1}{3} \cdot \left(\dfrac{2}{3} \right)^k & : k \text{ ungerade,} \\[3mm] \dfrac{1}{2} \cdot \left(\dfrac{3}{2} \right)^k & : k \text{ gerade.} \end{cases}$$

Also gilt

$$\liminf_{k \to \infty} \left| \frac{a_{k+1}}{a_k} \right| = \frac{1}{3} \quad \text{und} \quad \limsup_{k \to \infty} \left| \frac{a_{k+1}}{a_k} \right| = \infty.$$

Damit kann mithilfe dieses Kriteriums gemäß Satz 2.75 keine Aussage über das Konvergenzverhalten getroffen werden. Es gilt also Konvergenz der Reihe gemäß des stärkeren Wurzelkriteriums.

Ebenso sind die Eigenschaften a) und b) aus Satz 2.76 erfüllt. Da sowohl beim Wurzel- als auch beim Quotientenkriterium jeweils zwei Häufungspunkte vorliegen, ist Eigenschaft c) aus dem eben erwähnten Satz nicht erfüllt. Es gilt lediglich die **Kontraposition**, welche besagt

$$\left\{ \sqrt[k]{|a_k|} \right\}_{k \in \mathbb{N}} \text{ divergiert} \implies \left\{ \left| \frac{a_{k+1}}{a_k} \right| \right\}_{k \in \mathbb{N}} \text{ divergiert.}$$

Abschließend lernen Sie ein Beispiel kennen, bei dem das Quotientenkriterium den unentscheidbaren Fall ergibt, während das stärkere Wurzelkriterium wieder die tatsächliche Konvergenz bestätigt.

Beispiel 2.78. Dazu betrachten wir die Reihe

$$\sum_{k=1}^{\infty} a_k := \sum_{k=1}^{\infty} 2^{(-1)^k - k}. \tag{2.29}$$

Das Quotientenkriterium liefert den unentschiedenen Fall

$$\left| \frac{a_{k+1}}{a_k} \right| = \frac{2^{(-1)^{k+1} - (k+1)}}{2^{(-1)^k - k}} = \begin{cases} 2 & : k \text{ ungerade}, \\ \dfrac{1}{8} & : k \text{ gerade}. \end{cases}$$

Also sind

$$\liminf_{n \to \infty} \left| \frac{a_{k+1}}{a_k} \right| = \frac{1}{8} \quad \text{und} \quad \limsup_{n \to \infty} \left| \frac{a_{k+1}}{a_k} \right| = 2.$$

Das Wurzelkriterium hat auch hier das letzte Wort mit dem aussagekräftigeren Grenzwert

$$\lim_{k \to \infty} \sqrt[k]{|a_k|} = \lim_{k \to \infty} 2^{\frac{(-1)^k}{k} - 1} = 2^{-1} = \frac{1}{2}.$$

Damit ist die vorgelegte Reihe konvergent.

2.3 Potenzreihen

Eine unendliche Reihe der speziellen Form

$$\boxed{P(x) := \sum_{k=0}^{\infty} a_k (x - x_0)^k, \ a_k \in \mathbb{R},} \tag{2.30}$$

heißt Potenzreihe um den Entwicklungspunkt $x_0 \in \mathbb{R}$. Die zentrale Frage in diesem Zusammenhang ist, ob ein Intervall der Form $I := (x_0 - c, \ x_0 + c)$ um den Entwicklungspunkt mit noch zu bestimmendem $c \in \mathbb{R}$ existiert, in dem die Potenzreihe für alle $x \in I$ konvergiert. Meistens genügt es, den Spezialfall $x_0 = 0$ zu analysieren, also ein Intervall $I := (-c, c)$ um den Ursprung zu finden!

Beispiel 2.79. Wir betrachten die Reihe

$$P(x) = \sum_{k=1}^{\infty} \frac{x^k}{k^2}. \tag{2.31}$$

Gemäß Bemerkung 2.19 wissen wir, dass die Reihe auf jeden Fall für $x = 1$ konvergiert.

Mit dieser Information lässt sich dann zeigen, dass zumindest auch für alle

$$x \in (-1, 1) \qquad (2.32)$$

Konvergenz vorliegt. Ob sich das Intervall weiter **vergrößern** lässt, wird noch Inhalt dieses Abschnittes sein. Zunächst gilt das folgende Resultat:

Satz 2.80. Die Potenzreihe $\sum_{k=0}^{\infty} a_k x^k$ konvergiere für $x = c$, $c \neq 0$. Dann konvergiert die Reihe sogar **absolut** für alle $x \in (-c, c)$.

Beweis. Da die Reihe $\sum_{k=0}^{\infty} a_k c^k$ konvergiert, muss notwendigerweise

$$\lim_{k \to \infty} a_k c^k = 0$$

gelten. Diese konvergente Folge ist beschränkt, d. h. es existiert eine positive Zahl $K \in \mathbb{R}$ derart, dass

$$\left| a_k c^k \right| \leq K \text{ für alle } k \in \mathbb{N}$$

gilt. Damit ergibt sich für die Summanden der gegebenen Reihe folgende Abschätzung:

$$\left| a_k x^k \right| = \left| a_k c^k \right| \cdot \left| \frac{x}{c} \right|^k \leq K \left| \frac{x}{c} \right|^k.$$

Die geometrische Reihe

$$\sum_{k=0}^{\infty} K q^k \text{ mit } q := \left| \frac{x}{c} \right| < 1, \text{ da } |x| < c,$$

dient somit als konvergente Majorante von $\sum_{k=0}^{\infty} \left| a_k c^k \right|$, woraus die absolute Konvergenz der vorgelegten Reihe im vorgegebenen offenen Intervall folgt.
                                                                                        qed

Beispiel 2.81. Wir betrachten nochmals die Reihe (2.31) aus dem vorherigen Beispiel. Das Quotientenkriterium (2.26) liefert

$$\lim_{k \to \infty} \frac{|x|^{k+1} k^2}{|x|^k (k+1)^2} = |x| \cdot \lim_{k \to \infty} \left(\frac{k}{k+1} \right)^2 = |x|.$$

Damit liegt absolute Konvergenz für alle $|x| < 1$ vor. Dies bestätigt die Aussage von Satz 2.80 und zeigt auch, dass mit (2.32) bereits das maximale **offene** Konvergenzintervall vorliegt. Auch das Wurzelkriterium (2.24) bestätigt dieses Ergebnis.

An den beiden Randpunkten $x = \pm 1$ liegt auch absolute Konvergenz vor. Für $x = 1$ wissen wir das bereits und für $x = -1$ haben wir die alternierende Reihe

$$P(-1) = \sum_{k=1}^{\infty} \frac{(-1)^k}{k^2},$$

welche nach dem Leibniz-Kiterium (Satz 2.46) konvergiert (auch absolut). Insgesamt konvergiert die Reihe (2.31) absolut für

$$x \in [-1, 1].$$

Wir untersuchen jetzt das auf die Potenzreihe (2.30) bezogene „**inverse**" Wurzelkriterium

$$\boxed{\rho_1 := \frac{1}{\lim\limits_{k\to\infty} \sqrt[k]{|a_k|}}} \qquad (2.33)$$

und das „**inverse**" Quotientenkriterium

$$\boxed{\rho_2 := \lim_{k\to\infty} \left| \frac{a_k}{a_{k+1}} \right|,} \qquad (2.34)$$

für den Fall, dass diese beiden Grenzwerte **existieren**.

Beispiel 2.82. Wir wenden obige Kriterien auf die Reihe (2.31) an.

a) Aus (2.33) ergibt sich (siehe auch Beispiel 2.7)

$$\rho_1 = \frac{1}{\lim\limits_{k\to\infty} \sqrt[k]{|1/k^2|}} = \lim_{k\to\infty} \left(\sqrt[k]{k} \right)^2 = 1.$$

b) Aus (2.34) ergibt sich

$$\rho_2 := \lim_{k\to\infty} \left| \frac{1/k^2}{1/(k+1)^2} \right| = \lim_{k\to\infty} \left(\frac{k+1}{k} \right)^2 = 1.$$

Beispiel 2.83. Wir wenden obige Kriterien jetzt auf

$$P(x) := \sum_{k=0}^{\infty} \frac{k+2}{2^k} x^k \qquad (2.35)$$

an.

a) Aus (2.33) ergibt sich

$$\rho_1 = \frac{1}{\lim\limits_{k\to\infty} \sqrt[k]{|(k+2)/2^k|}} = 2 \cdot \lim_{k\to\infty} \frac{1}{\sqrt[k]{k+2}} = 2,$$

da (siehe auch Beispiel 2.7)

$$\sqrt[k]{k+2} = \sqrt[k]{k} \cdot \sqrt[k]{1+2/k} \to 1 \cdot 1.$$

b) Aus (2.34) ergibt sich

$$\rho_2 := \lim_{k\to\infty} \left| \frac{(k+2)\,2^{k+1}}{2^k\,(k+3)} \right| = 2 \cdot \lim_{k\to\infty} \frac{k+2}{k+3} = 2.$$

Als Verallgemeinerung der beiden letzten Beispiele gilt

Folgerung 2.84. Existieren die Grenzwerte in (2.33) und (2.34), dann sind sie gleich, d. h.

$$\rho_1 = \rho_2 =: \rho. \tag{2.36}$$

Die zentrale Konvergenzaussage ist das nun folgende Resultat:

Satz 2.85. Die der Potenzreihe (2.30) durch (2.36) zugeordnete Größe heißt **Konvergenzradius** der Potenzreihe, d. h., die Reihe konvergiert **absolut** im offenen Intervall

$$I_\rho(x_0) := \{x \in \mathbb{R} : |x - x_0| < \rho\} = \{x \in \mathbb{R} : x_0 - \rho < x < x_0 + \rho\}. \tag{2.37}$$

Dabei sind die Fälle $\rho = 0$ und $\rho = +\infty$ miteingeschlossen. Über die **Randpunkte** des Intervalls $I_\rho(x_0)$ lässt sich i. Allg. keine Aussage treffen; diese müssen gesondert durch Einsetzen in die Reihe untersucht werden. Außerhalb des offenen Intervalls, also für $|x - x_0| > \rho$ **divergiert** die Potenzreihe.

Beweis. Sei $\sum_{k=1}^{\infty} a_k (x - x_0)^k$ eine Potenzreihe. Die Reihe konvergiert gemäß (2.24), falls

$$\lim_{k\to\infty} \sqrt[k]{|a_k||x - x_0|^k} = \lim_{k\to\infty} \sqrt[k]{|a_k|}\, |x - x_0| < 1.$$

Das ist gleichbedeutend mit

$$|x - x_0| < \frac{1}{\lim\limits_{k \to \infty} \sqrt[k]{|a_k|}} := \rho_1.$$

Entsprechend resultiert gemäß (2.26) die Konvergenz, falls

$$\lim_{k \to \infty} \frac{|a_{k+1}||x - x_0|^{k+1}}{|a_k||x - x_0|^k} = \lim_{k \to \infty} \frac{|a_{k+1}|}{|a_k|} |x - x_0| < 1.$$

Das ist gleichbedeutend mit

$$|x - x_0| < \lim_{k \to \infty} \frac{|a_k|}{|a_{k+1}|} := \rho_2.$$

Da $\rho_1 = \rho_2 =: \rho$, ergibt sich (2.37). Die Aussagen hinsichtlich der Randpunkte und der Divergenz sollten klar sein. qed

Beispiele 2.86. Es gelten folgende Resultate:

a) Sei

$$P(x) := \sum_{k=1}^{\infty} \frac{x^k}{k}.$$

Sowohl das Wurzel- als auch das Quotientenkriterium liefert den Wert $\rho = 1$. Da $x_0 = 0$, ergibt sich das offene Konvergenzintervall

$$I_1(0) = (-1, 1).$$

An den Randpunkten $x = \pm 1$ ergeben sich zum einen die divergente harmonische Reihe

$$P(1) = \sum_{k=1}^{\infty} \frac{1}{k}$$

und zum anderen die konvergente alternierende Reihe

$$P(-1) = \sum_{k=1}^{\infty} \frac{(-1)^k}{k}.$$

Für $|x| > 1$ divergiert die vorgegebene Reihe. Insgesamt liegt Konvergenz vor für

$$x \in [-1, 1),$$

wobei absolute Konvernz nur im Inneren des Intervalls vorliegt und nicht auch noch am Randpunkt $x = -1$!

b) Sei

$$P(x) := \sum_{k=0}^{\infty} k \, (x + 2)^k.$$

Sowohl das Wurzel- als auch das Quotientenkriterium liefert den Wert $\rho = 1$. Da $x_0 = -2$, ergibt sich das offene Konvergenzintervall

$$I_1(-2) = (-3, -1).$$

An den Randpunkten ergeben sich die beiden divergenten Reihen

$$P(-3) = \sum_{k=0}^{\infty} (-1)^k k \quad \text{und} \quad P(-1) = \sum_{k=0}^{\infty} k.$$

Ebenso ist die Reihe divergent für $x < -3$ und $x > -1$. Insgesamt liegt also absolute Konvergenz vor für

$$x \in (-3, -1).$$

c) Sei

$$P(x) := \sum_{k=0}^{\infty} k! \, (x - 1)^k.$$

Das Quotientenkriterium liefert den Grenzwert

$$\lim_{k \to \infty} \left| \frac{k!}{(k+1)!} \right| = \lim_{k \to \infty} \frac{1}{k+1} = 0.$$

Das Wurzelkriterium ergibt ebenfalls

$$\lim_{k \to \infty} \frac{1}{\sqrt[k]{k!}} = \frac{1}{\text{„}\infty\text{“}} = 0.$$

Demnach liegt kein ausgedehntes Konvergenzintervall vor und die Reihe konvergiert lediglich im Entwicklungspunkt $x_0 = 1$ mit dem Reihenwert $P(1) = 0$.

d) Die Potenzreihe (2.35) ist in den beiden Randpunkten $x = \pm 2$ divergent, denn

$$P(-2) = \sum_{k=0}^{\infty} (-1)^k (k + 2) \quad \text{und} \quad P(2) = \sum_{k=0}^{\infty} (k + 2).$$

Insgesamt liegt also absolute Konvergenz für

$$x \in I_2(0) = (-2, 2)$$

vor.

Mit dem nun folgenden Beispiel leiten wir eine Erweiterung der bisherigen Berechnungen des Konvergenzradius ein.

Beispiel 2.87. Gegeben sei die Potenzreihe

$$P(x) := \sum_{k=1}^{\infty} \left(2 + (-1)^k\right)^k x^k. \tag{2.38}$$

Um uns einen Überblick zu verschaffen, schauen wir uns zunächst die Struktur der Koeffizienten

$$a_k := \left(2 + (-1)^k\right)^k$$

an. Es gilt

$$a_k = \begin{cases} 1 & : k \text{ ungerade,} \\ 3^k & : k \text{ gerade.} \end{cases}$$

Das (inverse) Quotientenkriterium ergibt für $k \to \infty$ die beiden Häufungspunkte

$$\left|\frac{a_k}{a_{k+1}}\right| = \left\{ \begin{array}{l} \dfrac{1}{3^k} : k \text{ ungerade,} \\ 3^k : k \text{ gerade,} \end{array} \right\} \longrightarrow \begin{cases} 0 & : k \text{ ungerade,} \\ \infty & : k \text{ gerade.} \end{cases}$$

Das (inverse) Wurzelkriterium liefert für $k \to \infty$ die beiden Häufungspunkte

$$\frac{1}{\sqrt[k]{|a_k|}} = \frac{1}{|2 + (-1)^k|} \longrightarrow \begin{cases} 1 & : k \text{ ungerade,} \\ \dfrac{1}{3} & : k \text{ gerade.} \end{cases}$$

Welcher der vier potentiellen Kandidaten ist nun der richtige Konvergenzradius? Die Antwort lautet

$$\rho = \frac{1}{3}.$$

Aber warum?

Alternativ zu (2.33) definieren wir dazu die Größe

$$\boxed{\rho := \frac{1}{\limsup\limits_{k \to \infty} \sqrt[k]{|a_k|}}.} \tag{2.39}$$

Damit gilt folgendes allgemeines, nach Cauchy-Hadamard benanntes Resultat:

> **Satz 2.88.** Der Konvergenzradius einer Potenzreihe lässt sich **immer** gemäß (2.39) ermitteln und es gelten weiterhin die Aussagen des Satzes 2.85.

Bemerkung 2.89. Für die Reihe (2.38) aus dem letzten Beispiel lieferte das Quotientenkriterium keine Aussage, während mit dem stärkeren Wurzelkriterium (2.39) der korrekte Konvergenzradius ermittelt werden konnte.

Bemerkung 2.90. Wenn die Folge der Koeffizienten $\{a_k\}_{k\in\mathbb{N}}$ beschränkt ist, dann hat die Potenzreihe $\sum_{k=0}^{\infty} a_k x^k$ Konvergenzradius $\rho \geq 1$.

Denn wegen der Beschränktheit existiert ein $M > 0$ mit der Eigenschaft $|a_k| \leq M$ für alle $k \in \mathbb{N}$, also gilt

$$\frac{1}{\rho} = \limsup_{k\to\infty} \sqrt[k]{|a_k|} \leq \limsup_{k\to\infty} \sqrt[k]{M} = 1 \iff \rho \geq 1. \qquad (2.40)$$

Beispiel 2.91. Zu (2.40) betrachten wir einige Potenzreihen.

a) Sei

$$P(x) := \sum_{k=0}^{\infty} 1000\, x^k.$$

Die Folge der Koeffizienten $a_k := 1000$ ist offensichtlich beschränkt für alle $k \in \mathbb{N}$. Das Wurzelkriterium liefert

$$\limsup_{k\to\infty} \sqrt[k]{1000} = 1.$$

Also gilt in Übereinstimmung mit Bemerkung 2.90, dass $\rho = 1$. Das Konvergenzintervall ist somit gegeben durch

$$(-\rho, \rho) = (-1, 1),$$

denn an den Randpunkten $x = \pm 1$ liegt Divergenz vor.

b) Sei

$$P(x) := \sum_{k=1}^{\infty} \frac{1}{ke^k} x^k.$$

Die Folge der Koeffizienten $a_k := \frac{1}{ke^k}$ ist beschränkt, denn es gilt beispielsweise $|a_k| \leq 1$ für alle $k \in \mathbb{N}$.

Das Wurzelkriterium liefert

$$\limsup_{k\to\infty} \sqrt[k]{\frac{1}{ke^k}} = \frac{1}{e}.$$

Damit gilt in Übereinstimmung mit Bemerkung 2.90, dass $\rho = e \geq 1$. Das Konvergenzintervall ist somit gegeben durch

$$(-\rho, \rho) = (-e, e).$$

An den Randpunkten $x = \pm e$ liegt ebenfalls Konvergenz vor, also schließt das endgültige Konvergenzintervall die beiden Randpunkte mit ein.

c) Sei

$$P(x) := \sum_{k=1}^{\infty} kx^k.$$

Die Folge der Koeffizienten $a_k := k$ ist unbeschränkt. Dennoch beträgt der Wert des Konvergenzradius mindestens 1. Gemäß Beispiel 2.86 b) ist dieser tatsächlich gerade $\rho = 1$.

d) Sei

$$P(x) := \sum_{k=1}^{\infty} k^k x^k.$$

Auch die Folge dieser Koeffizienten $a_k := k^k$ ist unbeschränkt. Gemäß (2.39) beträgt der Konvergenzradius $\rho = 0 < 1$. Die Reihe konvergiert somit nur für $x = 0$ und $P(0) = 0$.

Fazit. Die Beschränktheit der Folge $\{a_k\}_{k \in \mathbb{N}}$ ist keine **notwendige** Bedingung dafür, dass der Konvergenzradius mindestens den Wert 1 annimmt. Um das zu erreichen, dürfen die Koeffizienten „bis zu einem gewissen Grad" auch unbeschränkt sein, was Beispiel 2.91 c) widerspiegelt.
Im Gegensatz dazu ist in Beispiel 2.91 d) die Unbeschränktheit der Koeffizienten „zu stark", um überhaupt ein ausgedehntes Konvergenzintervall zu bekommen!
Siehe dazu auch Beispiel 2.86 c) und vergleichen Sie zudem diese Sachverhalte als kleine Übung mit der Stärketabelle (2.4).

Bei komplexen Potenzreihen der Form

$$K(x) := \sum_{k=0}^{\infty} a_k (z - z_0)^k, \quad a_k, z, z_0 \in \mathbb{C}, \tag{2.41}$$

trifft der Begriff Konvergenzradius im wahrsten Sinne des Wortes zu, weil der Konvergenzbereich tatsächlich das Innere eines Kreises ist. Das Äußere des besagten Kreises ist der Divergenzbereich und auf der Kreislinie liegt der unentschiedene Fall vor. Nachstehende Graphik demonstriert diese unterschiedlichen Bereiche.

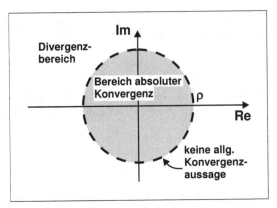

Konvergenzkreis um $z_0 = 0$

Beispiele 2.92. Wir analysieren einige komplexe Reihen.

a) Gegeben sei

$$K(x) := \sum_{k=0}^{\infty} (1+i)^k z^k.$$

Der Konvergenzradius ergibt sich aus

$$\frac{1}{\rho} = \limsup_{k\to\infty} \sqrt[k]{|1+i|^k} = \limsup_{k\to\infty} |1+i| = \sqrt{2}.$$

Der Bereich absoluter Konvergenz ist somit das Innere des Kreises um den Ursprung $z_0 = 0$ mit Radius $\rho = 1/\sqrt{2}$.

b) Gegeben sei

$$K(x) := \sum_{k=0}^{\infty} \left(\sqrt{k^2+k} - \sqrt{k^2+1} \right)^k \left(z - (1+i) \right)^k.$$

Der Konvergenzradius ergibt sich aus

$$\frac{1}{\rho} = \limsup_{k\to\infty} \sqrt[k]{\left(\sqrt{k^2+k} - \sqrt{k^2+1} \right)^k} = \limsup_{k\to\infty} \left(\sqrt{k^2+k} - \sqrt{k^2+1} \right)$$

$$= \limsup_{k\to\infty} \frac{k-1}{\sqrt{k^2+k} + \sqrt{k^2+1}} = \limsup_{k\to\infty} \frac{1-1/k}{\sqrt{1+1/k} + \sqrt{1+1/k^2}} = \frac{1}{2}.$$

Der Bereich absoluter Konvergenz ist somit das Innere des Kreises um den Punkt $z_0 = 1 + i$ mit Radius $\rho = 2$.

c) Eine knackige Potenzreihe ist gegeben durch

$$K(x) := \sum_{k=0}^{\infty} \frac{k}{(1+i)^k} \left(z^2 - 2iz - 1 \right)^k.$$

Wir bringen diese Reihe zunächst auf die gewohnte Form (2.41). Wir erhalten

$$\sum_{k=0}^{\infty} \frac{k}{(1+i)^k} \left(z^2 - 2iz - 1 \right)^k = \sum_{k=0}^{\infty} \frac{k}{(1+i)^k} \left(z - i \right)^{2k} =: \sum_{n=0}^{\infty} b_n \left(z - i \right)^n,$$

wobei

$$b_n := \begin{cases} 0 & : n \text{ ungerade,} \\ \dfrac{\frac{n}{2}}{(1+i)^{\frac{n}{2}}} & : n \text{ gerade.} \end{cases}$$

Damit ergibt sich

$$\frac{1}{\rho} = \limsup_{n \to \infty} \sqrt[n]{|b_n|} = \limsup_{n \to \infty} \frac{\sqrt[n]{\frac{n}{2}}}{\sqrt{|1+i|}} = \frac{1}{\sqrt{2}}.$$

Der Bereich absoluter Konvergenz ist somit das Innere des Kreises um den Punkt $z_0 = i$ mit Radius $\rho = \sqrt{2}$.

Die Auswertung solcher Reihen auf der Kreislinie ist i. Allg. kaum durchführbar. Eine sinnvolle Übung ist es dennoch, obige Potenzreihen an den ausgewählten Randpunkten

$$z \in \{\rho, i\rho, -\rho, -i\rho\}$$

auf Konvergenz zu untersuchen.

Abschließend schauen wir uns noch folgende prominente Potenzreihen an:

$$\left. \begin{aligned} e^x &= \sum_{k=0}^{\infty} \frac{x^k}{k!} = 1 + x + \frac{x^2}{2!} + \frac{x^3}{3!} + \cdots, \\ \sin x &= \sum_{k=0}^{\infty} (-1)^k \frac{x^{2k+1}}{(2k+1)!} = x - \frac{x^3}{3!} + \frac{x^5}{5!} - \frac{x^7}{7!} \pm \cdots, \\ \cos x &= \sum_{k=0}^{\infty} (-1)^k \frac{x^{2k}}{(2k)!} = 1 - \frac{x^2}{2!} + \frac{x^4}{4!} - \frac{x^6}{6!} \pm \cdots. \end{aligned} \right\} \quad (2.42)$$

Alle diese Reihen haben Konvergenzradius $\rho = \infty$, was Sie auch ohne Rechnung sofort erkennen!

Für $|x| < 1$ haben wir noch die bekannte Reihe

$$\ln(x+1) = \sum_{k=0}^{\infty} (-1)^k \frac{x^{k+1}}{k+1} = x - \frac{x^2}{2} + \frac{x^3}{3} - \frac{x^4}{4} \pm \cdots . \qquad (2.43)$$

Abschließend stellen wir uns noch die Frage, wie die Potenzreihe von $f(x) :=$ 3^{x^3} aussieht? Die Antwort ist sehr einfach, denn hier liegt die Exponentialreihe der folgenden Form vor:

$$f(x) = e^{x^3 \ln 3} =: e^y = \sum_{k=0}^{\infty} \frac{y^k}{k!} := \sum_{k=0}^{\infty} \frac{\left(x^3 \ln 3\right)^k}{k!} = \sum_{k=0}^{\infty} \frac{(\ln 3)^k \, x^{3k}}{k!}. \qquad (2.44)$$

Kapitel 3

Grenzwerte und Stetigkeit von Funktionen

Wie wäre die Mathematik ohne Funktionen? Langweilig oder ganz anders oder überhaupt nicht existent oder wie eine Fußballmannschaft ohne Ball?! Denken wir nicht weiter daüber nach, wir haben ihn ja, diesen Ball. Funktionen sind das Herz der Mathematik und mit deren Hilfe sind wir in der Lage, „funktionale" Zusammenhänge aus den verschiedensten Anwendungsbereichen zu beschreiben.

3.1 Eigenschaften elementarer Funktionen

Nahezu jede „Aktion" zwischen Mengen wird durch eine Abbildung formuliert. Als andere gängige Bezeichnungen werden dafür auch die Begriffe Funktion oder Operator verwendet.

Definition 3.1. Seien D und W nichtleere Mengen.

1. Eine Vorschrift f, die **jedem $x \in D$ genau ein $y \in W$** zuordnet, heißt **Abbildung von D in W**.

2. D heißt **Definitionsbereich** von f, und

$$f(D) := \big\{ y \in W : \text{ es existiert } x \in D \text{ mit } y = f(x) \big\} \subseteq W$$

heißt **Bild-** oder **Wertebereich** von f.

Erst die Angaben von *Definitions- und Wertebereich* und zugehöriger *Abbildungsvorschrift* legen eine Funktion f eindeutig fest. Diese drei Erfordernisse werden symbolisch

$$f : D \to W \text{ gegeben durch } x \mapsto f(x) \text{ oder } y = f(x)$$

vereint zum Ausdruck gebracht.

Abkürzend bezeichnen wir mit

$$\text{Abb}\,(D, W) := \{f : D \to W \; : \; f \text{ ist eine Funktion}\}$$

die Menge aller Funktionen von D in W.

Bemerkung 3.2. Häufig wird der Definitionsbereich einer Funktion f auch mit D_f, der Wertebereich mit W_f bezeichnet. Oft ist es günstig nur eine Teilmenge des Definitionsbereichs, also eine Restriktion von f auf eben diese Teilmenge von D_f zu betrachten. Wenn Definitions- und Wertebereiche nicht näher spezifiziert werden (können), deuten wir mit der Schreibweise $f : \mathbb{R} \to \mathbb{R}$ an, dass es sich lediglich um eine reellwertige Abbildung abhängig von einer reellen Variablen handelt.

Beispiele 3.3. a) Sei $D := \{x\}$ und $W = \{y_1, y_2\}$. Dann ist mit $f : D \to W$ gegeben durch

$$f(x) := y_1 \text{ und gleichzeitig } f(x) := y_2$$

keine Funktion gemäß Definition 3.1, da einem Wert aus dem vorgegebenen Definitionsbereich zwei Werte aus dem Bildbereich zugeordnet werden.

b) Ist dagegen $D := \{x_1, x_2\}$ und $W = \{y\}$ festgelegt. Dann liegt mit der Vorgabe $f : D \to W$ gegeben durch

$$f(x_1) := f(x_2) := y$$

im Sinne obiger Definition eine Funktion vor.

c) Sei $f : \mathbb{R} \to \mathbb{R}$ gegeben durch

$$f(x) := (x - 1)^2 + 2.$$

Der (maximale) Definitionsbereich lautet tatsächlich $D_f := \mathbb{R}$, während für den Wertebereich lediglich $W_f := [2, \infty) \subset \mathbb{R}$ gilt. Demzufolge scheint die Angabe

$$f : \mathbb{R} \to [2, \infty)$$

gegenüber der ursprünglichen eher angepasst zu sein.

d) Sei $f : D_f \to W_f$ die n-te Wurzelfunktion gegeben durch

$$f(x) := \sqrt[n]{x},$$

wobei $n \in \mathbb{N}$ fest gewählt ist und $D_f = [0, +\infty) = W_f$.

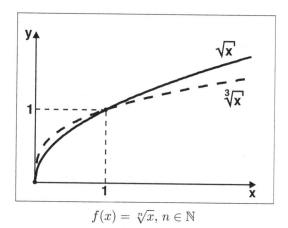

$$f(x) = \sqrt[n]{x}, \, n \in \mathbb{N}$$

An dieser Stelle soll die Invertierbarkeit einer Abbildung besprochen werden. Dazu folgende

---

Definition 3.4. Sei $f : D_f \to W_f$, $D_f, W_f \subseteq \mathbb{R}$, eine Funktion. Diese heißt

1. **surjektiv**, falls für jedes $y \in W_f$ ein $x \in D_f$ mit $y = f(x)$ existiert;

2. **injektiv**, falls für $x_1, x_2 \in D_f$ mit $x_1 \neq x_2$ stets $f(x_1) \neq f(x_2)$ gilt;

3. **bijektiv**, falls für jedes $y \in W_f$ **genau ein** $x \in D_f$ mit $y = f(x)$ existiert. Kurz gesagt:

$$\text{bijektiv} \iff \text{surjektiv und injektiv.}$$

Beispiele 3.5. a) Die Abbildung

$$f : \mathbb{R} \to \mathbb{R} \text{ gegeben durch } f(x) = x^2$$

ist weder surjektiv noch injektiv. Dagegen ist die Abbildung

$$f : \mathbb{R} \to [0, \infty) \text{ gegeben durch } f(x) = x^2$$

surjektiv und nicht injektiv. Die Abbildung

$$f : [0, \infty) \to [0, \infty) \text{ gegeben durch } f(x) = x^2$$

ist bijektiv.

b) Die Abbildung

$$f : \mathbb{R} \to [0, \infty) \text{ gegeben durch } f(x) = e^x$$

injektiv und nicht surjektiv. Die Abbildung

$$f : \mathbb{R} \to (0, \infty) \text{ gegeben durch } f(x) = e^x$$

ist bijektiv.

Fazit: Vorgegebene Definitions- und Wertebereiche betimmen maßgeblich die in Definition 3.4 beschriebenen Eigenschaften einer Funktion.

Folgerung 3.6. Sei $f : D_f \to W_f$, $D_f, W_f \subseteq \mathbb{R}$, eine bijektive Funktion. Dann existiert eine eindeutig bestimmte **Umkehrfunktion** oder auch **inverse Funktion** genannt der Form

$$f^{-1} : W_f \to D_f \text{ mit } x = f^{-1}(y).$$

Beispiel 3.7. Es sei $n = 2m + 1$, $m \in \mathbb{N}$, eine **ungerade** Zahl. Dann ist die Funktion

$$f(x) = x^n$$

auf ganz $\mathbb{R}$ bijektiv. Wir überprüfen die Injektivität:

Für alle $x_1, x_2 \in \mathbb{R}$ mit $f(x_1) = f(x_2)$ ergibt sich (vgl. Folgerung 1.18):

$$(x_1)^3 = (x_2)^3 \implies \text{sign}(x_1) \sqrt[3]{|x_1|^3} = \text{sign}(x_2) \sqrt[3]{|x_2|^3} \implies x_1 = x_2,$$

da $|x^3| = |x|^3$ für alle $x \in \mathbb{R}$ gilt.

Somit sichert Folgerung 3.6 die Existenz ihrer Umkehrfunktion. Im Einklang mit Folgerung 1.18 für ungerade Wurzeln resultiert

$$y = x^n \iff x = \text{sign}(y) \sqrt[n]{|y|}.$$

Vertauschen wir noch die beiden Variablen, dann haben wir die gesuchte inverse Funktion

$$\boxed{f^{-1}(x) = \text{sign}(x) \sqrt[n]{|x|} \text{ für alle } x \in \mathbb{R}.}$$

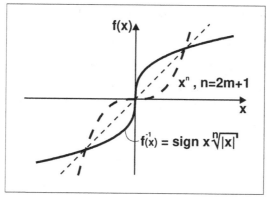

Umkehrfunktion von $f(x) := x^{2m+1}, m \in \mathbb{N}$

Beispiel 3.8. Es sei $n = 2m$, $m \in \mathbb{N}$, eine **gerade** Zahl. Dann ist die Funktion

$$f(x) = x^n$$

gesondert auf den beiden Intervalle

$$I_0 := (-\infty, 0] \quad \text{und} \quad J_0 := [0, +\infty)$$

bijektiv. Somit haben wir eine Aufteilung der Umkehrfunktion in die beiden Zweige

$$f_-^{-1}(x) := -\sqrt[n]{x} \text{ für alle } x \geq 0 \ : \ f_-(x) := x^n, \ x \in I_0 = (-\infty, 0],$$

$$f_+^{-1}(x) := \ \sqrt[n]{x} \text{ für alle } x \geq 0 \ : \ f_+(x) := x^n, \ x \in J_0 = [0, +\infty).$$

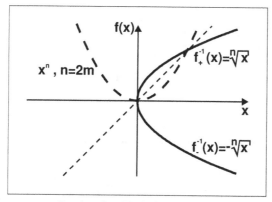

Zweige der Umkehrfunktion
von $f(x) := x^{2m}, m \in \mathbb{N}$

Bemerkung 3.9. Der **Graph** der Umkehrfunktion f^{-1}, nämlich

$$G(f^{-1}) = \{(y,x) \in \mathbb{R}^2 : x = f^{-1}(y),\ y \in W_f\},$$

geht aus dem Graphen $G(f) := \{(x,y) \in \mathbb{R}^2 : y = f(x),\ x \in D_f\}$ der Funktion $f : D_f \to \mathbb{R}$ durch **Spiegelung** an der Geraden $y = x$ hervor. Dieser Sachverhalt resultiert aus der geometrischen Anschauung unter Berücksichtigung der Identität

$$f^{-1}\big(f(x)\big) = x \quad \text{für alle } x \in D_f.$$

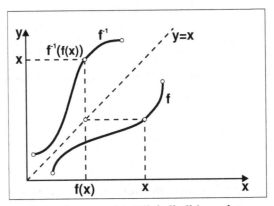

Spiegelung an der Winkelhalbierenden

Beispiel 3.10. Prominente Pärchen sind:

a) $D_f = \mathbb{R}$, $W_f = (0,\infty)$ mit $f(x) = e^x$, $f^{-1}(y) = \ln y$.

b) $D_f = [-\frac{\pi}{2}, \frac{\pi}{2}]$, $W_f = [-1,1]$ mit $f(x) = \sin x$, $f^{-1}(y) = \arcsin y$.

c) $D_f = [0,\pi]$, $W_f = [-1,1]$ mit $f(x) = \cos x$, $f^{-1}(y) = \arccos y$.

d) $D_f = (-\frac{\pi}{2}, \frac{\pi}{2})$, $W_f = (-\infty,\infty)$ mit $f(x) = \tan x$, $f^{-1}(y) = \arctan y$.

e) $D_f = (0,\pi)$, $W_f = (-\infty,\infty)$ mit $f(x) = \cot x$, $f^{-1}(y) = \text{arccot}\, y$.

Vertauschen wir bei f^{-1} die Variablen x und y, dann wird $D_{f^{-1}} := W_f$ und $W_{f^{-1}} := D_f$.

Beispiele 3.11. Hier noch zwei Beispiele zur Invertierbarkeit mit Wurzeln.

a) Sei $f(x) = (x-3)^2 + 1$ mit $D_f := \mathbb{R}$ und $W_f := \{x \in \mathbb{R} : x \geq 1\}$. Bijektivität liegt gesondert auf den beiden Teilintervalle

$$\mathbb{R} = (-\infty, 3) \cup [3, +\infty)$$

des Definitionsbereichs vor.

Wir berechnen die Inverse gemäß

$$y = (x-3)^2 + 1 \iff y - 1 = (x-3)^2 \iff \sqrt{y-1} = |x-3|.$$

Damit ergibt sich $x = \pm\sqrt{y-1} + 3$ bzw. die beiden Zweige der Umkehrfunktion

$$\boxed{f^{-1}(x) = \pm\sqrt{x-1} + 3, \ x \geq 1,}$$

nach Vertauschung der Argumente.

b) Sei $f(x) = (x-3)^3 + 1$ mit $D_f := \mathbb{R}$ und $W_f := \mathbb{R}$. Wir berechnen die Inverse gemäß

$$y = (x-3)^3 + 1 \iff y - 1 = (x-3)^3,$$

also $x = \operatorname{sign}(y-1)\sqrt[3]{|y-1|} + 3$ bzw.

$$\boxed{f^{-1}(x) = \operatorname{sign}(x-1)\sqrt[3]{|x-1|} + 3, \ x \in \mathbb{R},}$$

nach Vertauschung der Argumente.

Abschließend zur Invertierbarkeit noch ein

Beispiel 3.12. Die Abbildung

$$f : \mathbb{Q} \to \mathbb{R} \text{ gegeben durch } f(x) = x^3$$

ist injektiv, denn für alle $q_1, q_2 \in \mathbb{Q}$ mit $f(q_1) = f(q_2)$ gilt (vgl. Folgerung 1.18):

$$(q_1)^3 = (q_2)^3 \implies \operatorname{sign}(q_1)\sqrt[3]{|q_1|^3} = \operatorname{sign}(q_2)\sqrt[3]{|q_2|^3} \implies q_1 = q_2,$$

da $|x^3| = |x|^3$ für alle $x \in \mathbb{R}$. Die Abbildung ist nicht surjektiv, denn als Wertebereich ist $\mathbb{R}$ vorgegeben und $y = 2$ wird nicht angenommen, denn

$$2 \overset{!}{=} q^3 \implies q = \sqrt[3]{2} \neq \mathbb{Q}.$$

3.2 Grenzwerte von Funktionen

Wenn eine Funktion $f : \mathbb{R} \to \mathbb{R}$ an bestimmten Stellen $x_0 \in \mathbb{R}$ nicht definiert ist, also sog. Definitionslücken vorliegen, kann natürlich die Auswertung

$f(x_0)$ **nicht** durchgeführt werden. Lediglich Grenzwertbetrachtungen an den „verbotenen" Stellen machen Sinn und es gilt

$$\lim_{x \to x_0} f(x) := g \neq f(x_0). \tag{3.1}$$

Dazu präzisieren wir

Definition 3.13. Sei $f : D_f \to \mathbb{R}$, $D_f \subset \mathbb{R}$.

1. Die Funktion f hat an der Stelle $x_0 \in \mathbb{R}$ den **Grenzwert** $g \in \mathbb{R}$, falls für **jede** Folge $\{x_n\}_{n\in\mathbb{N}} \subset D_f$ mit $\lim\limits_{n\to\infty} x_n = x_0$ die Grenzwertbildung

$$\lim_{n\to\infty} f(x_n) = g \tag{3.2}$$

gilt.

2. Die Funktion f hat an der Stelle $x_0 \in \mathbb{R}$ den **rechtsseitigen Grenzwert** $g^+ \in \mathbb{R}$, falls für **jede monoton fallende** Folge $\{x_n\}_{n\in\mathbb{N}} \subset D_f$ mit $\lim\limits_{n\to\infty} x_n = x_0$ die Grenzwertbildung

$$\lim_{n\to\infty} f(x_n) = g^+ \tag{3.3}$$

gilt.

Für **jede monoton steigende** Folge $\{x_n\}_{n\in\mathbb{N}} \subset D_f$ mit $\lim\limits_{n\to\infty} x_n = x_0$ gilt entsprechend die **linksseitige Grenzwertbetrachtung**

$$\lim_{n\to\infty} f(x_n) = g^-. \tag{3.4}$$

Bemerkung 3.14. In der obigen Definition wird **nicht** $x_0 \in D_f$ gefordert.

Bemerkung 3.15. Da obige Grenzwertbetrachtung für **jede** gegen $x_0 \in \mathbb{R}$ konvergierende Folge gelten muss, schreiben wir folgenunabhängig einfach nur

$$\lim_{x\to x_0} f(x) = g \quad \text{bzw.} \quad \lim_{x\to x_0^\pm} f(x) = g^\pm.$$

Beispiel 3.16. Sei $f : D_f \to \mathbb{R}$ gegeben durch

$$f(x) := \frac{1}{1 - x^2}.$$

Der Definitionsbereich lautet $D_f := \mathbb{R} \setminus \{-1, 1\} \subset \mathbb{R}$, während für den Wertebereich $W_f := \mathbb{R} \setminus [0, 1) \subset \mathbb{R}$ gilt.

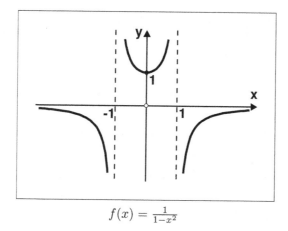

$$f(x) = \frac{1}{1-x^2}$$

An den beiden Punkten $x_0 = \pm 1$ liegen sog. **Polstellen** vor, also Stellen, an denen die Funktion gegen $+\infty$, $-\infty$ oder $\pm\infty$ zusteuert.

Verallgemeinert lässt sich also sagen:

Definition 3.17. Eine Funktion $f : D_f \to \mathbb{R}$ hat an einer Stelle $x_0 \notin D_f$ eine **Polstellen**, falls

$$\lim_{x \to x_0 \pm} |f(x)| = \infty. \tag{3.5}$$

Beispiel 3.18. Die Funktion $f(x) := x$ ist auf ganz $\mathbb{R}$ definiert. Schreiben wir spaßeshalber $\tilde{f}(x) := x^2/x$, dann haben wir eine „künstliche" **Lücke** bei $x = 0$ eingebaut und müssen diese Stelle aus dem Definitionsbereich ausschließen. Wir schreiben die ursprüngliche Funktion f somit in der „geklammerten" Form

$$f(x) := \begin{cases} \tilde{f}(x) & : \; x \in \mathbb{R} \setminus \{0\}, \\ 0 & : \; x = 0. \end{cases}$$

Diese Überlegungen motivieren zu den nachfolgenden Beispielen, in denen $\tilde{f}$ Funktionen mit und f Funktion ohne Lücken bezeichnen:

Beispiel 3.19. Gegeben sei die Funktion

$$\tilde{f}(x) := \frac{(4x + 6)\ln(x + 1) - (x^2 + 6x)}{2x^4} \tag{3.6}$$

mit $D_{\tilde{f}} := (-1, 1) \setminus \{0\}$.

Um zu prüfen, ob $x = 0$ tatsächlich aus dem Definitionsbereich ausgeschlossen werden muss und um damit die Lücke bei $x = 0$ zu belassen, verwenden wir

die Reihenentwicklung (2.43). Wir setzen diese in die obige Funktion (3.6) ein
und erhalten nach einer längeren und einfachen Rechnung die Darstellung

$$f(x) := \sum_{k=0}^{\infty} (-1)^k \left(\frac{2}{k+3} - \frac{3}{k+4} \right) x^k$$

$$= \left(\frac{2}{3} - \frac{3}{4} \right) - \left(-\frac{2}{4} - \frac{3}{5} \right) x + \left(\frac{2}{5} - \frac{3}{6} \right) x^2 - \left(\frac{2}{6} - \frac{3}{7} \right) x^3 \pm \cdots$$

$$= -\frac{1}{12} + \frac{1}{10} x - \frac{1}{10} x^2 + \frac{2}{21} x^3 \pm \cdots ,$$

wobei jetzt der erweiterte Definitionsbereich

$$D_f := (-1, 1)$$

gewählt werden kann. Wir überprüfen dies übungshalber, indem wir den Konvergenzradius dieser Reihe berechnen. In Analogie zu Beispiel 2.7 ermitteln
wir

$$\limsup_{k \to \infty} \sqrt[k]{\left| \frac{2}{k+3} - \frac{3}{k+4} \right|} = \limsup_{k \to \infty} \sqrt[k]{\frac{k+1}{(k+3)(k+4)}}$$

$$= \limsup_{k \to \infty} \frac{\sqrt[k]{k+1}}{\sqrt[k]{k+3} \sqrt[k]{k+4}} = \frac{1}{1 \cdot 1} = 1.$$

Das Wurzelkriterium (2.39) liefert damit tatsächlich das Konvergenzintervall
$D_f = (-1, 1)$.

An den beiden Randpunkten $x = \pm 1$ des Intervalls liegt keine Konvergenz
vor, wovon Sie sich im Rahmen einer kleinen Übungsaufgabe selbst überzeugen können. Ein Tipp dazu: Satz 2.46 und Beispiel 2.70.

Aus der obigen Darstellung entnehmen wir, dass $f(0) = -1/12$. Damit gilt
auch die Darstellung

$$f(x) = \begin{cases} \tilde{f}(x) & : \ x \in (-1, 1) \setminus \{0\}, \\ -\dfrac{1}{12} & : \ x = 0. \end{cases}$$

Beispiel 3.20. Die Abbildung

$$\tilde{f}(x) = \frac{2^x - 1}{x}$$

ist auf $\mathbb{R} \setminus \{0\}$ definiert. Um auch hier die Lücke an der Stelle $x_0 = 0$ zu „entfernen", schreiben wir den Anteil $2^x = e^{x \ln 2}$ in Analogie zu (2.44) als Reihe und erhalten

$$\frac{2^x - 1}{x} = \frac{1}{x} \left(\sum_{k=0}^{\infty} \frac{(\ln 2)^k x^k}{k!} - 1 \right) = \frac{1}{x} \sum_{k=1}^{\infty} \frac{(\ln 2)^k x^k}{k!} = \sum_{k=1}^{\infty} \frac{(\ln 2)^k x^{k-1}}{k!}$$

$$= \sum_{k=0}^{\infty} \frac{(\ln 2)^{k+1}}{(k+1)!} x^k =: f(x).$$

Wir wissen, dass die Exponentialreihe und somit auch die oben modifizierte Form für alle $x \in \mathbb{R}$ konvergiert. Denn das Quotientenkriterium (2.34) zur Bestimmung des Konvergenzradius ergibt

$$\lim_{k \to \infty} \frac{(\ln 2)^{k+1} (k+2)!}{(k+1)! \, (\ln 2)^{k+2}} = \lim_{k \to \infty} \frac{k+2}{\ln 2} = \infty,$$

womit all unsere Vermutungen bestätigt sind. Somit gilt auch die Darstellung

$$f(x) = \begin{cases} \tilde{f}(x) \; : \; x \in \mathbb{R} \setminus \{0\}, \\ \ln 2 \; : \; x = 0. \end{cases}$$

Alternativ dazu, berechnen wir jetzt den Grenzwert an der Stelle $x_0 := 0$. Es gilt

$$\lim_{x \to 0} \tilde{f}(x) = \lim_{x \to 0} \frac{e^{x \ln 2} - 1}{x} =: \lim_{x \to 0} \frac{e^{ax} - 1}{x},$$

wobei $x_0 \notin D_{\tilde{f}}$.

Bekanntlich gilt

$$\underline{e^{ax}} = \lim_{n \to \infty} \left(1 + \frac{ax}{n} \right)^n$$

$$\overset{(*)}{\geq} \lim_{n \to \infty} \left(1 + n \, \frac{ax}{n} \right) = \underline{1 + ax},$$

wobei an der mit $(*)$ markierten Stelle die Ungleichung von Bernoulli vorliegt. Damit resultiert aus den unterstrichenen Teilen folgende „Abschätzung nach unten":

$$\frac{e^{ax} - 1}{x} \geq a \; \text{für } x > 0. \tag{3.7}$$

Für die nun folgende „Abschätzung nach oben" verwenden wir die binomische Formel (1.23) und die Beziehung

$$\frac{1}{n}\binom{n}{k} = \frac{1}{k}\binom{n-1}{k-1} \quad \text{für } k = 1, \ldots, n. \tag{3.8}$$

Es gilt

$$\frac{e^{ax} - 1}{x} = \lim_{n \to \infty} \frac{\left(1 + \frac{ax}{n}\right)^n - 1}{x}. \tag{3.9}$$

Für obige rechte Seite resultiert

$$\frac{\left(1 + \frac{ax}{n}\right)^n - 1}{x} \overset{(1.23)}{=} \frac{1}{x}\left(\sum_{k=0}^{n}\binom{n}{k}\frac{(ax)^k}{n^k} - 1\right) = a\sum_{k=1}^{n}\binom{n}{k}\frac{(ax)^{k-1}}{n^k}$$

$$\overset{(3.8)}{=} a\sum_{k=1}^{n}\binom{n-1}{k-1}\frac{(ax)^{k-1}}{n^{k-1}}\cdot\frac{1}{k} = a\sum_{k=0}^{n-1}\binom{n-1}{k}\frac{(ax)^k}{n^k}\cdot\frac{1}{k+1}$$

$$\leq a\sum_{k=0}^{n-1}\binom{n-1}{k}\frac{(ax)^k}{(n-1)^k} = a\left(1 + \frac{ax}{n-1}\right)^{n-1}.$$

Damit ergibt sich für (3.9) die Abschätzung

$$\frac{e^{ax} - 1}{x} \leq \lim_{n \to \infty} a\left(1 + \frac{ax}{n-1}\right)^{n-1} = ae^{ax}.$$

Insgesamt gilt

$$a \leq \frac{e^{ax} - 1}{x} \leq ae^{ax} \quad \text{für } x > 0.$$

Analog lässt sich zeigen, dass

$$ae^{ax} \leq \frac{e^{ax} - 1}{x} \leq a \quad \text{für } x < 0.$$

Aus $\lim_{x \to 0\pm} ae^{ax} = a$ folgt mit dem Sandwichprinzip (2.5) der Grenzwert

$$\boxed{\lim_{x \to 0\pm} \frac{e^{ax} - 1}{x} = a.} \tag{3.10}$$

Bestätigen Sie als kleine Übungsaufgabe, dass für die Funktion

$$g(x) := \frac{2^x}{x}$$

durch $D_g := \mathbb{R} \setminus \{0\}$ der maximale Definitionsbereich gegeben ist.

Beispiel 3.21. Der Definitionsbereich $D_{\tilde{f}}$ der Funktion

$$\tilde{f}(x) = \frac{\sin x}{x} \tag{3.11}$$

ist zunächst gegeben durch $D_{\tilde{f}} := \mathbb{R} \setminus \{0\}$. Verwenden wir für den Sinus die Reihenentwicklung (2.42), dann ermitteln wir

$$\frac{\sin x}{x} = \frac{1}{x}\left(\sum_{k=0}^{\infty}(-1)^k\frac{x^{2k+1}}{(2k+1)!}\right) = \sum_{k=0}^{\infty}(-1)^k\frac{x^{2k}}{(2k+1)!}$$

$$= 1 - \frac{x^2}{3!} + \frac{x^4}{5!} - \frac{x^6}{7!} \pm \cdots =: f(x).$$

Da $f(0) = 1$, gilt auch

$$f(x) := \begin{cases} \tilde{f}(x) & : x \in \mathbb{R} \setminus \{0\}, \\ 1 & : x = 0, \end{cases}$$

wobei also $D_f = \mathbb{R}$.

Bemerkung 3.22. Die im letzten Beispiel 3.21 betrachtete Funktion hat einen Namen. Es handelt sich um den **Sinus cardinalis** und wird kurz als Sinc-Funktion bezeichnet:

$$\operatorname{sinc}(x) := \frac{\sin x}{x}. \tag{3.12}$$

Ferner gilt der Zusammenhang

$$\frac{\sin x}{x} = \prod_{k=1}^{\infty} \cos\frac{x}{2^k}.$$

Wir analysieren nun die „Funktionsauswertung" von sinc für $x = 0$ durch eine **alternative** Herangehensweise. Wir zeigen, dass für den Grenzwert an der Stelle $x_0 := 0$ die Auswertung

$$\operatorname{sinc}(0) := \lim_{x \to 0} \frac{\sin x}{x} = 1$$

gilt.

Es sei dazu $0 < x < \pi/2$. Aus dem (als bekannt vorausgesetzten) Strahlensatz resultiert gemäß nachfolgender Skizze die Beziehung

$$y = \frac{\sin x}{\cos x},$$

woraus sich die Ungleichung

$$0 < \sin x < x < \frac{\sin x}{\cos x}$$

ergibt. Damit folgt

$$\frac{\cos x}{\sin x} < \frac{1}{x} < \frac{1}{\sin x},$$

also

$$\cos x < \frac{\sin x}{x} < 1.$$

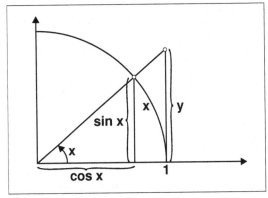

Zur Ungleichung $0 < \sin x < x < \frac{\sin x}{\cos x}$

Aus $\lim_{x \to 0\pm} \cos x = 1$ folgt mit dem Sandwichprinzip (2.5) der Grenzwert

$$\boxed{\lim_{x \to 0\pm} \frac{\sin x}{x} = 1.} \tag{3.13}$$

Zusammenfassend lässt sich sagen:

Definition 3.23. Eine Funktion $f : D_f \to \mathbb{R}$ hat bei $x_0 \notin D_f$ eine **Lücke**, falls

$$\lim_{x \to x_0} f(x) = y_0 \in \mathbb{R}, \tag{3.14}$$

also ein **endlicher** Wert in $\mathbb{R}$ angenommen wird.

Beispiel 3.24. Die Funktion

$$f(x) := \frac{x^2 - 1}{x^2 + x}$$

hat an der Stelle $x = 0$ einen Pol und bei $x = -1$ eine Lücke. Überzeugen Sie sich selbst davon.

3.3 Stetigkeit von Funktionen

Weitverbreitet ist ja die Meinung, dass eine Funktion $f : D_f \to \mathbb{R}$, $D_f \subset \mathbb{R}$, stetig ist, wenn der Graph von f ohne abzusetzen gezeichnet werden kann. Dies scheint auf den ersten Blick plausibel, doch diese Vorstellung ist falsch! Die Stetigkeit bezieht sich auf den **gesamten** Definitionsbereich und dementsprechend ist die Funktion

$$f(x) := \frac{1}{|x|}, \quad x \in D_f := \mathbb{R} \setminus \{0\}, \tag{3.15}$$

als **Gegenbeispiel** zu dieser Vorstellung auf ganz D_f stetig, obwohl wir diese auf dem gesamten Definitionsbereich nicht mit einem Zug zeichnen können, da wir an der Stelle $x = 0$ absetzen müssen.

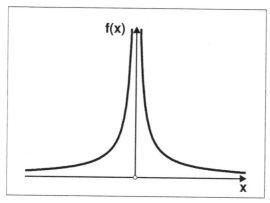

Graph der Funktion f(x) $:= \frac{1}{|x|}$

Nur links und rechts separat vom Ursprung lässt sich die besagte Zeichenaufgabe bewältigen. Der exakte Stetigkeitsbeweis ist Inhalt des nachfolgenden Beispiels 3.27.

Wir kommen jetzt zur Sache. Bewirkt nämlich eine geringe Änderung im Argument $x \in D_f$ einer Funktion f eine geringe Änderung in deren Funktionswert $f(x)$, führt dies auf folgende allgemeingültige Festlegung der Stetigkeit:

Definition 3.25. Eine Funktion $f : D_f \to \mathbb{R}$, $D_f \subset \mathbb{R}$, heißt **stetig** im Punkt $x_0 \in D_f$, falls

$$\lim_{x \to x_0} f(x) = f(x_0).$$

Ist f in **jedem** Punkt $x_0 \in D_f$ stetig, so heißt f **stetig** auf D_f.

Besitzt f in $x_0 \in D_f$ lediglich den **rechtsseitigen** (bzw. den **links-seitigen**) Grenzwert $\lim\limits_{x \to x_0^+} f(x) = f(x_0)$ $\left(\text{bzw. } \lim\limits_{x \to x_0^-} f(x) = f(x_0)\right)$, so heißt f in x_0 **rechtsseitig** (bzw. **linksseitig**) **stetig**.

Bemerkung 3.26. Anders als bei Grenzwertbetrachtungen einer Funktion **muss** der Punkt x_0 bei Stetigkeitsbetrachtungen zum Definitionsbereich D_f gehören. Das heißt, es muss in $x_0 \in D_f$ ein Funktionswert $f(x_0) \in \mathbb{R}$ existieren. Im Gegensatz zu (3.1) gilt hier also

$$\lim_{x \to x_0} f(x) = y_0 = f(x_0).$$

Beispiel 3.27. Wir bestätigen jetzt mithilfe obiger Definition die Stetigkeit der Abbildung (3.15). Sei dazu $\{x_n\}_{n \in \mathbb{N}} \subset D_f$ eine beliebige Folge, welche gegen ein beliebiges $x_0 \in D_f$ konvergiert. Nun gibt es zwei Möglichkeiten:

$$x_0 \in (-\infty, 0) \quad \text{oder} \quad x_0 \in (0, +\infty).$$

Sei zunächst $x_0 \in (0, +\infty)$ und es gelte $\{x_n\}_{n \in \mathbb{N}} \subset (0, +\infty)$, dann erhalten wir

$$\lim_{n \to \infty} f(x_n) = \lim_{n \to \infty} \frac{1}{|x_n|} = \lim_{n \to \infty} \frac{1}{x_n} \overset{(*)}{=} \frac{1}{x_0} = \frac{1}{|x_0|} = f(x_0).$$

Sei jetzt $x_0 \in (-\infty, 0)$ und es gelte $\{x_n\}_{n \in \mathbb{N}} \subset (-\infty, 0)$, dann erhalten wir

$$\lim_{n \to \infty} f(x_n) = \lim_{n \to \infty} \frac{1}{|x_n|} = \lim_{n \to \infty} \frac{1}{-x_n} \overset{(*)}{=} \frac{1}{-x_0} = \frac{1}{|x_0|} = f(x_0),$$

wobei an den beiden mit $(*)$ markierten Stellen Rechenregel 2.9, 3 für die Quotientenfolge (mit $\{a_n\}_{n \in \mathbb{N}} \equiv 1$) verwendet wurde. Damit ist f stetig auf ganz D_f.

Beispiel 3.28. Die Funktion $f : D_f \to \mathbb{R}$ gegeben durch

$$f(x) := \begin{cases} x^2 & : x \in [0, 1], \\ 1 & : x = 100 \end{cases}$$

ist stetig auf $D_f := [0, 1] \cup \{100\}$. Der Stetigkeitsnachweis auf $[0, 1]$ sei den Leserinnen und Lesern überlassen. Um die Stetigkeit an der Stelle $x_0 = 100$ zu sehen, wählen wir die konstante Folge $x_n := 100$ mit $\lim_{n \to \infty} x_n = 100$. Damit ergibt sich $\lim_{n \to \infty} f(x_n) = 1 = f(100)$.

Beispiel 3.29. Die Funktion $f : \mathbb{R} \to \mathbb{R}$ gegeben durch

$$f(x) := \begin{cases} x + \dfrac{x}{|x|} & : x \neq 0, \\ 1 & : x = 0 \end{cases}$$

ist rechtsseitig stetig, denn

$$\lim_{x \to 0^-} f(x) = -1 \neq f(0), \quad \text{aber} \quad \lim_{x \to 0^+} f(x) = 1 = f(0),$$

da $x/|x| = 1$ für $x > 0$ und $x/|x| = -1$ für $x < 0$.

Sie dürfen die Funktion auch in der folgenden Form schreiben:

$$f(x) = \begin{cases} x + 1 & : x > 0, \\ 1 & : x = 0, \\ x - 1 & : x < 0. \end{cases}$$

Beispiel 3.30. Die Funktion $f : \mathbb{R} \to \mathbb{R}$ gegeben durch

$$f(x) = |x| x^k, \quad k \in \mathbb{N},$$

ist stetig. Speziell in $x_0 = 0$ stimmen links- und rechtsseitiger Grenzwert überein, denn

$$\lim_{x \to 0^-} f(x) = 0 = \lim_{x \to 0^+} f(x).$$

Sie dürfen die Funktion auch in der folgenden Form schreiben:

$$f(x) = \begin{cases} x^{k+1} & : x \geq 0, \\ -x^{k+1} & : x < 0. \end{cases}$$

Beispiel 3.31. Die Funktion

$$f(x) := \frac{x^2 - 1}{x^2 - x}, \quad D_f = \mathbb{R} \setminus \{0, 1\},$$

hat bei $x = 0$ einen Pol und bei $x = 1$ eine Lücke. Wir berechnen an beiden Stellen den links- und rechtsseitigen Grenwert.

An der **Polstelle** wählen wir für den linksseitigen Grenzwert die Nullfolge $x_n := -\frac{1}{n}$ und erhalten durch Kürzen

$$\lim_{n\to\infty} f(x_n) = \lim_{n\to\infty} \frac{x_n^2 - 1}{x_n^2 - x_n} = \lim_{n\to\infty} \frac{x_n + 1}{x_n} = \lim_{n\to\infty} (1 - n) = -\infty.$$

Für den rechtsseitigen Grenzwert nehmen wir die Nullfolge $x_n := \frac{1}{n}$ und erhalten entsprechend

$$\lim_{n\to\infty} f(x_n) = \lim_{n\to\infty} \frac{x_n^2 - 1}{x_n^2 - x_n} = \lim_{n\to\infty} \frac{x_n + 1}{x_n} = \lim_{n\to\infty} (1 + n) = +\infty.$$

An der **Lücke** bei $x = 1$ erhalten wir für beide beidseitigen Grenzwerte den selben Wert, nämlich

$$\lim_{x\to 1^\pm} f(x) = \lim_{x\to 1^\pm} \frac{x^2 - 1}{x^2 - x} = \lim_{x\to 1^\pm} \frac{x + 1}{x} = 2.$$

Was bedeutet das nun? Die Lücke kann i. Allg. gestopft werden, wenn links- und rechtsseitiger Grenzwert übereinstimmt. Somit kann f zu einer stetigen Funktion $\bar{f}$ **fortgesetzt** werden und in der „geklammerten" Form

$$\bar{f}(x) := \begin{cases} f(x) & : \ x \in D_f, \\ 2 & : \ x = 1. \end{cases}$$

geschrieben werden. Unendlichkeitsstellen bzw. Pole lassen dies nicht zu!

Schauen Sie sich jetzt nochmals die Beispiele 3.18–3.21 an, dann erkennen Sie, dass die Lücken durch stetige Fortsetzungen ausgemerzt wurden. Dies geschah entweder durch Reihenentwicklung oder wie eben besprochen durch die Bildung beidseitiger Grenzwerte.

Beispiel 3.32. Die Funktion

$$f(x) := \begin{cases} x & : \ x < -1, \\ x^4 & : \ x \geq -1 \end{cases}$$

ist auf $\mathbb{R}$ nicht stetig, denn links- und rechtsseitiger Grenzwert stimmt nicht überein. Es gilt

$$\lim_{x\to 1^-} f(x) = \lim_{x\to 1^-} x = -1,$$
$$\lim_{x\to 1^+} f(x) = \lim_{x\to 1^+} x^4 = 1.$$

Hier liegt ein **Sprung** der Höhe 2 vor.

Allgemein gilt

> **Definition 3.33.** Einen **Sprung** hat $f : D_f \to \mathbb{R}$, $D_f \subset \mathbb{R}$, bei $x_0 \in D_f$, wenn links- und rechtseitiger Grenzwert jeweils existiert und
>
> $$\lim_{x \to x_0^-} f(x) \neq \lim_{x \to x_0^+} f(x)$$
>
> gilt.

Beispiel 3.34. Wir bestimmen $a, b \in \mathbb{R}$ so, dass

$$f(x) = \begin{cases} -2\sin x & : \quad x \leq -\frac{\pi}{2}, \\ a\sin x + b & : \quad |x| < \frac{\pi}{2}, \\ \cos x & : \quad x \geq \frac{\pi}{2}. \end{cases}$$

stetig ist. Dass die beiden trigonometrischen Funktionen Sinus und Cosinus auf $\mathbb{R}$ stetig sind, darf als Grundwissen vorausgesetzt werden.

Wir berechnen an den beiden Schnittstellen $x = -\frac{\pi}{2}$ und $x = \frac{\pi}{2}$ die beidseitigen Grenzwerte. Diese lauten

$$\lim_{x \to -\frac{\pi}{2}^-} (-2\sin x) = 2 \overset{!}{=} -a + b = \lim_{x \to -\frac{\pi}{2}^+} (a\sin x + b),$$

$$\lim_{x \to \frac{\pi}{2}^-} (a\sin x + b) = a + b \overset{!}{=} 0 = \lim_{x \to \frac{\pi}{2}^+} \cos x.$$

Aus dem linearen Gleichungssystem

$$-a + b = 2,$$
$$a + b = 0$$

resultieren die Werte $a = -1$ und $b = 1$, womit die entsprechenden links- und rechtsseitigen Grenzwerte übereinstimmen. Die konkrete stetige Funktion ist nun gegeben durch

$$f(x) = \begin{cases} -2\sin x & : \quad x \leq -\frac{\pi}{2}, \\ 1 - \sin x & : \quad |x| < \frac{\pi}{2}, \\ \cos x & : \quad x \geq \frac{\pi}{2}. \end{cases}$$

Beispiel 3.35. Sei $f : \mathbb{R} \to \mathbb{R}$ gegeben durch

$$f(x) := \begin{cases} 1 & : \ x \text{ rational,} \\ -1 & : \ x \text{ irrational.} \end{cases}$$

Diese Funktion ist in **keinem** Punkt $x_0 \in D_f := \mathbb{R}$ ihres Definitionsbereichs stetig, da in keinem Punkt ein Grenzwert existiert, auch links- und rechtsseitige Grenzwerte existieren nicht.

Denn zu jedem beliebigen Punkt $x_0 \in D_f$ können Folgen $\{x_n\}_{n\in\mathbb{N}} \subset \mathbb{Q}$ als auch Folgen $\{x_n^*\}_{n\in\mathbb{N}} \subset \mathbb{R} \setminus \mathbb{Q}$ angegeben werden mit

$$\lim_{n\to\infty} x_n = x_0 = \lim_{n\to\infty} x_n^*,$$

während

$$\lim_{n\to\infty} f(x_n) = 1 \neq -1 = \lim_{n\to\infty} f(x_n^*)$$

gilt.

Der **Betrag** $|f(x)|$ dieser Funktion ist jedoch stetig, da

$$g(x) := |f(x)| \equiv 1 \ \text{ für alle } \ x \in \mathbb{R}.$$

Beispiel 3.36. Sei $f : \mathbb{R} \to \mathbb{R}$ gegeben durch

$$f(x) := \begin{cases} x & : \ x \text{ rational,} \\ -x & : \ x \text{ irrational.} \end{cases}$$

Diese Funktion ist nur im Punkt $x_0 = 0$ stetig, in allen anderen Punkten ist sie unstetig.

Denn zu $x_0 = 0$ können Folgen $\{x_n\}_{n\in\mathbb{N}} \subset \mathbb{Q}$ als auch Folgen $\{x_n^*\}_{n\in\mathbb{N}} \subset \mathbb{R}\setminus\mathbb{Q}$ angegeben werden mit

$$\lim_{n\to\infty} x_n = 0 = \lim_{n\to\infty} x_n^*$$

und es gilt stets

$$\lim_{n\to\infty} f(x_n) = 0 = \lim_{n\to\infty} f(x_n^*).$$

Der **Betrag** $|f(x)|$ dieser Funktion ist jedoch überall stetig, da

$$g(x) := |f(x)| = x \ \text{ für alle } \ x \in \mathbb{R}.$$

Der Stetigkeit einer Funktion $f : \mathbb{R} \to \mathbb{R}$ kann auch mithilfe der sog. $\varepsilon - \delta$ -Kiste ausgedrückt werden. Diese liest sich wie folgt:

Satz 3.37. Eine Funktion $f : D_f \to \mathbb{R}$, $D_f \subset \mathbb{R}$, ist genau dann im Punkt $x_0 \in D_f$ stetig, wenn für alle $\varepsilon > 0$ ein $\delta = \delta(\varepsilon, x_0) > 0$ existiert, sodass

$$|f(x) - f(x_0)| < \varepsilon \text{ für alle } x \in D \text{ mit } 0 < |x - x_0| < \delta. \qquad (3.16)$$

Analoge Formulierungen gelten für die links- bzw. rechtsseitige Stetigkeit in $x_0 \in D_f$.

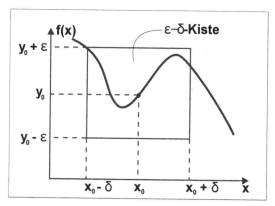

Graph verläuft komplett in der $\varepsilon - \delta$–Kiste

Beachten Sie. Die Zahl $\delta > 0$ hängt neben $\varepsilon > 0$ i. Allg. auch noch vom Punkt x_0 ab.

Beispiel 3.38. Die Thomae-Funktion, auch Popcorn-Funktion genannt, ist gegeben durch

$$f(x) := \begin{cases} \dfrac{1}{q} &: x = \dfrac{p}{q} \in \mathbb{Q}, \ p \in \mathbb{Z}, q \in \mathbb{N}, \\[2mm] 0 &: x \in \mathbb{R} \setminus \mathbb{Q}, \end{cases}$$

wobei obiger Bruch vollständig gekürzt, also nur die Eins gemeinsamer Teiler ist.

Diese Funktion ist nur in allen **irrationalen** Punkten $x \in \mathbb{R} \setminus \mathbb{Q}$ stetig, in allen **rationalen** Punkten $x \in \mathbb{Q}$ ist sie unstetig. Um dieses seltsame Stetigkeits- bzw. Unstetigkeitsverhalten zu verstehen, gehen wir wie folgt vor:

Wir fixieren zunächst einen rationalen Punkt $x_0 := p_0/q_0$ und wählen um den Funtionswert $y_0 := f(x_0) = 1/q_0$ eine ε-Umgebung $(y_0 - \varepsilon, y_0 + \varepsilon)$ mit

$$0 < \varepsilon < \frac{1}{q_0}.$$

In jeder noch so kleinen δ-Umgebung um $x_0 \in \mathbb{Q}$ liegen jedoch unendlich viele irrationale Zahlen $\tilde{x} \in \mathbb{R} \setminus \mathbb{Q}$, deren Funktionswerte $f(\tilde{x}) = 0$ niemals in der vorgelegten ε-Umgebung $(y_0 - \varepsilon, y_0 + \varepsilon)$ liegen. Es existiert also **kein** $\delta > 0$ derart, dass sich der Funktionsverlauf für alle $x \in (x_0 - \delta, x_0 + \delta)$ komplett in der gewählten ε-Umgebung befindet, dass also $|f(x) - f(x_0)| < \varepsilon$ gilt.

Wir nehmen jetzt einen irrationalen Punkt $x_0 \in \mathbb{R} \setminus \mathbb{Q}$ für den $f(x_0) = 0$ gilt. Wir geben ein beliebiges $\varepsilon > 0$ vor und erhalten um den Nullpunkt die ε-Umgebung $(-\varepsilon, \varepsilon)$. Außerdem legen wir **vorübergehend** ein $\delta > 0$ fest und betrachten die daraus resultierende δ-Umgebung $(x_0 - \delta, x_0 + \delta)$. Wir überlegen jetzt, welche x-Werte aus der vorgelegten δ-Umgebung die Stetigkeitsanforderungen $|f(x) - f(x_0)| = |f(x)| < \varepsilon$ nicht erfüllen. Dies sind rationale Zahlen der Form

$$x = \frac{p}{q} \text{ mit } |f(x)| = \frac{1}{|q|} \geq \varepsilon,$$

also mit

$$|q| \leq \frac{1}{\varepsilon}.$$

Davon gibt es in der obigen δ-Umgebung für **jedes** $\varepsilon > 0$ nur **endlich** viele. Deswegen lässt sich stets ein kleineres $0 < \tilde{\delta} < \delta$ finden, sodass für alle $x \in (x_0 - \tilde{\delta}, x_0 + \tilde{\delta})$ die gewünschte Beziehung $|f(x)| < \varepsilon$ gilt, also Stetigkeit vorliegt.

Bemerkung 3.39. Es gibt übrigens keine Funktion, welche in den rationalen Zahlen stetig und in den irrationalen Zahlen unstetig ist!

Die rationalen Unstetigkeiten der Popcorn-Funtion sind **hebbar**. Wir setzen an allen rationalen Stellen $f(r) := 0$. Für alle $r \in \mathbb{Q}$ gilt damit

$$\lim_{x \to r} f(x) = \boxed{0 = f(r)}.$$

Wir haben auf diese Weise die stetige Nullfunktion erschaffen.

Allgemein gilt

Definition 3.40. Eine Funktion $f : D_f \to \mathbb{R}$ hat bei $x_0 \in D_f$ eine **hebbare Unstetigkeit**, wenn

$$\lim_{x \to x_0} f(x) = g \text{ und } f(x_0) \neq g \tag{3.17}$$

gelten.

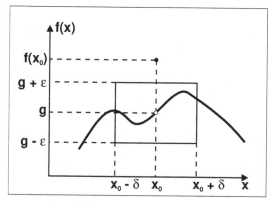

$$\lim_{x \to x_0} f(x) = g, \text{ wobei } f(x_0) \neq g \text{ gilt}$$

Zusammenfassung. Bisher haben wir drei Typen von **Unstetigkeitsstellen** kennengelernt. Gemäß Definition 3.23 eine **Lücke**, gemäß Definition 3.33 einen **Sprung** und gemäß Definition 3.40 eine **hebbare Unstetigkeit**. Weitere Typisierungen von Unstetigkeiten sollen hier nicht vorgenommen werden. Pole gemäß Definition 3.17 sind wie zu Beginn des Abschnittes festgestellt wurde keine Unstetigkeitsstellen!

Beispiel 3.41. Die Betragsfunktion

$$f(x) := |x|, \ D_f := \mathbb{R},$$

ist **stetig** auf ganz D. Zum Nachweis der Stetigkeit verwenden wir die umgekehrte Dreiecksungleichung

$$||x| - |x_0|| \leq |x \pm x_0|. \tag{3.18}$$

Für jedes $x_0 \in \mathbb{R}$ und für jede Zahl $\varepsilon > 0$ gilt

$$|f(x) - f(x_0)| = ||x| - |x_0|| \overset{(3.18)}{\leq} |x - x_0| < \delta := \varepsilon$$

für alle $x \in \mathbb{R}$ mit $0 < |x - x_0| < \delta$.

Es ist zu beachten, dass die Zahl $\delta = \delta(\varepsilon) = \varepsilon$ hier **gleichmäßig** bezüglich $x_0 \in \mathbb{R}$ wählbar ist, also **nicht** von x_0 abhängt.

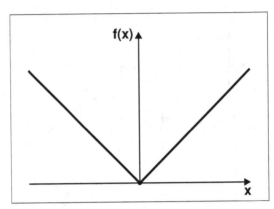

Graph der Funktion f(x) := |x|

Beispiel 3.42. Wir greifen nochmals die Funktion (3.15) auf und zeigen jetzt die Stetigkeit mithilfe der Definition 3.37.

Wir wählen $x_0 \neq 0$ und $\varepsilon > 0$ fest. Danach definieren wir (in weiser Voraussicht) die Zahl

$$\delta(\varepsilon) := \frac{1}{2} \min\{\varepsilon \, |x_0|^2, |x_0|\}.$$

Daraus ergeben sich die stets gültigen Ungleichungen

$$\delta \leq \frac{1}{2} |x_0| \tag{3.19}$$

und

$$\delta \leq \frac{\varepsilon}{2} |x_0|^2. \tag{3.20}$$

Damit erhalten wir

$$\big| |x| - |x_0| \big| \overset{(3.18)}{\leq} |x - x_0| \leq \delta \overset{(3.19)}{\leq} \frac{1}{2} |x_0|,$$

also auch

$$-\frac{1}{2} |x_0| < |x| - |x_0| < \frac{1}{2} |x_0|,$$

und schließlich

$$\underbrace{\frac{1}{2} |x_0| < |x| < \frac{3}{2} |x_0|}_{(*)}$$

für alle x mit $0 < |x - x_0| < \delta$. Hieraus ergibt sich nun

$$|f(x) - f(x_0)| = \frac{\big| |x| - |x_0| \big|}{|x||x_0|} \overset{(3.18)}{\leq} \frac{|x - x_0|}{|x||x_0|} \overset{(*)}{<} \frac{2|x - x_0|}{|x_0|^2} \overset{(3.20)}{<} \frac{\varepsilon |x_0|^2}{|x_0|^2} = \varepsilon,$$

was die spezielle Wahl von $\delta = \delta(\varepsilon)$ erklärt (welche oben in den letzten beiden Ungleichungen verwendet wurde, um dies nochmals festzuhalten).

Wir bemerken, dass die Zahl $\delta > 0$ hier sowohl von $\varepsilon > 0$ als auch von $x_0 \in D_f$ abhängt.

Zeigen Sie jetzt als kleine Übungsaufgabe die „einpunktige" Stetigkeit der Funktion aus Beispiel 3.36 mithilfe der $\varepsilon - \delta -$ Kiste.

Bei nahezu allen elementaren Funktionen ist es möglich Stetigkeitsbetrachtungen mit den in diesem Abschnitt formulierten Methoden durchzuführen. Bei komplizierteren bzw. zusammengesetzten Funktionen ist diese Vorgehensweise i. Allg. sehr aufwendig. Nachfolgende Sätze helfen, dies zu bewerkstelligen, da sich die Stetigkeit der Funktionen f und g auf deren algebraische Verknüpfungen vererbt:

Satz 3.43. Die Funktionen $f, g : \mathbb{R} \to \mathbb{R}$ seien im Punkt $x_0 \in D_f \cap D_g$ stetig. Dann sind auch die folgenden Funktionen in x_0 stetig:

1. $f \pm g$, $f \cdot g$, λf für alle $\lambda \in \mathbb{R}$,

2. $\dfrac{f}{g}$, sofern $g(x_0) \neq 0$ gilt.

Weiter gilt

Satz 3.44. Existiert das Kompositum $g \circ f$ in $x_0 \in D_f$, ist ferner die Funktion f stetig im Punkt x_0 und die Funktion g stetig im Punkt $f(x_0) \in D_g$, so ist auch $g \circ f$ stetig in $x_0 \in D_f$.

Beweischen. Aus der Stetigkeit von f folgt $\lim\limits_{x \to x_0} f(x) = f(x_0)$. Da auch g stetig ist, muss jetzt

$$\lim_{x \to x_0} g\left[f(x)\right] = \lim_{f(x) \to f(x_0)} g\left[f(x)\right] = g\left[f(x_0)\right]$$

gelten.   qed

Beispiel 3.45. So ist $f : \mathbb{R} \to \mathbb{R}$ gegeben durch

$$f(x) := \frac{x^3 \left(\sin(x^2) \right)^3}{e^x + e^{-x}}$$

als Summe, Produkt, Quotient und Kompositum auf ganz $\mathbb{R}$ stetiger Funktionen ebenfalls auf $\mathbb{R}$ stetig.

Beispiel 3.46. Sei $f : \mathbb{R} \to \mathbb{R}$ eine stetige Funktion, dann ist auch das Quadrat $f^2 : \mathbb{R} \to \mathbb{R}$ stetig. Dies resultiert aus dem letzten Satz 3.44, wenn wir die stetige Funktion $g(x) = x^2$ wählen. Denn damit ergibt sich die stetige Funktion

$$f^2 : \mathbb{R} \to \mathbb{R} \text{ gegeben durch die Komposition } f^2(x) = g\big(f(x)\big).$$

Die Umkehrung gilt dagegen nicht, wie nachstehendes Gegenbeispiel bestätigt:

Sei $f^2(x) \equiv 1$. Diese auf ganz $\mathbb{R}$ stetige Funktion resultiert beispielsweise durch Quadrieren aus der unstetigen Funktion

$$f(x) := \begin{cases} 1 & : \ x \geq 0, \\ -1 & : \ x < 0. \end{cases}$$

Die Umkehrung gilt deswegen nicht, weil Quadrieren bzw. Potenziern mit geraden Potenzen gemäß (1.25) keine Äquivalenzumformung darstellt.

Bei ungeraden Potenzen liegt dagegen gemäß (1.37) sehr wohl eine Äquivalenzumformung vor. Es gilt also

$$f : \mathbb{R} \to \mathbb{R} \text{ stetig} \iff f^{2n+1} : \mathbb{R} \to \mathbb{R} \text{ stetig}, \ n \in \mathbb{N}.$$

Wir kommen nochmals zurück zu Beispiel 3.41, worin die Betragsfunktion

$$f(x) = |x|$$

auf $\mathbb{R}$ als stetig erklärt wurde. Für ein beliebig vorgegebenes $\varepsilon > 0$ resultierte $\boxed{\delta = \delta(\varepsilon)}$, also unabhäng von der betrachteten Stelle $x_0 \in \mathbb{R}$. Anders formuliert, die so gewonnene und einmal zusammengebaute $\varepsilon - \delta$ – Kiste passt an **jeder** beliebigen Stelle $x_0 \in \mathbb{R}$.

Greifen wir dagegen nochmals Beispiel 3.42 auf, also die Stetigkeitserklärung für

$$f(x) := \frac{1}{|x|}, \ x \in D_f := \mathbb{R} \setminus \{0\},$$

dann erkennen wir, dass für ein beliebig vorgegebenes $\varepsilon > 0$ **stets** die Beziehung $\boxed{\delta = \delta(\varepsilon, x_0)}$ gilt. Die zusätzliche Abhängigkeit von $x_0 \in D_f$ bedeutet, dass die $\varepsilon - \delta$ - Kiste an jeder Stelle des Definitionsbereichs neu gezimmert werden muss.

Dies führt auf

Definition 3.47. Eine Funktion $f : D_f \to \mathbb{R}$ heißt auf $D_f \subset \mathbb{R}$ **gleichmäßig stetig**, wenn für alle $\varepsilon > 0$ ein $\delta = \delta(\varepsilon) > 0$ existiert, sodass

$$|f(x) - f(y)| < \varepsilon \text{ für alle } x, y \in D_f \text{ mit } 0 < |x - y| < \delta. \qquad (3.21)$$

Der feine Unterschied zu Definition 3.37 besteht also darin, dass sich hier die Stetigkeitsbestätigung auf keine feste Stelle $x_0 \in D_f$ bezieht, sondern überall gleichermaßen gilt.

Sind zwei Funtionen stetig, so gilt dies gemäß Satz 3.43 auch für deren Produkt. Überträgt sich die gleichmäßige Stetigkeit ebenfalls auf Produkte?

Gegenbeispiel 3.48. Die beiden Funktionen $f(x) = x$ und $g(x) = \sin x$ sind auf $\mathbb{R}$ gleichmäßig stetig, deren Produkt

$$f(x)g(x) = x \sin x$$

dagegen nicht.

Wir überprüfen zuerst die gleichmäßige Stetigkeit von f und g. Sei dazu $\varepsilon > 0$ vorgegeben, dann gilt für alle $x, y \in \mathbb{R}$ mit $|x - y| < \delta$ jeweils

1) $|f(x) - f(y)| = |x - y| < \delta := \varepsilon,$

2) $|g(x) - g(y)| = |\sin x - \sin y| \overset{(*)}{=} 2 \left| \sin \dfrac{x - y}{2} \right| \left| \cos \dfrac{x - y}{2} \right|$

$$\leq 2 \left| \sin \dfrac{x - y}{2} \right| \overset{(**)}{\leq} |x - y| < \delta := \varepsilon,$$

worin bei $(*)$ die Additionstheoreme für Sinus und Cosinus verwendet wurden und danach die Abschätzungen $|\cos z| \leq 1$ und $|\sin z| \leq z$. Für beide Funktionen konnte $\delta = \delta(\varepsilon)$ demnach nur in Abhängigkeit von $\varepsilon > 0$ gewählt werden, womit gleichmäßige Stetigkeit vorliegt.

Beim Produkt $h(x) := f(x)g(x)$ funktioniert dies nicht. Es gilt

$$|h(x) - h(y)| = |x \sin x - y \sin y| = |x \sin x - y \sin x + y \sin x - y \sin y|$$
$$\leq |x - y||\sin x| + |y||\sin x - \sin y|$$
$$\leq |x - y| + |y||\sin x - \sin y|$$
$$\leq |x - y| + |y||x - y| \quad \big(\text{siehe } (**)\big)$$
$$\leq \big(1 + |y|\big) |x - y| < \varepsilon,$$

also resultiert daraus die **ortsabhängige** Wahl

$$\delta := \frac{\varepsilon}{1 + |y|}.$$

Da eine ortsunabhängige Wahl nicht existiert, zeigt dies lediglich die Stetigkeit und nicht die gleichmäßige Stetigkeit von h auf $\mathbb{R}$.

Wählen wir als Definitionsbereich dagegen ein **abgeschlossenes** und **beschränktes** Intervall, beispielsweise

$$D_h := [-a, a], \quad a > 0,$$

dann ist $h : D_h \to \mathbb{R}$ sehr wohl gleichmäßig stetig. Obige Abschätzung kann wie folgt modifiziert werden:

$$|h(x) - h(y)| \leq (1 + |y|) |x - y| \leq (1 + a) |x - y| < \varepsilon,$$

da $|y| \leq a$ gilt, womit

$$\delta := \frac{\varepsilon}{1 + a}$$

unabhängig von $x, y \in D_h$ gewählt werden kann.

Jede gleichmäßig stetige Funktion ist insbesondere stetig. Die Umkehrung dieser Aussage ist i. Allg. falsch. Es gilt jedoch folgendes Resultat:

Satz 3.49. Eine stetige Funktion $f : [a, b] \to \mathbb{R}$ ist auf dem **abgeschlossenen** und **beschränkten** Intervall $[a, b] \subset \mathbb{R}$ gleichmäßig stetig.

Beispiel 3.50. Gemäß Beispiel 3.42 ist die Funktion

$$f(x) := \frac{1}{x}, \quad x \in D_f := (0, +\infty),$$

auf D_f stetig, aber nicht gleichmäßig stetig.

Fixieren wir jedoch $a, b \in \mathbb{R}$ mit $0 < a < b < +\infty$, so gilt $[a, b] \subset D_f$, und mit $\delta(\varepsilon) := \varepsilon a^2$ folgt für jedes Zahlenpaar $x, y \in [a, b]$, $|x - y| < \delta$, dass

$$|f(x) - f(y)| = \frac{|x-y|}{|xy|} \le \frac{|x-y|}{a^2} < \frac{\delta}{a^2} = \varepsilon,$$

gleichbedeutend mit der gleichmäßigen Stetigkeit auf dem abgeschlossenen und beschränkten Intervall $[a, b]$.

Gegenbeispiel 3.51. Gegeben seien das in $\mathbb{Q}$ **abgeschlossene** und **beschränkte** Intervall $[0, 2] \subset \mathbb{Q}$ und die Abbildung

$$f : \boxed{\mathbb{Q}} \to \mathbb{R},$$

definiert durch

$$f(x) := \begin{cases} 0 : & 0 \le x < \sqrt{2}, \\ 1 : & \sqrt{2} < x \le 2. \end{cases}$$

Diese Funktion ist auf ihrem Definitionsbereich stetig und **nicht** gleichmäßig stetig.

An den beiden Randpunkten des Intervalls liegt links- bzw. rechtsseitige Stetigkeit vor, da die beiden Grenzwerte

$$\lim_{x \to 0^+} f(x) = f(0) = 0 \quad \text{bzw.} \quad \lim_{x \to 2^-} f(x) = f(2) = 1$$

existieren und den Funktionswerten entsprechen. Von Interesse ist somit lediglich das Verhalten von f um die irrationalle Stelle $\bar{x} := \sqrt{2}$ herum. Es genügt, die beiden offenen und davon nur eines der Teilintervalle $(0, \sqrt{2})$ oder $(\sqrt{2}, 2)$ zu betrachten.

Seien $0 < \varepsilon < 1$ und $x_0 \in \mathbb{Q}$ mit $x_0 \in (0, \sqrt{2}) =: I_0$ vorgegeben. Egal wie **nahe** $x_0 \in \mathbb{Q}$ bei $\bar{x} := \sqrt{2}$ gewählt wird, es existiert stets ein $\delta = \delta(\varepsilon, x_0) > 0$ derart, dass

$$I_\delta(x_0) := \{x \in \mathbb{Q} : |x - x_0| < \delta\} \subset (0, \sqrt{2}),$$

da I_0 **offen** ist. Kurz gesagt, je näher $x_0 \in \mathbb{Q}$ an $\bar{x} := \sqrt{2}$ heranrückt, desto kleiner muss $\delta > 0$ gewählt werden, sodass $I_\delta(x_0)$ komplett in I_0 ist, also stets eine Abhängigkeit von der betrachteten Stelle vorliegt und somit keine gleichmäßige Stetigkeit erreicht werden kann.

Wo liegt jetzt der Widerspruch zu Satz 3.49? Der Definitionsbereich von f ist lediglich die „diskrete" Menge $\mathbb{Q}$ und nicht eine kontinuierliche Teilmenge in $\mathbb{R}$. Elegant formuliert bedeutet dies, dass $[0, 2] \subset \mathbb{Q}$ keine vollständige Menge ist und dies ja stillschweigend im genannten Satz vorausgesetzt wird.

Eine stetige Funktion kann auch auf einem **unbeschränkten** abgeschlossenen Intervall gleichmäßig stetig sein. Dazu

Beispiel 3.52. Gegeben sei das rechtsseitig unendliche abgeschlossene Intervall $D_f := [1, \infty)$. Dann ist die Funktion

$$f(x) := \frac{1}{x^2}$$

auf D_f gleichmäßig stetig, denn

$$|f(x) - f(y)| = \left| \frac{y^2 - x^2}{x^2 y^2} \right| = \left| \frac{(y + x)(y - x)}{x^2 y^2} \right| \le 2|x - y|,$$

da

$$0 < \frac{x + y}{x^2 y^2} \le 2$$

gilt. Die Wahl

$$\delta(\varepsilon) := \frac{\varepsilon}{2}$$

bestätigt die Aussage.

Beispiel 3.53. Dagegen ist die stetige Abbildung

$$f(x) := x^2 \ \text{auf} \ D_f = [1, \infty)$$

nicht gleichmäßig stetig. Allgemein bedeutet dies als **Negat** von Definition 3.47:

Eine Funktion $f \in \text{Abb}(\mathbb{R}, \mathbb{R})$ ist auf $D_f \subset \mathbb{R}$ **nicht** gleichmäßig stetig, wenn für alle $\delta > 0$ ein $\varepsilon > 0$ existiert, sodass

$$|f(x) - f(y)| \ge \varepsilon \ \text{für} \ \textbf{gewisse} \ x, y \in D_f \ \text{mit} \ 0 < |x - y| < \delta \qquad (3.22)$$

gilt.

Um dies auf $f(x) = x^2$ anzuwenden, sei $\delta > 0$ vorgegeben und es gelte

$$1 \le y < x.$$

Damit resultiert

$$|f(x) = f(y)| = |x^2 - y^2| = x^2 - y^2 = (x + y)(x - y) \ge 2y(x - y).$$

Wir wählen $x := y + \frac{\delta}{2}$, also gilt auch

$$|x - y| < \delta.$$

Daraus folgt

$$|f(x) - f(y)| \ge 2y \frac{\delta}{2} = \delta y.$$

Wir wählen weiter $y := \dfrac{1}{\delta}$ und erhalten damit

$$|f(x) - f(y)| \geq 1,$$

wobei also $\varepsilon := 1$ das Gewünschte gemäß (3.22) leistet.

Wir setzen uns nun mit der Komposition gleichmäßig stetiger Funktionen auseinander.

Beispiele 3.54. Gegeben seien

$$f(x) := \frac{1}{x} \quad \text{und} \quad g(x) := \frac{1}{x^2}.$$

a) Bekanntlich sind die beide Funktionen im rechtsseitig unendlichen abgeschlossenen Intervall $D = [1, \infty)$ gleichmäßig stetig. Bilden wir die Komposita

$$f\big(g(x)\big) = x^2 = g\big(f(x)\big),$$

dann wissen wir gemäß Beispiel 3.53, dass auf D keine gleichmäßige Stetigkeit resultiert.

b) Fixieren wir dagegen das Intervall $D := (0, 1)$, dann sind die Funktionen f und g **nicht** gleichmäßig stetig, die Komposita

$$f\big(g(x)\big) = x^2 = g\big(f(x)\big),$$

auf D dagegen schon.

Âllerdings gilt ganz allgemein

Satz 3.55. Seien $f, g : D \to \mathbb{R}$ gleichmäßig stetige Funktionen mit gemeinsamen Definitionsbereich $D \subset \mathbb{R}$. Dann ist auch die Summe $f + g$ auf D gleichmäßig stetig.

Beweis. Sei $\varepsilon > 0$ vorgegeben. Wir teilen dies gerecht auf die beiden Funktionen auf und setzen daher

$$\varepsilon_1 := \frac{\varepsilon}{2} \quad \text{und} \quad \varepsilon_2 := \frac{\varepsilon}{2}.$$

Wegen der gleichmäßigen Stetigkeit von f und g existieren $\delta_1 > 0$ und $\delta_2 > 0$ derart, dass

$$|f(x) - f(y)| < \varepsilon_1 \text{ für alle } x, y \in D \text{ mit } 0 < |x - y| < \delta_1,$$

$$|g(x) - g(y)| < \varepsilon_2 \text{ für alle } x, y \in D \text{ mit } 0 < |x - y| < \delta_2$$

gelten. Wir setzen $\delta := \min(\delta_1, \delta_2)$, dann gilt für alle $|x - y| < \delta$ mithilfe der Dreiecksungleichung

$$|(f(x) + g(x)) - (f(y) + g(y))| \leq |f(x) - f(y)| + |g(x) - g(y)|$$

$$\leq \varepsilon_1 + \varepsilon_2 = \varepsilon.$$

qed

Fazit. Stetigkeit hält gegenüber algebraischen Operation stand wie es in den Sätzen 3.43 und 3.44 formuliert wurde. Hinsichtlich der gleichmäßigen Stetigkeit lässt sich dies (abgesehen von der Addition gemäß Satz 3.55) nicht pauschalisieren wie die letzten Beispiele 3.48 bis 3.54 gezeigt haben. Hier kommt es maßgeblich auf die gewählten Definitionsbereiche an!

3.4 Eigenschaften stetiger Funktionen

Wer stetig wächst und noch nicht an die Decke stößt, kann ohne anzustoßen noch ein wenig weiterwachsen. So verbergen sich hinter der Stetigkeit zahlreiche weitere interessante Eigenschaften. Die prominenteste davon ist der aus dem Nullstellensatz resultierende Zwischenwertsatz von Bolzano.

Wir beginnen also mit

Satz 3.56 (Nullstellensatz von Bolzano). Für eine auf einem abgeschlossenen und beschränkten Intervall $[a, b] \subset \mathbb{R}$ stetige Funktion $f : [a, b] \to \mathbb{R}$ gelte $f(a) \cdot f(b) < 0$ (d. h. $f(a)$ und $f(b)$ haben verschiedenes Vorzeichen). Dann besitzt f im **offenen** Intervall (a, b) mindestens eine Nullstelle $f(x_0) = 0$ für ein $x_0 \in (a, b)$.

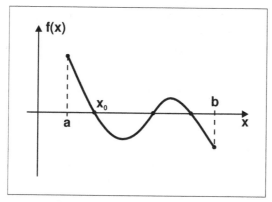

Nullstellensatz von Bolzano

Die **Erklärung** dieses anschaulich doch so klaren Sachverhaltes beruht auf dem Prinzip der **Intervallschachtelung**. Ohne Einschränkung der Allgemeinheit nehmen wir an, dass $f(a) > 0$ und $f(b) < 0$. Aus algorithmischer Sicht schreiben wir $[a_0, b_0] := [a, b]$, halbieren das Intervall $I_0 := [a_0, b_0]$ und erhalten den Mittelpunkt

$$m_0 := \frac{a_0 + b_0}{2}.$$

Gilt nun $f(m_0) = 0$, dann liegt die Nullstelle bereits fest und wir sind fertig. Im Falle $f(m_0) < 0$ wählen wir als neues Intervall $I_1 := [a_1, b_1]$ mit $a_1 := a_0$ und $b_1 := m_0$. Ist dagegen $f(m_0) > 0$ setzen wir $a_1 = m_0$ und $b_1 := b_0$. Als nächstes ermitteln wir aus I_1 den Mittelpunkt

$$m_1 := \frac{a_1 + b_1}{2}$$

und fahren auf diese Weise fort. Wir erhalten so eine Folge von immer kleiner werdenden Intervallen

$$I_n := [a_n, b_n], \ n \in \mathbb{N}_0,$$

mit den Eigenschaften:

1.) Die Folge $\{a_n\}_{n \in \mathbb{N}_0}$ ist streng monoton steigend, beschränkt und somit konvergent.

2.) Die Folge $\{b_n\}_{n \in \mathbb{N}_0}$ ist streng monoton fallend, beschränkt und somit konvergent.

3.) Die Folge $\{a_n - b_n\}_{n \in \mathbb{N}_0} = \{(a_0 - b_0)/2^n\}_{n \in \mathbb{N}_0}$ ist eine Nullfolge, d. h., beide Folgen haben den selben Grenzwert

$$\lim_{n \to \infty} a_n = x_0 = \lim_{n \to \infty} b_n.$$

Wegen der Stetigkeit von f resultiert daraus

$$\lim_{n \to \infty} f(a_n) = f(x_0) = \lim_{n \to \infty} f(b_n).$$

Da $\{f(a_n)\}_{n \in \mathbb{N}_0} > 0$ und $\{f(b_n)\}_{n \in \mathbb{N}_0} < 0$ kann nur $f(x_0) = 0$ gelten.

Beispiel 3.57. Die Abbildung $f : [0,6] \to \mathbb{R}$ gegeben durch

$$f(x) := 20 - 29x + 10x^2 - x^3$$

ist stetig und hat die Eigenschaften $f(0) > 0$ und $f(6) < 0$, womit mindestens eine Nullstelle im vorgegebenen Intervall vorliegt. Tatsächlich sind es die drei Nullstellen

$$x_0 = 1, \quad x_1 = 4 \quad \text{und} \quad x_2 = 5.$$

Wir starten jetzt eine Intervallschachtelung und lassen uns überraschen, welche der drei Nullstellen damit erkannt wird. Wir halbieren der Reihe nach die nachfolgend vorgelegten Intervalle gemäß der Vorschrift $m_n := (a_n + b_n)/2$:

$$I_0 := [0,6] \implies m_0 := 3.$$

Da $f(3) < 0$, ergibt sich

$$I_1 := [0,3] \implies m_1 := \frac{3}{2}.$$

Da $f(3/2) < 0$, ergibt sich

$$I_2 := \left[0, \frac{3}{2}\right] \implies m_2 := \frac{3}{4}.$$

Da $f(3/4) > 0$, resultiert jetzt

$$I_3 := \left[\frac{3}{4}, \frac{3}{2}\right] \implies m_3 := \frac{9}{8}.$$

$$\vdots$$

$$\vdots$$

$$\lim_{n \to \infty} I_n = [1,1] = \{1\}$$

Wir erkennen, dass die Iterationsfolge gegen die Nullstelle $x_0 = 1$ konvergiert, die restlichen beiden Nullstellen jedoch nicht erfasst werden. Durch Modifikation des Ausgangsintervalls kann jedoch eine der beiden anderen Nullstellen in den Blickwinkel der Iteration geraten. Diese Aufgabe sei Ihnen überlassen.

Gegenbeispiel 3.58. Ist die nachfolgende Aussage wahr oder falsch?:

Die Abbildung $f : [a, b] \to \mathbb{R}$ sei stetig und es gelte $f(x_0) = 0$ für ein $x_0 \in (a, b)$. Dann existieren $x_1, x_2 \in (a, b)$ mit $f(x_1) > 0$ und $f(x_2) < 0$.

Die Aussage ist falsch, denn $f(x) = x^2$ für $x \in [-10, 10]$ ist ein Gegenbeispiel zu dieser Aussage.

Wir kommen zu einer amüsanten Anwendung des Nullstellensatzes.

Beispiel 3.59. Sei $f : \mathbb{R} \to \mathbb{R}$ eine 2π-periodische Funktion. Wir setzen

$$g(x) := f(x) + f(x + \pi) - f\left(x + \tfrac{\pi}{2}\right) - f\left(x + \tfrac{3\pi}{2}\right).$$

Mithilfe des Nullstellensatzes lässt sich zeigen, dass g im abgeschlossenen Intervall $[0, \tfrac{\pi}{2}]$ mindestens eine Nullstelle hat. Mit der vorausgesetzten Periodizität $f(0) = f(2\pi)$ erhalten wir

$$g(0) = \underline{f(0)} + f(\pi) - f\left(\tfrac{\pi}{2}\right) - f\left(\tfrac{3\pi}{2}\right) = \underline{f(2\pi)} + f(\pi) - f\left(\tfrac{\pi}{2}\right) - f\left(\tfrac{3\pi}{2}\right)$$

$$= f\left(\tfrac{\pi}{2} + \tfrac{3\pi}{2}\right) + f\left(\tfrac{\pi}{2} + \tfrac{\pi}{2}\right) - f\left(\tfrac{\pi}{2}\right) - f\left(\tfrac{\pi}{2} + \pi\right)$$

$$= -g\left(\tfrac{\pi}{2}\right).$$

Aus der Beziehung $g(0) = -g\left(\tfrac{\pi}{2}\right)$ ergibt sich schließlich

$$g(0) \cdot g\left(\tfrac{\pi}{2}\right) = -\left(g\left(\tfrac{\pi}{2}\right)\right)^2 \leq 0.$$

Da obiges Produkt auch auf den **Randpunkten** Null werden kann, sind die Nullstellen von g möglicherweise auch dort zu finden!

Setzen wir jetzt $f(x) := \sin(x)$, dann ergibt sich

$$g(x) := \sin(x) + \sin(x + \pi) - \sin\left(x + \tfrac{\pi}{2}\right) - \sin\left(x + \tfrac{3\pi}{2}\right)\boxed{\equiv 0}.$$

Entsprechendes gilt auch für $f(x) := \cos(x)$. Dies liegt daran, dass in beiden Fällen die Beziehungen

$$f(x + \pi) = -f(x),$$

$$f\left(x + \tfrac{\pi}{2}\right) = -f\left(x + \tfrac{3\pi}{2}\right).$$

gelten und sich somit alle Terme für alle $x \in \mathbb{R}$ gegenseitig eliminieren.

Beispiel 3.60. Eine Auto legt in 1 Stunde eine Strecke von A nach B zurück. Es fährt im selben Zeitraum von 1 Stunde von B nach A zurück. Gibt es eine Stelle auf der Wegstrecke, welche das Auto nach der selben Zeit sowohl auf dem Hin- als auch auf dem Rückweg passiert.

Die Antwort lautet ja. Wir begründen das mit dem Nullstellensatz von-
Bolzano. Seien dazu ohne Einschränkung der Allgemeinheit $A, B \in \mathbb{R}$ und
$0 < A < B$. Seien weiter

$$x : [0,1] \to [A, B] \text{ mit } x(0) = A \text{ und } x(1) = B$$

eine stetige Abbildung, welche die Strecke des Hinweges repräsentiert und

$$y : [0,1] \to [B, A] \text{ mit } y(0) = B \text{ und } y(1) = A$$

eine stetige Abbildung für die Strecke des Rückweges. Die stetige Differenz
der beiden Funktionen

$$f(t) := y(t) - x(t)$$

liefert

$$f(0) = B - A \text{ und } f(1) = A - B,$$

also gilt $f(0) \cdot f(1) < 0$. Nach dem Nullstellensatz von Bolzano existiert somit
ein $t_0 \in (0, 1)$ mit $f(t_0) = 0$.

Wir kommen nun zur angekündigten Verallgemeinerung des Nullstellensatzes.
Es gilt folgende Aussage:

Satz 3.61 (Zwischenwertsatz von Bolzano). Eine stetige Funktion
$f : [a, b] \to \mathbb{R}$ nimmt jeden Wert des Intervalls zwischen $f(a)$ und $f(b)$
mindenstens einmal an.

Beweis. Für $f(a) = f(b)$ ist nichts zu beweisen. Gelte also $f(a) \neq f(b)$ und
sei y_0 ein Punkt aus dem offenen Intervall $\big(f(a), f(b)\big)$. Dann folgt

$$(f(a) - y_0) \cdot (f(b) - y_0) < 0.$$

Das heißt, die Funktion $\varphi(x) := f(x) - y_0$ erfüllt die Voraussetzungen des
Nullstellensatzes. Somit existiert ein $x_0 \in (a, b)$ mit

$$\varphi(x_0) = 0 = f(x_0) - y_0.$$

qed

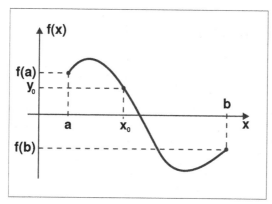

Zum Zwischenwertsatz von Bolzano

Merke: Das Bild eines abgeschlossenen Intervalls $[a, b]$ unter einer **stetigen** reellwertigen Funktion f ist das abgeschlossene Intervall

$$f\big([a, b]\big) = \left[\min_{x \in [a,b]} f(x), \ \max_{x \in [a,b]} f(x) \right].$$

Beispiel 3.62. Die Stetigkeit ist lediglich eine **hinreichende** Bedingung für die Gültigkeit des Zwischenwertsatzes. Für $x \in [0, 1]$ ist die Funktion

$$f(x) := \begin{cases} x & : \ x \text{ rational}, \\ 1 - x & : \ x \text{ irrational} \end{cases}$$

nur im Punkte $x_0 := 1/2$ stetig (vgl. Beispiel 3.36). Dennoch nimmt f jeden Wert zwischen dem Minimum $f(0) = 0$ und dem Maximum $f(1) = 1$ an.

Beispiel 3.63. Ein Auto fährt eine Strecke von $500\,\text{km}$ ohne Stop in genau 5 Stunden. **Muss** es immer einen zusammenhängenden Zeitabschnitt von exakt $1\,\text{h}$ geben, in welchem das Auto eine Strecke von genau $100\,\text{km}$ zurücklegt, um die geforderte Strecke in der vorgegebenen Zeit zu bewältigen?

Die Antwort lautet ja. Wir begründen dies mit dem Zwischenwertsatz von Bolzano. Dazu bezeichne $x(t)$ die Strecke in km, die das Auto in der Zeit $0 \leq t \leq 5$ gemessen in Stunden zurückgelegt hat. Die stetige Funktion

$$f(t) := x(t) - x(t - 1), \ t \in [1, 5],$$

bezeichnet die in einer Stunde zurückgelegte Strecke. Gilt nun für jeden dieser Streckenabschnitte $f(k) < 100\,\text{km}$ für alle $k = 1, \cdots, 5$, so hätte das Auto in keinem Zeitabschnitt von 1 h eine Strecke von mindestens 100 km zurückgelegt. Somit kann das Auto auch nicht die Gesamtstrecke in der Zeit von 5 h zurückgelegt haben, da

$$\sum_{k=1}^{5} f(k) < 500.$$

Ein ähnlicher Sachverhalt ergibt sich mit der Annahme $f(k) > 100$ km für alle $k = 1, \cdots, 5$, wobei das Auto jetzt zu weit fahren würde, da

$$\sum_{k=1}^{5} f(k) > 500.$$

Also muss es Zeiten $a, b \in [1, 5]$ geben mit $f(a) \geq 100$ und $f(b) \leq 100$. Aus dem Zwischenwertsatz resultiert nun die Existenz eines $t_0 \in [1, 5]$ mit $f(t_0) = 100$.

Gegenbeispiel 3.64. Ein Auto fährt eine Strecke von 550 km ohne Stop in genau 5,5 Stunden. **Muss** es auch hier stets einen zusammenhängenden Zeitabschnitt von exakt 1 h geben, in welchem das Auto eine Strecke von genau 100 km zurücklegt, um die geforderte Strecke in der vorgegebenen Zeit zu bewältigen?

Die Antwort lautet jetzt nein! Dazu folgendes Gegenbeispiel, bei dem dies nicht so ist:

Das Auto legt in der ersten halben Stunde 75 km zurück und in der nächsten halben Stunde nur 20 km. Es fährt also 95 km. Diesen Rhythmus behält das Auto auch in den nächsten 4 Stunden bei und legt in der letzten halben Stunde noch die restlichen 75 km zurück. Obwohl das Auto in den ersten fünf Streckenabschnitten jeweils nur 95 km zurücklegt, also stets unterhalb der Durchschnittsgeschwindigkeit von 100 km/h fährt und dies auch in jedem **beliebigen** Zeitintervall von einer Stunde gilt, schafft es erstaunlicherweise die gewünschte Strecke

$$5 \cdot 95 \, \text{km} + 75 \, \text{km} = 550 \, \text{km}$$

in der vorgegebenen Zeit von 5,5 Stunden.

Kapitel 4
Differentialrechnung

Mithilfe der Differentialrechnung lassen sich nicht nur die wesentlichsten Eigenschaften von Funktionen beschreiben und erklären, vielmehr ist dieser Themenbereich neben den Funktionen selbst die bedeutendste Grundlage für nahezu jeden Anwendungsbereich.

Wenn das im letzten Beispiel erwähnte Auto $500\,\mathrm{km}$ ohne Stop in genau 5 Stunden zurücklegt, beträgt die Durchschnittsgeschwindigkeit bekanntlich $100\,\mathrm{km/h}$. Nun fährt ein Auto i. Allg. nicht über eine längere Strecke hinweg mit konstanter Geschwindigkeit, sondern variiert diese – zumindest ohne aktivierten Tempomat – punktuell. Mit dieser Erkenntnis sind wir auch schon bei der Differentialrechnung angekommen und werden in Kürze auf das Auto zurückkommen.

4.1 Ableitungsbegriff

Die relative Änderungsrate der Funktion $f : \mathbb{R} \to \mathbb{R}$ an einer Stelle $x_0 \in D_f \subset \mathbb{R}$ ist gegeben durch den Differenzenquotienten

$$\frac{f(x) - f(x_0)}{x - x_0} = \frac{f(x_0 + h) - f(x_0)}{h}$$

für $x \in D_f$ mit $x := x_0 + h$, $h > 0$.

Die Sekantenfolge durch die beiden Punkte $\big(x_0 + h, f(x_0 + h)\big)$ und $\big(x_0, f(x_0)\big)$ des Graphen $G(f)$ von f lautet

$$S(x; h) = \frac{f(x_0 + h) - f(x_0)}{h}\,(x - x_0) + f(x_0).$$

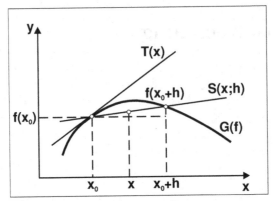

**Die Tangente ist der Grenzwert
der Sekantenfolge**

Damit haben wir bereits alle Zutaten für

Definition 4.1. Sei $f : \mathbb{R} \to \mathbb{R}$ mit $D_f \subset \mathbb{R}$.

1. Die Funktion f heißt im Punkt $x_0 \in D_f$ **differenzierbar**, wenn der Grenzwert

$$\lim_{x \to x_0} \frac{f(x) - f(x_0)}{x - x_0} \quad \text{bzw.} \quad \lim_{h \to 0} \frac{f(x_0 + h) - f(x_0)}{h} \qquad (4.1)$$

in $\mathbb{R}$ existiert, wobei $x - x_0 := h \neq 0$ gesetzt wurde. Dieser Limes wird mit

$$f'(x_0) \quad \text{oder} \quad \frac{df}{dx}(x_0)$$

bezeichnet und heißt die **Ableitung** von f im Punkt $x_0 \in D_f$.

2. Die affin lineare Funktion

$$T(x) := f(x_0) + f'(x_0)\,(x - x_0), \quad x \in \mathbb{R},$$

heißt die **Tangente** an den Graphen $G(f)$ von f im Punkt $(x_0, f(x_0))$ mit der Steigung $f'(x_0)$.

Die Ableitungen **elementarer** Funktionen lassen sich i. Allg. leicht mithilfe des Differenzenquotienten bestimmen:

Beispiel 4.2. Die **konstante Funktion**

$$f(x) := c, \quad x \in D_f := \mathbb{R}, \quad c \in \mathbb{R},$$

erfüllt

$$\lim_{h \to 0} \frac{f(x_0 + h) - f(x_0)}{h} = \lim_{h \to 0} \frac{c - c}{h} = 0 = f'(x_0).$$

Es gilt also

$$\boxed{(c)' = 0 \text{ für alle } x \in D_f.}$$

Beispiel 4.3. Die **Potenzfunktionen**

$$f(x) := x^n, \; x \in D_f := \mathbb{R}, \; n \in \mathbb{N},$$

erfüllen

$$f'(x_0) = \lim_{h \to 0} \frac{(x_0 + h)^n - x_0^n}{h} \overset{(1.23)}{=} \lim_{h \to 0} \frac{\sum_{k=0}^{n} \binom{n}{k} h^k x_0^{n-k} - x_0^n}{h}$$

$$= \lim_{h \to 0} \sum_{k=1}^{n} \binom{n}{k} h^{k-1} x_0^{n-k} = \binom{n}{1} x_0^{n-1}$$

$$= n x_0^{n-1}.$$

Das heißt

$$\boxed{(x^n)' = nx^{n-1} \text{ für alle } x \in D_f.}$$

Beispiele 4.4. a) Die **Exponentialfunktion**

$$f(x) := e^x, \; x \in D_f := \mathbb{R},$$

erfüllt

$$f'(x_0) = \lim_{h \to 0} \frac{e^{x_0+h} - e^{x_0}}{h} = e^{x_0} \underbrace{\lim_{h \to 0} \frac{e^h - 1}{h}}_{=1} \overset{(3.10)}{=} e^{x_0}.$$

Somit

$$\boxed{(e^x)' = e^x \text{ für alle } x \in D_f.}$$

b) Die **Logarithmusfunktion**

$$g(x) := \ln x, \; x \in D_g := \{x \in \mathbb{R} : x > 0\},$$

hat leider keine passenden Eigenschaften, um die Ableitung direkt mithilfe des Differenzenquotienten zu berechnen. Deswegen ist ein kleiner Umweg unter

Zuhilfenahme der Eigenschaft $e^{\ln x} = x$ erforderlich. Sei $\varepsilon > 0$, dann setzen wir

$$y_0 + \varepsilon := \ln(x_0 + h) \implies x_0 + h = e^{y_0+\varepsilon},$$

$$y_0 := \ln x_0 \qquad \implies x_0 = e^{y_0}.$$

Damit ergibt sich dann

$$g'(x_0) = \lim_{h \to 0} \frac{\ln(x_0 + h) - \ln x_0}{h} = \lim_{h \to 0} \frac{\ln(x_0 + h) - \ln x_0}{(x_0 + h) - x_0}$$

$$= \lim_{\varepsilon \to 0} \frac{(y_0 + \varepsilon) - y_0}{e^{y_0+\varepsilon} - e^{y_0}} = \frac{1}{e^{y_0}} \underbrace{\lim_{\varepsilon \to 0} \frac{\varepsilon}{e^{\varepsilon} - 1}}_{= 1} \overset{(3.10)}{=} \frac{1}{e^{y_0}} = \frac{1}{e^{\ln x_0}} = \frac{1}{x_0}.$$

Somit

$$\boxed{(\ln x)' = \frac{1}{x} \text{ für alle } x \in D_g.}$$

Beispiel 4.5. Die **Betragsfunktion**

$$f(x) := |x|, \ x \in D_f := \mathbb{R},$$

ist differenzierbar mit Ausnahme des Punktes $x_0 = 0$, denn dort gilt

$$\frac{d^+ f}{dx}(x_0) := \lim_{h \to 0} \frac{f(h) - f(0)}{h} = \lim_{h \to 0+} \frac{|h|}{h} = \lim_{h \to 0+} \frac{h}{h} = +1,$$

$$\frac{d^- f}{dx}(x_0) := \lim_{h \to 0} \frac{f(-h) - f(0)}{-h} = \lim_{h \to 0-} \frac{|-h|}{-h} = -\lim_{h \to 0-} \frac{|-h|}{|-h|} = -1.$$

Wir haben in $x_0 = 0$ verschiedene rechts- und linksseitige Grenzwerte der **Differenzenquotienten**, deshalb existiert $f'(0)$ nicht. Insgesamt gilt

$$\boxed{f'(x) = \begin{cases} +1 & : x > 0, \\ -1 & : x < 0, \\ \nexists & : x = 0 \end{cases}}$$

oder eleganter geschrieben

$$\boxed{(|x|)' = \text{sign } x \text{ für alle } x \neq 0.}$$

Folgerung 4.6. Existiert an einer Stelle $x_0 \in D_f$ nur der links- bzw. rechtsseitige Grenzwert des **Differenzenquotienten** einer Funktion f oder sind die beiden Grenzwerte verschieden, dann nennen wir diese jeweils die links- bzw. rechtsseitige Ableitung von f. Der Limes (4.1) kann also nur als einseitiger Grenzwert existieren und heißt für $h > 0$

1. $\dfrac{d^- f}{dx}(x_0) := \lim\limits_{h \to 0} \dfrac{1}{h} \left[f(x_0 - h) - f(x_0) \right]$ die **linksseitige Ableitung**,

2. $\dfrac{d^+ f}{dx}(x_0) := \lim\limits_{h \to 0} \dfrac{1}{h} \left[f(x_0 + h) - f(x_0) \right]$ die **rechtsseitige Ableitung**

von f in x_0.

Beispiel 4.7. Die **Wurzelfunktion**

$$f(x) := \sqrt{x}, \ x \in D_f := \{ x \in \mathbb{R} : x \geq 0 \}$$

ist differenzierbar mit Ausnahme des Randpunktes $x_0 = 0$, denn dort gilt

$$\frac{d^+ f}{dx}(x_0) = \lim_{h \to 0+} \frac{f(h) - f(0)}{h} = \lim_{h \to 0+} \frac{\sqrt{h}}{h} = \lim_{h \to 0+} \frac{1}{\sqrt{h}} = +\infty.$$

Für $x_0 > 0$ ergibt sich mithilfe des Differenzenquotienten

$$f'(x_0) = \lim_{h \to 0} \frac{f(x_0 + h) - f(x_0)}{h} = \lim_{h \to 0} \frac{\sqrt{x_0 + h} - \sqrt{x_0}}{h}$$

$$= \lim_{h \to 0} \frac{1}{\sqrt{x_0 + h} + \sqrt{x_0}} = \frac{1}{2\sqrt{x_0}}.$$

Somit

$$\boxed{ (\sqrt{x})' = \frac{1}{2\sqrt{x}} \ \text{für alle} \ x > 0. }$$

Beispiel 4.8. Gegeben sei die **Heaviside-Funktion**

$$f(x) := \begin{cases} 1 & : \ x \geq 0, \\ 0 & : \ x < 0, \end{cases} \quad x \in D_f := \mathbb{R}.$$

Die einzig interessante Stelle ist der Punkt $x_0 = 0$. Dort existiert der rechtsseitige Grenzwert des Differenzenquotienten und lautet

$$\frac{d^+ f}{dx}(x_0) = \lim_{h \to 0} \frac{f(x_0 + h) - f(x_0)}{h} = \lim_{h \to 0} \frac{1 - 1}{h} = 0.$$

Der linksseitige Grenzwert des Differenzenquotienten $\frac{d^- f}{dx}(x_0)$ existiert dagegen nicht, da $f(0) \neq 0$ gilt.

Wir **hätten** bei $x_0 = 0$ mit dem tatsächlichen Funktionswert $f(0) = 1$ die Grenzwertbetrachtung

$$\frac{d^- f}{dx}(x_0) = \lim_{h \to 0} \frac{f(x_0 - h) - f(x_0)}{-h} = \lim_{h \to 0} \frac{0 - 1}{-h} = \infty.$$

Beispiel 4.9. Die Signum-Funktion (vgl. Definition 1.2) lautet

$$\text{sign}(x) := \begin{cases} +1 & : \quad x > 0, \\ 0 & : \quad x = 0, \\ -1 & : \quad x < 0, \end{cases}$$

wobei $x \in D_f := \mathbb{R}$. Die beiden einseitigen Ableitungen $\frac{d^\pm f}{dx}(0)$ existieren nicht, da $f(0) \neq \pm 1$. gilt.

Wir **hätten** bei $x_0 = 0$ mit dem tatsächlichen Funktionswert $f(0) = 0$ die Grenzwertbetrachtungen

$$\frac{d^\pm f}{dx}(x_0) = \lim_{h \to 0} \frac{f(x_0 \pm h) - f(x_0)}{\pm h} = \lim_{h \to 0} \frac{\pm 1 - 0}{\pm h} = \infty.$$

Beispiel 4.10. Gegeben sei die stetige Funktion

$$f(x) := x|x|, \quad x \in D_f = \mathbb{R}.$$

Diese Abbildung kann auch in der Form

$$f(x) = \begin{cases} x^2 & : \ x \geq 0, \\ -x^2 & : \ x < 0 \end{cases}$$

geschrieben werden (vgl. Beispiel 3.30). An der Stelle $x_0 = 0$ stimmen rechts- und linksseitiger Grenzwert der Differenzenquotienten überein. Für beide gilt

$$\frac{d^\pm f}{dx}(x_0) = \lim_{h \to 0} \frac{f(x_0 \pm h) - f(x_0)}{\pm h} = \pm \lim_{h \to 0\pm} h = 0.$$

Somit ist f auf ganz D_f (insbesondere für $x_0 = 0$) differenzierbar und gemäß Beispiel 4.3 gilt

$$(x|x|)' = \begin{cases} 2x & : \ x \geq 0, \\ -2x & : \ x < 0. \end{cases}$$

Die Beispiele des gegenwärtigen Abschnittes beherbergen verschieden Eigenschaften hinsichtlich der Differentiation, welche nun systematisch zusammengefasst und verallgemeinert werden.

Satz 4.11. Sei $f : D_f \to \mathbb{R}$, $D_f \subset \mathbb{R}$.

1. Ist f im Punkt $x_0 \in D_f$ differenzierbar, dann ist f im Punkt $x_0 \in D_f$ auch stetig. Die Umkehrung gilt nicht.

2. Stimmen links- und rechtsseitiger Grenzwert der Differenzenquotienten von f im Punkt $x_0 \in D_f$ überein, dann ist f im Punkt $x_0 \in D_f$ auch differenzierbar. Die Umkehrung gilt natürlich auch.

3. Ist f im Punkt $x_0 \in D_f$ unstetig, dann kann dort keine Ableitung vorliegen.

Beweis. Sei $f : D_f \to \mathbb{R}$ und $x_0 \in D_f$. Dann gelten:

1. Die Stetigkeit resultiert aus der Beziehung

$$\lim_{h \to 0} \left(f(x_0 + h) - f(x_0) \right) = \lim_{h \to 0} \frac{f(x_0 + h) - f(x_0)}{h} \cdot h = f'(x_0) \cdot 0 = 0.$$

Dass die Umkehrung nicht gilt, belegt Beispiel 4.5 für $x_0 = 0$.

2. Bei den beiden einseitigen Differenzenquotienten wird stets von $h > 0$ ausgegangen, beim Differenzenquotienten vom vorzeichenunabhängigen $h \in \mathbb{R}$, was der Sachverhalt erklärt.

3. An Unstetigkeitsstellen existiert höchstens eine der beiden einseitigen Ableitungen.

qed

Bemerkung 4.12. I. Allg. gilt der Zusammenhang:

$$\lim_{x \to x_0\pm} f'(x) \neq \lim_{x \to x_0\pm} \frac{f(x) - f(x_0)}{x - x_0}. \tag{4.2}$$

Beispiel 4.9 bestätigt obige Bemerkung, denn für $x \neq 0$ resultiert

$$\big(\operatorname{sign}(x)\big)' := \begin{cases} 0 & : \ x > 0, \\ 0 & : \ x < 0 \end{cases}$$

und somit gilt für die beiden Grenzwerte der Ableitungsfunktion

$$\lim_{x \to 0\pm} \big(\operatorname{sign}(x)\big)' = 0.$$

Gleichzeitig wissen wir, dass die beiden einseitigen Ableitungen, also die Grenzwerte der entsprechenden Differenzenquotienten $\frac{d^{\pm}\operatorname{sign}}{dx}(x_0)$ für $x_0 = 0$ nicht existieren.

Beispiel 4.13. Gegeben seien die Funktionen $f(x) := \sin(x)$ und $g(x) := \cos(x)$ mit $D_f = D_g = \mathbb{R}$. Wir berechnen die Ableitung des Produktes der beiden trigonometrischen Funktionen

$$f(x)g(x) := \sin(x)\cos(x), \quad x \in D_f \cap D_g := \mathbb{R}.$$

Mithilfe des Differenzenquotienten ergibt sich folgende längere Rechnung:

$$\begin{aligned}
\big(f(x)g(x)\big)' &= \lim_{h \to 0} \frac{f(x_0+h)g(x_0+h) - f(x_0)g(x_0)}{h} \\[2mm]
&= \lim_{h \to 0} \frac{\sin(x_0+h)\cos(x_0+h) - \sin(x_0)\cos(x_0)}{h} \\[2mm]
&\overset{(*)}{=} \lim_{h \to 0} \frac{\sin(x_0+h)\cos(x_0+h) - \sin(x_0+h)\cos(x_0)}{h} \\[2mm]
&\quad + \lim_{h \to 0} \frac{\sin(x_0+h)\cos(x_0) - \sin(x_0)\cos(x_0)}{h} \\[2mm]
&= \lim_{h \to 0} \frac{\sin(x_0+h)\big[\cos(x_0+h) - \cos(x_0)\big]}{h} \\[2mm]
&\quad + \lim_{h \to 0} \frac{\cos(x_0)\big[\sin(x_0+h) - \sin(x_0)\big]}{h} \\[2mm]
&\overset{(**)}{=} \sin(x_0) \underbrace{\lim_{h \to 0} \frac{\cos(x_0+h) - \cos(x_0)}{h}}_{(I)} \\[2mm]
&\quad + \cos(x_0) \underbrace{\lim_{h \to 0} \frac{\sin(x_0+h) - \sin(x_0)}{h}}_{(II)},
\end{aligned}$$

wobei in $(*)$ der Differenzenquotient durch den Term

$$-\sin(x_0 + h)\cos(x_0) + \sin(x_0 + h)\cos(x_0) = 0$$

ergänzt und in $(**)$ bereits der Grenzübergang

$$\lim_{h \to 0} \sin(x_0 + h) = \sin(x_0)$$

durchgeführt wurde. Wir berechnen die Grenzwerte (I) und (II) unter Zuhilfenahme der Additionstheoreme für cos und sin (siehe Rechenregeln 1.78). Wir erhalten

$$(I): \underbrace{\lim_{h \to 0} \frac{\cos(x_0 + h) - \cos(x_0)}{h}}_{= \left(\cos(x_0)\right)'} = \lim_{h \to 0} \frac{\cos(x_0)\left[\cos(h) - 1\right] - \sin(x_0)\sin(h)}{h}$$

$$= \cos(x_0) \underbrace{\lim_{h \to 0} \frac{\cos(h) - 1}{h}}_{= 0} - \sin(x_0) \underbrace{\lim_{h \to 0} \frac{\sin(h)}{h}}_{= 1} = \boxed{-\sin(x_0)}.$$

$$(II): \underbrace{\lim_{h \to 0} \frac{\sin(x_0 + h) - \sin(x_0)}{h}}_{= \left(\sin(x_0)\right)'} = \lim_{h \to 0} \frac{\sin(x_0)\left[\cos(h) - 1\right] + \cos(x_0)\sin(h)}{h}$$

$$= \sin(x_0) \underbrace{\lim_{h \to 0} \frac{\cos(h) - 1}{h}}_{= 0} + \cos(x_0) \underbrace{\lim_{h \to 0} \frac{\sin(h)}{h}}_{= 1} = \boxed{\cos(x_0)}.$$

Insgesamt ergibt sich damit

$$\boxed{\left(\sin(x)\cos(x)\right)' = -\sin^2(x) + \cos^2(x) \text{ für alle } x \in \mathbb{R}.}$$

Beispiel 4.14. Gegeben sei die **Tangens-Funktion** definiert durch

$$\tan(x) := \frac{\sin(x)}{\cos(x)}, \quad x \in D_{\tan} := \{x \in \mathbb{R} : x \neq \left(k + \frac{1}{2}\right)\pi, \, k \in \mathbb{Z}\}.$$

Mithilfe des Differenzenquotienten und den Resultaten aus dem vorangegangenen Beispiel erhalten wir folgende Berechnung:

$$\big(\tan(x)\big)' = \lim_{h \to 0} \frac{1}{h} \left[\frac{\sin(x_0 + h)}{\cos(x_0 + h)} - \frac{\sin(x_0)}{\cos(x_0)} \right]$$

$$= \lim_{h \to 0} \frac{1}{\cos(x_0)\cos(x_0 + h)} \left[\cos(x_0) \frac{\sin(x_0 + h) - \sin(x_0)}{h} \right]$$

$$- \lim_{h \to 0} \frac{1}{\cos(x_0)\cos(x_0 + h)} \left[\sin(x_0) \frac{\cos(x_0 + h) - \cos(x_0)}{h} \right]$$

$$= \frac{1}{\cos^2(x_0)} \cos(x_0) \lim_{h \to 0} \frac{\sin(x_0 + h) - \sin(x_0)}{h}$$

$$- \lim_{h \to 0} \frac{1}{\cos^2(x_0)} \sin(x_0) \lim_{h \to 0} \frac{\cos(x_0 + h) - \cos(x_0)}{h}$$

$$= \frac{\cos^2(x_0) + \sin^2(x_0)}{\cos^2(x_0)} = \frac{1}{\cos^2(x_0)}.$$

Somit

$$\boxed{\big(\tan(x)\big)' = \frac{1}{\cos^2(x)} \ \text{ für alle } x \in D_{\tan}.}$$

Entsprechendes ergibt sich für die **Cotangens-Funktion**

$$\cot(x) := \frac{\cos(x)}{\sin(x)}, \ \ x \in D_{\cot} = \{x \in \mathbb{R} : x \neq k\pi, k \in \mathbb{Z}\}.$$

Wir erhalten

$$\boxed{\big(\cot(x)\big)' = \frac{-1}{\sin^2(x)} \ \text{ für alle } x \in D_{\cot}.}$$

4.2 Ableitungsregeln

Das letzten beiden Beispiele 4.13 und 4.14 haben gezeigt, dass die Berechnung der Ableitungen elememtarer Funktionen mithilfe von Differenzenquotienten überaus umfangreich werden können. Deshalb formulieren wir eine Reihe von Differentiationsregeln um damit komplizierte Grenwertbestimmungen zu vereinfachen oder gar zu vermeiden.

Satz 4.15 (Summen-, Produkt-, Quotientenregel). Die Funktionen $f, g : \mathbb{R} \to \mathbb{R}$ seien im Punkt $x_0 \in D_f \cap D_g \subset \mathbb{R}$ differenzierbar. Dann sind $f \pm g$, $f \cdot g$ und für $g(x_0) \neq 0$ auch f/g in diesem Punkt differenzierbar. Es gelten folgende Regeln:

$$(f \pm g)'(x_0) = f'(x_0) \pm g'(x_0) \qquad \text{(Summenregel)}.$$

$$(f \cdot g)'(x_0) = f'(x_0)g(x_0) + f(x_0)g'(x_0) \qquad \text{(Produktregel)}.$$

$$\left(\frac{f(x_0)}{g(x_0)}\right)' = \frac{f'(x_0)g(x_0) - f(x_0)g'(x_0)}{g^2(x_0)} \qquad \text{(Quotientenregel)}.$$

Beispiel 4.16. Gegeben sei die **rationale Funktion**

$$r(x) := \frac{x^5 - 3x^2 + 5x - 2}{(x-2)^2(x+1)}, \quad x \in D_r := \mathbb{R} \setminus \{-1, 2\}.$$

Mit der Quotientenregel ergibt sich nach einer kurzen Rechnung

$$\left(\frac{x^5 - 3x^2 + 5x - 2}{(x-2)^2(x+1)}\right)'$$

$$= \frac{(5x^4 - 6x + 5)(x-2)^2(x+1) - (x^5 - 3x^2 + 5x - 2)(x-2)3x}{(x-2)^4(x+1)^2}$$

$$= \frac{2x^6 - 5x^5 - 10x^4 + 3x^3 - 4x^2 + 13x - 10}{(x-2)^3(x+1)^2} \quad \text{für alle } x \in D_r.$$

Mithilfe des Differenzenquotienten würden sich die Berechnungen extrem in die Länge ziehen.

Die nun folgende **Kettenregel** für die Komposition von Funktionen ist eine der wichtigsten Differentiationsregeln:

Satz 4.17 (Kettenregel). Für die Funktionen $f, g : \mathbb{R} \to \mathbb{R}$ sei durch $f \circ g$ die Komposition zumindest in einem offenen Intervall $I \subseteq D_g \subset \mathbb{R}$ erklärt. Sind die Funktionen g im Punkt $x_0 \in I$ und f im Punkt $g(x_0)$ differenzierbar, dann ist auch $f \circ g$ in x_0 differenzierbar und es gilt die Kettenregel

$$(f \circ g)'(x_0) = \big(f(g(x_0))\big)' = f'\big(g(x_0)\big) \cdot g'(x_0).$$

Beispiel 4.18. Die Ableitung der abklingenden Exponentialfunktion

$$f(x) := e^{-x} = \frac{1}{e^x}, \quad x \in D_f := \mathbb{R},$$

kann sowohl mit der Quotienten- als auch mit der Kettenregel abgeleitet werden. Es gilt zunächst für ein beliebiges $x_0 \in \mathbb{R}$

$$\left(\frac{1}{e^{x_0}}\right)' = \frac{-e^{x_0}}{e^{2x_0}} = -e^{-x_0}.$$

Mit $f(y) = e^y$ und $g(x) = -x$ ist $(f \circ g)(x) = f(g(x) = e^{-x}$, also ergibt sich

$$\big(f(g(x_0))\big)' = f'\big(g(x_0)\big) \cdot g'(x_0) = e^{-x_0} \cdot (-1).$$

Zusammenfassend ist also

$$\boxed{\left(e^{-x}\right)' = -e^{-x} \text{ für alle } x \in D_f.}$$

Beispiel 4.19. Die beiden auf ganz $\mathbb{R}$ definierten Hyperbelfunktionen Cosinus hyperbolicus und Sinus hyperbolicus sind lineare Kombinationen der Exponentialfunktion wie folgt:

$$\cosh x = \frac{e^x + e^{-x}}{2},$$

$$\sinh x = \frac{e^x - e^{-x}}{2}.$$

Aus der Summenregel der Differentiation und dem Beispiel davor resultiert

$$(\cosh x)' = \frac{e^x - e^{-x}}{2} = \sinh x,$$

$$(\sinh x)' = \frac{e^x + e^{-x}}{2} = \cosh x.$$

Es gilt der Zusammenhang

$$\cosh^2 x - \sinh^2 x = 1. \tag{4.3}$$

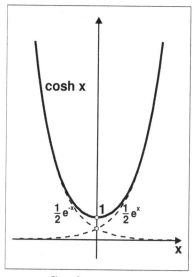

Graph von cosh x

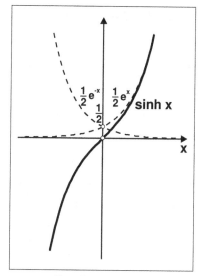

Graph von sinh x

Beispiel 4.20. Wir leiten die auf $D_f := \{x \in \mathbb{R} : -1 \leq x \leq 1$ stetige Funktion

$$f(x) := \sqrt{1 - |x|}$$

ab. Die Kettenregel liefert

$$f'(x) = \begin{cases} \dfrac{-1}{2\sqrt{1-x}} & : x > 0, \\[3mm] \dfrac{1}{2\sqrt{1+x}} & : x < 0. \end{cases}$$

Mit der Beziehung $x/|x| = \pm 1$ gilt dann

$$\boxed{\left(\sqrt{1 - |x|}\right)' = -\frac{x}{2|x|\sqrt{1 - |x|}} \text{ für alle } x \in D_f \setminus \{0\}.}$$

Als einfache Übung bestätigen Sie, dass die einseitigen Ableitungen mit den beidseitigen Grenzwerten der Ableitungsfunktion im folgenden Sinne übereinstimmen (vgl. dazu auch Satz 4.11):

$$\frac{d^{\pm} f}{dx}(0) = \lim_{x \to 0\pm} f'(x) = \mp\frac{1}{2}.$$

Im Nullpunkt hat f natürlich keine Ableitung.

Beispiel 4.21. Wir berechnen jetzt an der Stelle $x_0 = 1$ die Tangente

$$T(x) = f(x_0) + f'(x_0)(x - x_0)$$

der Abbildung

$$f(x) := \sqrt{e^{\sqrt{x}-1}}, \quad D_f = \{x \in \mathbb{R} : x \geq 0\}.$$

Zweifache Anwendung der Kettenregel liefert

$$f'(x) = \frac{e^{\sqrt{x}-1} \cdot \frac{1}{2\sqrt{x}}}{2\sqrt{e^{\sqrt{x}-1}}} = \frac{e^{\sqrt{x}-1} \cdot \frac{1}{2\sqrt{x}} \cdot \sqrt{e^{\sqrt{x}-1}}}{2\sqrt{e^{\sqrt{x}-1}} \cdot \sqrt{e^{\sqrt{x}-1}}}$$

$$= \frac{\sqrt{e^{\sqrt{x}-1}}}{4\sqrt{x}}.$$

Mit $f(1) = 1$ resultiert daraus

$$T(x) = 1 + \frac{1}{4}(x - 1).$$

Die Berechnung der Ableitung des Logarithmus mithilfe des Differenzenquotienten, wie es im Beispiel 4.4 b) durchgeführt wurde, erwies sich als sehr trickreich. Es wurde soz. ein „Umweg" über die Expoentialfunktion eingeschlagen. Dahinter verbirgt sich folgende allgemeine Regel:

Satz 4.22 (Ableitung der Umkehrfunktion). Die reelle Funktion $y = f(x)$ sei auf einem Intervall $I \subseteq \mathbb{R}$ stetig und besitze die Umkehrfunktion $f^{-1} : f(I) \to \mathbb{R}$. Ist f im Punkt $x_0 \in I$ differenzierbar mit $f'(x_0) \neq 0$, so ist auch f^{-1} im Punkt $y_0 := f(x_0)$ differenzierbar und es gilt

$$\left(f^{-1}\right)'(y_0) = \frac{1}{f'(x_0)} = \frac{1}{f'\left(f^{-1}(y_0)\right)}.$$

Beweis. Für eine beliebige Nullfolge $0 \neq \varepsilon_n \in \mathbb{R}$ mit $y_0 + \varepsilon_n \in f(I)$ setzen wir $x_n := f^{-1}(y_0 + \varepsilon_n)$. Da die Umkehrfunktion f^{-1} stetig ist, folgern wir $\lim_{n \to \infty} x_n = f^{-1}(y_0) = x_0$. Damit ergibt sich (vgl. Beispiel 4.4 b)):

$$\left(f^{-1}\right)'(y_0) = \lim_{n \to \infty} \frac{f^{-1}(y_0 + \varepsilon_n) - f^{-1}(y_0)}{\varepsilon_n} = \lim_{n \to \infty} \frac{x_n - x_0}{f(x_n) - f(x_0)}$$

$$= \lim_{n \to \infty} \left(\frac{f(x_n) - f(x_0)}{x_n - x_0}\right)^{-1} = \frac{1}{f'(x_0)}.$$

qed

Besondere Aufmerksamkeit widmen wir dem nun folgenden

Beispiel 4.23. Gegeben seien die beiden Funktionen

$$h(x) := \arctan x, \qquad x \in D_h := \mathbb{R},$$

$$g(x) := \arctan\left(\frac{1+x}{1-x}\right), \quad x \in D_g := \mathbb{R} \setminus \{1\}.$$

Wir beginnen mit h und verwenden zur Bestimmung der Ableitung Satz 4.22, indem wir h als die Inverse von $\tan$ betrachten. Damit gilt

$$(\arctan y_0)' = \frac{1}{(\tan x_0)'}\Big|_{x_0 = \arctan y_0} = \frac{1}{\dfrac{1}{\cos^2(\arctan y_0)}}$$

$$= \frac{1}{\dfrac{\cos^2(\arctan y_0) + \sin^2(\arctan y_0)}{\cos^2(\arctan y_0)}}$$

$$= \frac{1}{1 + \tan^2(\arctan y_0)} = \frac{1}{1 + y_0^2},$$

da $\cos^2(x) + \sin^2(x) = 1$ für alle $x \in \mathbb{R}$.

Zusammenfassend ist also

$$\boxed{(\arctan x)' = \frac{1}{1 + x^2} \text{ für alle } x \in D_h.}$$

Mit diesem Resultat erhalten wir in Verbindung mit der Kettenregel

$$g'(x) = \frac{1}{1 + \left(\dfrac{1+x}{1-x}\right)^2} \cdot \frac{2}{(1-x)^2} = \frac{1}{1+x^2}.$$

Es gilt auch hier

$$\left(\arctan\left(\frac{1+x}{1-x}\right)\right)' = \frac{1}{1+x^2} \text{ für alle } x \in D_g.$$

Wir haben das äußerst überraschende Ergebnis

$$h'(x) = g'(x) \text{ bzw. } g'(x) - h'(x) = 0 \text{ für alle } \mathbb{R} \setminus \{1\}. \qquad (4.4)$$

Was verbirgt sich also hinter diesem Resultat? Wir klären auf!

Zunächst gelten

$$\lim_{x \to 1^{\pm}} \frac{1+x}{1-x} = \lim_{x \to 1^{\pm}} \left(-1 - \frac{2}{1-x}\right) = \mp\infty,$$

$$\lim_{x \to \pm\infty} \frac{1+x}{1-x} = \lim_{x \to \pm\infty} \left(-1 - \frac{2}{1-x}\right) = -1.$$

Daraus ergeben sich wegen der Stetigkeit des arctan die Grenzwerte

$$\lim_{x \to 1^{\pm}} \arctan\left(\frac{1+x}{1-x}\right) = \mp\frac{\pi}{2} \qquad (4.5)$$

und

$$\lim_{x \to \pm\infty} \arctan\left(\frac{1+x}{1-x}\right) = \arctan(-1) = -\frac{\pi}{4}. \qquad (4.6)$$

Bei $x = 1$ liegt demnach ein **Sprung** der Höhe π vor.

Für die **Differenz** $f := g - h$ gelten mit $\arctan 1 = \pi/4$ und den Grenzwerten (4.6) und (4.5) folgende Auswertungen:

$$\lim_{x \to 1^+} f(x) = -\frac{3}{4}\pi \text{ und } \lim_{x \to +\infty} f(x) = -\frac{3}{4}\pi,$$

$$\lim_{x \to 1^-} f(x) = \frac{1}{4}\pi \text{ und } \lim_{x \to -\infty} f(x) = \frac{1}{4}\pi.$$

Da zudem $f'(x) = 0$ für $x \neq 1$, folgern wir die Darstellung

$$f(x) = \begin{cases} -\dfrac{3}{4}\pi & : \quad x > 1, \\[2mm] \dfrac{1}{4}\pi & : \quad x < 1. \end{cases} \qquad (4.7)$$

Demnach unterscheiden sich h und g auf den beiden Ästen $(-\infty, 1)$ und $(1, \infty)$ jeweils nur durch eine Konstante, womit die anfängliche Verblüffung bei (4.4) jetzt zum Aha-Effekt umschlagen sollte.

Beispiel 4.24. Auf ähnliche Art und Weise werden die Ableitungen der anderen sog. **zyklometrischen Funktionen** (siehe Beispiel 3.10) berechnet. Wir fassen zusammen:

$$
\begin{aligned}
\left(\arcsin x\right)' &= \frac{1}{\sqrt{1-x^2}} \quad \text{für alle } x \in (-1,+1), \\
\left(\arccos x\right)' &= \frac{-1}{\sqrt{1-x^2}} \quad \text{für alle } x \in (-1,+1), \\
\left(\arctan x\right)' &= \frac{1}{1+x^2} \quad \text{für alle } x \in \mathbb{R}, \\
\left(\operatorname{arccot} x\right)' &= \frac{-1}{1+x^2} \quad \text{für alle } x \in \mathbb{R}.
\end{aligned}
$$

Beispiel 4.25. Völlig analog zu Beispiel 4.23 verhält sich

$$ f(x) := \arcsin x + \arcsin\left(\operatorname{sign} x \cdot \sqrt{1-x^2}\right). $$

Hieraus resultiert die Darstellung

$$
f(x) = \begin{cases} \dfrac{\pi}{2} &: \ x \in (0,1], \\[2mm] -\dfrac{\pi}{2} &: \ x \in [-1,0). \end{cases}
$$

Es lohnt sich, dies zu überprüfen!

Ein ähnliches Resultat liefert auch

$$ g(x) := \arccos x + \arccos\left(\operatorname{sign} x \cdot \sqrt{1-x^2}\right). $$

Beispiel 4.26. Die Beziehung (4.7) kann auch ohne Differentialrechnung hergeleitet werden. Dazu verwenden wir das Additionstheorem

$$ \tan(\alpha - \beta) = \frac{\tan \alpha - \tan \beta}{1 + \tan \alpha \cdot \tan \beta}, $$

welches sehr einfach mit den Additionstheoremen 1.78 für cos und sin als empfehlenswerte Übung nachgerechnet werden kann. Mit

$$ \alpha := \arctan\left(\frac{1+x}{1-x}\right) \quad \text{und} \quad \beta := \arctan x $$

erhalten wir damit

$$ \tan(\alpha - \beta) = \frac{\frac{1+x}{1-x} - x}{1 + \frac{1+x}{1-x} x} = \frac{(1+x) - x(1-x)}{(1-x) + x(1+x)} = \frac{1+x^2}{1+x^2} = 1. $$

Die Periodizität des Tangens liefert gemäß (1.70) die Beziehung

$$f(x) := \underbrace{\arctan\left(\frac{1+x}{1-x}\right) - \arctan x}_{= \alpha - \beta} = \frac{\pi}{4} + k\pi, \ k \in \mathbb{Z}.$$

Da beispielsweise

$$f(0) = \pi/4 \ \text{und} \ \lim_{x \to +\infty} f(x) = -\frac{3}{4}\pi,$$

lässt sich Darstellung (4.7) folgern, also

$$k = -1 \ \text{auf} \ (1, \infty) \ \text{und} \ k = 0 \ \text{auf} \ (-\infty, 1).$$

4.3 Regeln von L'Hospital

Wir greifen nochmals Grenzwertbetrachtungen von Funktionen auf und formulieren dazu einige Beispiele.

Beispiele 4.27. Sei dazu $x \in (0, \infty)$, dann erhalten wir

a) $\lim\limits_{x \to 0} \dfrac{x}{\cos x} = \boxed{\dfrac{0}{1} = 0}$,

b) $\lim\limits_{x \to 0} \dfrac{\cos x}{x} = \boxed{\dfrac{1}{0} = \infty}$,

c) $\lim\limits_{x \to 0} \dfrac{\cos x}{\cot x} = \boxed{\dfrac{1}{\infty} = 0}$,

d) $\lim\limits_{x \to 0} \dfrac{\cot x}{\cos x} = \boxed{\dfrac{\infty}{1} = \infty}$,

e) $\lim\limits_{x \to \infty} \left(e^x + x^2\right) = \boxed{\infty + \infty = \infty}$.

Wir verallgemeinern bzw. ergänzen obige **formale** Rechenregeln in der nachfolgenden Tabelle. Dazu bezeichnen f, g, h reellwertige Funktionen mit den uneigentlichen Grenzwerten

$$\lim f(x) = \lim h(x) = +\infty$$

und dem Grenzwert

$$\lim g(x) = r \in \mathbb{R}.$$

	Limes–Regel	Formale Rechenregel
(i)	$\lim [f(x) + g(x)] = +\infty$	$\infty + r = \infty$ für alle $r \in \mathbb{R}$
(ii)	$\lim [f(x)\,g(x)] = +\infty$ falls $r > 0$	$\infty \cdot r = \infty$ für alle $r > 0$
(iii)	$\lim [f(x)\,h(x)] = +\infty$	$\infty \cdot \infty = \infty$
(iv)	$\lim [f(x) + h(x)] = +\infty$	$\infty + \infty = \infty$
(v)	$\lim \dfrac{g(x)}{f(x)} = 0$	$\dfrac{r}{\infty} = 0$ für alle $r \in \mathbb{R}$
(vi)	$\lim \dfrac{f(x)}{g(x)} = +\infty$ falls $r > 0$	$\dfrac{\infty}{r} = \infty$ für alle $r > 0$

(4.8)

Bemerkung 4.28. Es fehlen noch formale Rechenregeln für die **unbe-stimmten** Ausdrücke

$$\frac{0}{0}, \ \frac{\infty}{\infty}, \ 0 \cdot \infty, \ \infty - \infty.$$

Diese Rechenregeln können i. Allg. nicht durch algebraische Operationen aus den Grenzwerten der einzelnen Funktionen erschlossen werden.

Erinnern wir uns nochmals gemäß (3.12) an den Grenzwert von $\frac{\sin x}{x}$. Wir haben hier den unbestimmten Fall

$$\lim_{x \to 0} \frac{\sin x}{x} = \frac{0}{0}.$$

Mit Hilfe des Strahlensatzes und des Sandwichprinzips (2.5) konnte der Grenzwert 1 ermittelt werden. Dass die Bestimmung des Grenzwertes deutlich einfacher funktioniert, belegt der nun folgende Satz:

Satz 4.29 (Regel von L'Hospital für $\frac{0}{0}$). Die reellen Funktionen $f, g \in \text{Abb}(\mathbb{R}, \mathbb{R})$ seien differenzierbar im gelochten Intervall $(a, b) \setminus \{x_0\}$ und es gelte

$$\lim_{x \to x_0} f(x) = 0 = \lim_{x \to x_0} g(x), \quad g'(x) \neq 0 \;\forall\, x \in (a, b) \setminus \{x_0\}.$$

Existiert der Grenzwert $c := \lim_{x \to x_0} f'(x)/g'(x)$, so gilt für den unbestimmten Ausdruck

$$\lim_{x \to x_0} \frac{f(x)}{g(x)} = \lim_{x \to x_0} \frac{f'(x)}{g'(x)} = c. \tag{4.9}$$

Es kann auch $x_0 = a$ oder $x_0 = b$ gelten (einseitige Grenzwerte). Ferner sind die Fälle $x_0 = a = -\infty$ oder $x_0 = b = +\infty$ zugelassen, ebenso die uneigentlichen Grenzwerte $c = \pm\infty$.

Beispiele 4.30. Einige der nachfolgenden Grenzwerte der unbestimmten Form $\boxed{\frac{0}{0}}$ wurden bereits mit algebraischen Methoden in Abschnitt 3.2 berechnet. Wir verwenden jetzt die Regel von L'Hospital und kennzeichnen die entsprechenden Stellen mit L'H.

a) $\displaystyle\lim_{x \to 0} \frac{\sin x}{x} \overset{L'H}{=} \lim_{x \to 0} \frac{\cos x}{1} = 1.$

b) $\displaystyle\lim_{x \to 0} \frac{e^{ax} - 1}{x} \overset{L'H}{=} \lim_{x \to 0} \frac{a e^{ax}}{1} = a.$

c) $\displaystyle\lim_{x \to 0} \frac{\tan x}{x} = \lim_{x \to 0} \frac{1/\cos^2 x}{1} = 1.$

Bemerkung 4.31. Die Regel von L'Hospital gilt auch für den unbestimmten Fall

$$\lim_{x \to x_0} \frac{f(x)}{g(x)} = \frac{\infty}{\infty}.$$

Beispiele 4.32. Jetzt bestimmen wir Grenzwerte der unbestimmten Form $\boxed{\frac{\infty}{\infty}}$ mit der Regel von L'Hospital und kennzeichnen die entsprechenden Stellen auch hier mit L'H.

a) $\displaystyle\lim_{x \to \infty} \frac{x}{e^x} \overset{L'H}{=} \lim_{x \to \infty} \frac{1}{e^x} = 0.$

b) $\displaystyle\lim_{x\to\infty}\frac{\ln x}{e^x}\overset{L'H}{=}\lim_{x\to\infty}\frac{1/x}{e^x}=\lim_{x\to\infty}\frac{1}{xe^x}=0.$

c) $\displaystyle\lim_{x\to\infty}\frac{\ln x}{x^n}\overset{L'H}{=}\lim_{x\to\infty}\frac{1/x}{nx^{n-1}}=\lim_{x\to\infty}\frac{1}{nx^n}=0.$

Führt die Anwendung der Regel von L'Hospital wieder auf einen unbestimmten Fall, darf die Regel solange weitergeführt werden, bis sich ein erlaubter formaler Ausdruck ergibt.

Beispiele 4.33. In den nachfolgenden Grenzwertbestimmungen treten bei der Anwendung der Regel von L'Hospital die unbestimmten Fälle $\frac{0}{0}$ und $\frac{\infty}{\infty}$ jeweils mehrfach hintereinander auf.

a) $\displaystyle\lim_{x\to 0}\frac{x-\sin x}{x\sin x}\overset{L'H}{=}\lim_{x\to 0}\frac{1-\cos x}{\sin x+x\cos x}\overset{L'H}{=}\lim_{x\to 0}\frac{\sin x}{2\cos x-x\sin x}=0.$

b) $\displaystyle\lim_{x\to\infty}\frac{x^2e^x}{(e^x-1)^2}\overset{L'H}{=}\lim_{x\to\infty}\frac{2x+x^2}{2(e^x-1)}\overset{L'H}{=}\lim_{x\to\infty}\frac{2+2x}{2e^x}\overset{L'H}{=}\lim_{x\to\infty}\frac{2}{2e^x}=0.$

Beispiel 4.34. Wie oft muss die Regel von L'Hospital im nachfolgenden Beispiel angewandt werden, um auf einen auswertbaren Ausdruck zu kommen? Hier ist die Antwort:

$$\lim_{x\to\infty}\frac{x^n}{e^x}\overset{L'H}{=}\underbrace{\lim_{x\to\infty}\frac{nx^{n-1}}{e^x}\overset{L'H}{=}\cdots\overset{L'H}{=}}_{n-\text{mal}}\lim_{x\to\infty}\frac{n!}{e^x}=0.$$

Beispiel 4.35. Etwas unfangreicher wird die Grenzwertbestimmung für

$$\lim_{x\to\frac{\pi}{2}}\frac{\tan(3x)}{\tan x}=?$$

Hier liegt der unbestimmte Fall $\frac{\infty}{\infty}$ vor. Die Anwendung der Regel von L'Hospital führt zunächst auf

$$\lim_{x\to\frac{\pi}{3}}\frac{\tan(3x)}{\tan x}\overset{L'H}{=}\lim_{x\to\frac{\pi}{2}}\frac{3/\cos^2(3x)}{1/\cos^2 x}=\lim_{x\to\frac{\pi}{2}}\frac{3\cos^2 x}{\cos^2(3x)},$$

also auf den jetzt unbestimmten Fall $\frac{0}{0}$. Bevor wir erneut die besagte Regel anwenden, formen wir zuerst an der nachfolgenden mit $(*)$ markierten Stelle um und differenzieren erst dann gemäß L'Hospital. Wir erhalten

$$\lim_{x \to \frac{\pi}{2}} \frac{3\cos^2 x}{\cos^2(3x)} \overset{(*)}{=} 3 \cdot \left(\lim_{x \to \frac{\pi}{2}} \frac{\cos x}{\cos(3x)} \right)^2$$

$$\overset{L'H}{=} 3 \cdot \left(\lim_{x \to \frac{\pi}{2}} \frac{\sin x}{3\sin(3x)} \right)^2 = 3 \cdot \left(\frac{1}{3 \cdot (-1)} \right)^2 = \frac{1}{3}.$$

Zusammenfassend ist also

$$\lim_{x \to \frac{\pi}{2}} \frac{\tan(3x)}{\tan x} = \frac{1}{3}.$$

Wenn obige Umformung bei $(*)$ nicht durchgeführt wird, sind noch zwei weitere L'Hospital-Schritte notwendig, um ans Ziel zu gelangen. Dies nachzurechnen überlasse ich Ihnen.

Wir kommen zu Beispielen, bei denen die Regel von L'Hospital aus **unterschiedlichen** Gründen nicht greift.

Gegenbeispiele 4.36. Bei den Berechnungen nachfolgender Grenzwerte mithilfe von L'Hospital wird es uns schwindelig, wie Sie in wenigen Momenten gesehen haben werden.

a) Sei

$$\lim_{x \to \infty} \frac{f(x)}{g(x)} := \lim_{x \to \infty} \frac{x}{\sqrt{1 + x^2}}.$$

Wir haben die vielversprechende Situation

$$\lim_{x \to \infty} \frac{f(x)}{g(x)} = \frac{\infty}{\infty}.$$

Dummerweise drehen wir uns nur im Kreis, denn

$$\frac{f'(x)}{g'(x)} = \frac{\sqrt{1 + x^2}}{x} = \frac{g(x)}{f(x)},$$

$$\frac{f''(x)}{g''(x)} = \frac{x}{\sqrt{1 + x^2}} = \frac{f(x)}{g(x)},$$

$$\vdots$$

Tatsächlich bekommen wir mit algebraischen Umformungen

$$\lim_{x \to \infty} \frac{f(x)}{g(x)} = \lim_{x \to \infty} \frac{x \cdot \frac{1}{x}}{\sqrt{1 + x^2} \cdot \frac{1}{x}} = \lim_{x \to \infty} \frac{1}{\sqrt{\frac{1}{x^2} + 1}} = 1.$$

b) Ähnlich ergeht es uns mit

$$\lim_{x\to\infty} \frac{f(x)}{g(x)} := \lim_{x\to\infty} \frac{e^x - e^{-x}}{e^x + e^{-x}}.$$

Wir haben auch hier die Situation

$$\lim_{x\to\infty} \frac{f(x)}{g(x)} = \frac{\infty - 0}{\infty + 0} = \frac{\infty}{\infty}.$$

Und schon wieder drehen wir uns nur im Kreis, denn

$$\frac{f'(x)}{g'(x)} = \frac{e^x + e^{-x}}{e^x - e^{-x}} = \frac{g(x)}{f(x)},$$

$$\frac{f''(x)}{g''(x)} = \frac{e^x - e^{-x}}{e^x + e^{-x}} = \frac{f(x)}{g(x)},$$

$$\vdots$$

Algebraische Umformungen ergeben

$$\lim_{x\to\infty} \frac{f(x)}{g(x)} = \lim_{x\to\infty} \frac{1 - e^{-2x}}{1 + e^{-2x}} = 1.$$

Bei manchen Grenzwertbestimmungen sind die Voraussetzung des Satzes 4.29 nicht erfüllt, weshalb die Anwendung der Regel von L'Hospital also nicht möglich ist.

Gegenbeispiel 4.37. Wir haben auch hier wieder den vielversprechenden Fall

$$\lim_{x\to\infty} \frac{\sin x + x}{\cos x + x} = \frac{\infty}{\infty},$$

denn hier greift die in (4.8) formulierte Limesregel (i), welche auch dann Gültigkeit hat, selbst wenn $\lim_{x\to\infty} g(x)$ nicht existiert, jedoch **beschränkt** bleibt. Dies trifft bei $g(x) = \sin x$ oder $g(x) = \cos x$ für $x \to \infty$ zu.

Es spricht also zunächst nichts gegen die Anwendung der L'Hospitalschen Regel. Wir erhalten jedoch

$$\lim_{x\to\infty} \frac{\sin x + x}{\cos x + x} \overset{L'H}{=} \lim_{x\to\infty} \frac{\cos x + 1}{-\sin x + 1},$$

wobei der letzte Grenzwert **nicht** existiert und folglich die Voraussetzungen des Satzes 4.29 nicht erfüllt sind. Folgende kleine algebraische Umformung führt jedoch schnell zum Ziel:

$$\lim_{x \to \infty} \frac{\sin x + x}{\cos x + x} = \lim_{x \to \infty} \frac{\frac{\sin x}{x} + 1}{\frac{\cos x}{x} + 1} = \frac{0+1}{0+1} = 1.$$

Gegenbeispiel 4.38. Auch bei diesem Grenzwert deutet alles auf die Regel von L'Hospital hin, denn

$$\lim_{x \to 0} \frac{x^2 \cos(1/x)}{\sin x} = \frac{0 \cdot \text{beschränkt}}{0} = \frac{0}{0}.$$

Wir erhalten aber

$$\lim_{x \to 0} \frac{x^2 \cos(1/x)}{\sin x} \overset{L'H}{=} \lim_{x \to 0} \frac{2x \cos(1/x) - x^2 \sin(1/x) \cdot (-1/x^2)}{\cos x}$$

$$= \lim_{x \to 0} \frac{2x \cos(1/x) + \sin(1/x)}{\cos x},$$

worin der letzte Grenzwert **nicht** existiert, denn setzen wir die Nullfolge

$$x_k := \frac{1}{(k + 1/2)\pi}$$

ein, dann werden für $k \to \infty$ die alternierende Werte

$$\frac{(-1)^k}{\cos x_k}$$

angenommen. Folglich bleiben die Voraussetzungen des Satzes 4.29 unerfüllt.

Ohne algebraische Änderungen, sondern lediglich anders hingeschrieben ergibt

$$\lim_{x \to \infty} \frac{x^2 \cos(1/x)}{\sin x} = \lim_{x \to \infty} \frac{x}{\sin x} \cdot \underbrace{\lim_{x \to 0} x \cos(1/x)}_{=0 \cdot \text{beschränkt}} = 1 \cdot 0 = 0.$$

Wir kommen jetzt zum unbestimmten Fall $\boxed{0 \cdot \infty}$. Dieser Fall entspricht einem Grenzwert $\lim_{x \to x_0} f(x)g(x)$, worin $\lim_{x \to x_0} f(x) = 0$ und $\lim_{x \to x_0} g(x) = \infty$. Stattdessen formen wir um auf einen der beiden nachfolgenden unbestimmten Ausdrücke:

$$\boxed{\lim_{x \to x_0} \frac{f(x)}{1/g(x)} = \frac{0}{0} \quad \text{oder} \quad \lim_{x \to x_0} \frac{g(x)}{1/f(x)} = \frac{\infty}{\infty},}$$

wobei $x_0 \in \mathbb{R} \cup \{\pm\infty\}$.

Beispiel 4.39. Die folgenden Grenzwerte sind vom besagten Typ:

a) Es seien $\alpha > 0$, $\beta > 0$ beliebige Zahlen.

$$\lim_{x \to 0+} x^\alpha \ln x = \lim_{x \to 0+} \frac{\ln x}{x^{-\alpha}} \stackrel{L'H}{=} \lim_{x \to 0+} \frac{1}{-\alpha\, x^{-\alpha}} = 0,$$

$$\lim_{x \to 0+} x^\alpha (\ln x)^\beta = \lim_{x \to 0+} \left[x^{\alpha/\beta} \ln x \right]^\beta = \left[\lim_{x \to 0+} x^{\alpha/\beta} \ln x \right]^\beta = 0,$$

wobei der letzte Grenzwert auf den davor zurückgeführt wurde.

b) $\displaystyle \lim_{x \to +\infty} x \ln \left(1 + \frac{1}{x} \right) = \lim_{x \to \infty} \frac{\ln(1 + \frac{1}{x})}{x^{-1}}$

$$\stackrel{L'H}{=} \lim_{x \to \infty} \frac{(1 + \frac{1}{x})^{-1}(-x^{-2})}{(-x^{-2})} = 1.$$

c) $\displaystyle \lim_{x \to \frac{\pi}{2}} \left(x - \frac{\pi}{2} \right) \tan x = \lim_{x \to \frac{\pi}{2}} \frac{(x - \frac{\pi}{2})}{\cot x}$

$$\stackrel{L'H}{=} \lim_{x \to \frac{\pi}{2}} \frac{1}{-1/\sin^2 x} = -1.$$

Auch im nachfolgenden Beispiel funktioniert L'Hospital zunächst nicht:

Gegenbeispiel 4.40. Der Grenzwert

$$\lim_{x \to 0+} \left(e^{x^2} - 1 \right) \cdot \ln^2 x$$

hat die unbestimmte Form $0 \cdot \infty$. Also wandeln wir diesen um in

$$\lim_{x \to 0+} \frac{e^{x^2} - 1}{\frac{1}{\ln^2 x}} = \frac{0}{0}.$$

Wenden wir jetzt L'Hospital an, dann resultiert

$$\lim_{x \to 0+} \frac{2x e^{x^2}}{\frac{-2}{x \ln^3 x}} = \frac{0}{0}.$$

Wir sind also nicht weitergekommen. Bevor wir jetzt erneut (vergeblich) L'Hospital anwenden, formen wir den ursprünglichen Grenzwert ein wenig um in

$$\lim_{x \to 0+} \frac{e^{x^2} - 1}{x} \cdot x \ln^2 x = \lim_{x \to 0+} \frac{e^{x^2} - 1}{x} \cdot \lim_{x \to 0+} \left(\sqrt{x} \ln x \right)^2$$

$$= \lim_{x \to 0+} \frac{e^{x^2} - 1}{x} \cdot \lim_{x \to 0+} \left(\frac{\ln x}{\frac{1}{\sqrt{x}}} \right)^2$$

$$\overset{L'H}{=} \lim_{x \to 0+} 2x e^{x^2} \cdot \lim_{x \to 0+} \left(\frac{\frac{1}{x}}{\frac{-1}{2x^{3/2}}} \right)^2$$

$$= \lim_{x \to 0+} 2x e^{x^2} \cdot \left(\lim_{x \to 0+} -2\sqrt{x} \right)^2 = 0 \cdot 0 = 0.$$

Wir besprechen jetzt den unbestimmten Fall $\boxed{\infty - \infty}$. Dieser Fall entspricht einem Grenzwert der Form $\lim_{x \to x_0} \left(f(x) - g(x) \right)$ mit $\lim_{x \to x_0} f(x) = \infty = \lim_{x \to x_0} g(x)$. Wir betrachten stattdessen den unbestimmten Ausdruck

$$\boxed{\lim_{x \to x_0} f(x) \left[1 - \frac{g(x)}{f(x)} \right],}$$

wobei $x_0 \in \mathbb{R} \cup \{\pm\infty\}$ und **verschiedene** Fälle zu unterscheiden sind:

a) $\lim_{x \to x_0} \dfrac{g(x)}{f(x)} \begin{cases} < 1 & \implies \quad \lim_{x \to x_0} \left(f(x) - g(x) \right) = +\infty, \\ > 1 & \implies \quad \lim_{x \to x_0} \left(f(x) - g(x) \right) = -\infty. \end{cases}$

b) $\lim_{x \to x_0} \dfrac{g(x)}{f(x)} = 1 \quad \implies \quad \lim_{x \to x_0} \left(f(x) - g(x) \right)$ hat die Form $\boxed{\infty \cdot 0}$.

Beispiel 4.41. Dazu entsprechend betrachten wir die Grenzwerte.

a) a. $\displaystyle \lim_{x \to 0+} \left[\frac{1}{x} - \frac{1}{2\ln(1+x)} \right] = \lim_{x \to 0+} \frac{1}{x} \left[1 - \underbrace{\frac{x}{\underbrace{2\ln(1+x)}_{\to 1/2}}}_{\to 1/2} \right] = \infty \cdot \frac{1}{2} = \infty.$

b. $\displaystyle \lim_{x \to 0+} \left[\frac{1}{x} - \frac{2}{\ln(1+x)} \right] = \lim_{x \to 0+} \frac{1}{x} \left[1 - \underbrace{\frac{2x}{\underbrace{\ln(1+x)}_{\to 2}}}_{\to -1} \right] = \infty \cdot (-1) = -\infty.$

b) a. Bei der Grenzwertbestimmung von

$$\lim_{x \to 0+} \left[\frac{1}{x} - \frac{1}{\ln(1+x)} \right]$$

gilt

$$\lim_{x \to 0+} \frac{g(x)}{f(x)} = \lim_{x \to 0+} \frac{x}{\ln(1+x)} = 1,$$

also ergibt sich hier schon mal kein uneigentlicher Grenzwert $\pm\infty$. Eine geringfügige Modifikation liefert jetzt

$$\lim_{x \to 0+} \left[\frac{1}{x} - \frac{1}{\ln(1+x)} \right] = \lim_{x \to 0+} \frac{\ln(1+x) - x}{x \ln(1+x)}$$

$$\stackrel{L'H}{=} \lim_{x \to 0+} \frac{1/(1+x) - 1}{x/(1+x) + \ln(1+x)}$$

$$= \lim_{x \to 0+} \frac{-x}{x + (1+x) \ln(1+x)}$$

$$\stackrel{L'H}{=} \lim_{x \to 0+} \frac{-1}{1 + \ln(1+x) + 1} = -\frac{1}{2}.$$

b. Bei der Grenzwertbestimmung von

$$\lim_{x \to 0+} \left[\frac{1}{\sin x} - \frac{1}{x} \right]$$

treffen wir auf einen alten Bekannten

$$\lim_{x \to 0+} \frac{g(x)}{f(x)} = \lim_{x \to 0+} \frac{\sin x}{x} = 1,$$

also ergibt sich auch hier kein uneigentlicher Grenzwert $\pm\infty$. Eine geringfügige Modifikation liefert jetzt

$$\lim_{x \to 0+} \left[\frac{1}{\sin x} - \frac{1}{x} \right] = \lim_{x \to 0+} \frac{x - \sin x}{x \sin x}$$

$$\stackrel{L'H}{=} \lim_{x \to 0+} \frac{1 - \cos x}{\sin x + x \cos x}$$

$$\stackrel{L'H}{=} \lim_{x \to 0+} \frac{\sin x}{2 \cos x - x \sin x} = \frac{0}{2 - 0} = 0.$$

Wir kommen zurück zum Ausdruck $\boxed{0^0}$. In den Rechenregeln 1.20 haben wir

$$0^0 := 1$$

festgelegt und konnten damit eine Reihe von Formeln, wie die binomische Formel, die Exponentialreihe und die Reihen der trigonometrischen Funktionen rechtfertigen.

Doch im Grunde ist der Ausdruck 0^0 überhaupt nicht definiert, denn dahinter verbirgt sich aufgrund der Potenzgesetze die unbestimmte Form

$$0^0 = 0^{1-1} = \frac{0^1}{0^1} = \frac{0}{0}.$$

Daher werden derartige unbestimmte Ausdrücke mit den Regeln von L'Hospital analysiert und auf Grenzwerte der Form

$$\boxed{\lim_{x \to x_0} f(x)^{g(x)} \text{ mit } \lim_{x \to x_0} f(x) = \lim_{x \to x_0} g(x) = 0} \qquad (4.10)$$

in Verbindung gebracht, wobei $x_0 \in \mathbb{R} \cup \{\pm\infty\}$. Um solche Grenzwerte zu berechnen, wird obiger Grenzprozess umgeschrieben in die Form

$$\lim_{x \to x_0} f(x)^{g(x)} = \lim_{x \to x_0} e^{g(x)\ln[f(x)]} = \lim_{x \to x_0} e^{\frac{g(x)}{1/\ln[f(x)]}} \overset{(*)}{=} e^{\lim_{x \to x_0} \frac{g(x)}{1/\ln[f(x)]}} =: e^{G_1},$$

wobei

$$G_1 := \lim_{x \to x_0} \frac{g(x)}{1/\ln[f(x)]} = \frac{0}{0}$$

oder **gleichbedeutend** in die Form

$$\lim_{x \to x_0} f(x)^{g(x)} = \lim_{x \to x_0} e^{g(x)\ln[f(x)]} = \lim_{x \to x_0} e^{\frac{\ln[f(x)]}{1/g(x)}} \overset{(*)}{=} e^{\lim_{x \to x_0} \frac{\ln[f(x)]}{1/g(x)}} =: e^{G_2},$$

wobei

$$G_2 := \lim_{x \to x_0} \frac{\ln[f(x)]}{1/g(x)} = \frac{\infty}{\infty}.$$

An den mit $(*)$ gekennzeichneten Stellen geht die Stetigkeit der Exponentialfunktion ein, worin die Grenzwertbildung in die Potenzierung hineingezogen wurde!

Insgesamt gilt

$$\boxed{G_1 = G_2 =: G.}$$

Wenn also gemäß L'Hospital der Grenzwert $G \in \mathbb{R}$ berechnet wird, ist e^G der gesuchte Wert.

Als naheliegendes **Beispiel** dazu betrachten wir $f(x) := g(x) := x$, d. h.,

$$f(x)^{g(x)} = x^x.$$

Wir bringen dies gemäß

$$x^x = e^{x \ln x} = e^{\frac{\ln x}{1/x}}$$

auf die o. g. Form $\frac{\infty}{\infty}$. Der Grenzwert führt mit

$$G = \lim_{x \to 0} \frac{\ln x}{1/x} \overset{L'H}{=} - \lim_{x \to 0} \frac{1/x}{1/x^2} = - \lim_{x \to 0} x = 0,$$

auf das Resultat

$$\lim_{x \to 0} x^x = e^0 = 1.$$

Dies scheint die obige Festlegung $0^0 := 1$ zu **rechtfertigen**. Doch das nun folgende **Gegenbeispiel**

$$f(x) = e^{-1/x} \quad \text{und} \quad g(x) = x$$

mit $\lim_{x \to 0} f(x) = \lim_{x \to 0} g(x) = 0$ verwirft diese kurzfristige Freude. Denn es gilt direkt, ohne die Regel von L'Hospital anwenden zu müssen, dass

$$\lim_{x \to 0} f(x)^{g(x)} = \lim_{x \to 0} \left(e^{-1/x} \right)^x = e^{-1} \neq 1.$$

Noch allgemeiner demonstriert das nachfolgende Gegenbeispiel, dass beliebig viele Zuordnungen für unseren Ausdruck möglich sind:

Gegenbeispiel 4.42. Sei $a > 0$ eine beliebige reelle Zahl. Dann gilt

$$e^{-a} = \lim_{x \to 0} e^{-ax^2/x^2} = \lim_{x \to 0} \left(e^{-a/x^2} \right)^{x^2} = 0^0.$$

Damit sind also Grenzwertbetrachtungen der Form

$$\lim_{x \to 0} f(x)^{g(x)}$$

nicht geeignet, um obige Konvention $0^0 := 1$ zu bestätigen!

Bemerkung 4.43. Da $0^z = 0$ für alle $z > 0$ gilt, wäre auch die Vereinbarung

$$0^0 := 0$$

denkbar. Denn gemäß (4.10) ergibt die Wahl

$$f(x) = e^{-1/x^2} \quad \text{und} \quad g(x) = x$$

mit $\lim_{x \to 0} f(x) = \lim_{x \to 0} g(x) = 0$ tatsächlich

$$\lim_{x \to 0} f(x)^{g(x)} = \lim_{x \to 0} \left(e^{-1/x^2} \right)^x = \lim_{x \to 0} e^{-1/x} = 0.$$

Gestatten Sie an dieser Stelle einen kleinen **Nachtrag**. Es geht um den Satz von Stolz, ein Analogon zur Regel von L'Hospital für **Zahlenfolgen**.

Satz 4.44 (Satz von Stolz). Sei $\{b_n\}_{n \in \mathbb{N}} \subset \mathbb{R}$ eine streng monoton wachsende, unbeschränkte reelle Zahlenfolge mit strikt positiven Folgengliedern $b_n > 0$. Sei $\{a_n\}_{n \in \mathbb{N}} \subset \mathbb{R}$ eine weitere reelle Zahlenfolge derart, dass der Grenzwert

$$\lim_{n \to \infty} \frac{b_n - b_{n-1}}{a_n - a_{n-1}}$$

existiert. Dann gilt auch

$$\lim_{n \to \infty} \frac{b_n}{a_n} = \lim_{n \to \infty} \frac{b_n - b_{n-1}}{a_n - a_{n-1}}.$$

Beispiel 4.45. Seien $a_n := n + 1$ und $b_n := n$. Dann ergibt sich sofort

$$\lim_{n \to \infty} \frac{b_n - b_{n-1}}{a_n - a_{n-1}} = \lim_{n \to \infty} \frac{n - (n-1)}{(n+1) - n} = 1. \tag{4.11}$$

Daraus rtesultiert, dass auch

$$\lim_{n \to \infty} \frac{b_n}{a_n} = \lim_{n \to \infty} \frac{n}{n+1} = 1. \tag{4.12}$$

Betrachten wir die Angelegenheit jetzt von der anderen Seite, dann erkennen wir den unbestimmten Fall

$$\lim_{n \to \infty} \frac{b_n}{a_n} = \frac{\infty}{\infty}.$$

Mit der Hilfe von (4.11) lässt sich der Grenzwert nun ermitteln.

Natürlich wissen wir wie der Grenzwert in (4.12) lautet. Um dies aber formal zu bestätigen, muss Definition 2.3 herangezogen werden und das funktioniert wie folgt:

$\lim_{n \to \infty} \frac{n}{n+1} = 1$, denn

$$\left| \frac{n}{n+1} - 1 \right| = \frac{1}{n+1} \overset{!}{<} \varepsilon$$

für alle (beliebig kleine) vorgegebenen $\varepsilon > 0$ genau dann, wenn

$$\frac{1}{n+1} < \varepsilon \iff n > \frac{1}{\varepsilon} - 1 = \frac{1-\varepsilon}{\varepsilon}. \tag{4.13}$$

Wir wählen also $N(\varepsilon) > \frac{1-\varepsilon}{\varepsilon}$, so, dass $N(\varepsilon) \in \mathbb{N}$ und damit gilt dann für alle $n > N(\varepsilon)$ obige Ungleichung (4.13).

Beispiel 4.46. Seien $a_n := \frac{1}{n}$ und $b_n := n$. Nachfolgender Grenzwert existiert nicht, denn

$$\lim_{n\to\infty} \frac{b_n - b_{n-1}}{a_n - a_{n-1}} = \lim_{n\to\infty} \frac{n - (n-1)}{\frac{1}{n} - \frac{1}{n-1}} = -\lim_{n\to\infty} n \cdot (n-1) = -\infty.$$

Wir betrachten jetzt gesondert

$$\lim_{n\to\infty} \frac{b_n}{a_n} = \lim_{n\to\infty} \frac{n}{\frac{1}{n}} = \lim_{n\to\infty} n^2 = +\infty.$$

Dieser Grenzwert existiert auch nicht und es liegt die Vermutung nahe, dass die **Umkehrung** des Satzes 4.44 gilt. Dass dies **nicht stimmt**, bestätigt nachfolgendes Gegenbeispiel.

Gegenbeispiel 4.47. Wir betrachten jetzt die beiden Folgen

$$\{a_n\}_{n\in\mathbb{N}} = \{10, 10, 100, 100, 1000, 1000, 10000, 10000, \cdots\},$$
$$\{b_n\}_{n\in\mathbb{N}} = \{10, 11, 100, 101, 1000, 1001, 10000, 10001, \cdots\}.$$

Es gelten

$$\left\{\frac{a_n - a_{n-1}}{b_n - b_{n-1}}\right\}_{n\in\mathbb{N}} = \left\{0, \frac{90}{89}, 0, \frac{900}{899}, 0, \frac{9000}{8999}, 0, \cdots\right\},$$

$$\left\{\frac{a_n}{b_n}\right\}_{n\in\mathbb{N}} = \left\{1, \frac{10}{11}, 1, \frac{100}{101}, 1, \frac{1000}{1001}, 1, \frac{10000}{10001}, \cdots\right\}.$$

Daran erkennen wir, dass der Grenzwert mit

$$\lim_{n\to\infty} \frac{b_n}{a_n} = 1,$$

existiert, obwohl

$$\lim_{n\to\infty} \frac{b_n - b_{n-1}}{a_n - a_{n-1}}$$

nicht existiert. Anders formuliert, die **Umkehrung** des Satzes von Stolz gilt **nicht**.

Abschließend noch Beispiele bei denen die Regel von L'Hospital mit der Differenzierbarkeit in Verbindung gebracht wird.

Beispiele 4.48. Sei $f : [0, \infty) \to \mathbb{R}$ eine stetige Funktion. Diese ist im Punkt $x = x_0 \in (0, \infty)$ differenzierbar, falls der Grenzwert

$$\lim_{x \to x_0} \frac{f(x) - f(x_0)}{x - x_0}$$

existiert. Dazu betrachten wir:

a) Die Funktion

$$f(x) = \begin{cases} \dfrac{\ln x}{x - 1} & : x \neq 1, \\ x & : x = 1 \end{cases}$$

ist in $x_0 = 1$ differenzierbar. Nachdem Sie die Stetigkeit überprüft haben, erhalten wir mit $\ln(1) = 0$ und zweimaliger Anwendung der Regel von L'Hospital

$$\lim_{x \to 1} \frac{f(x) - f(1)}{x - 1} \; = \; \lim_{x \to 1} \frac{\frac{\ln x}{(x-1)} - 1}{x - 1} = \lim_{x \to 1} \frac{\ln x - (x - 1)}{(x - 1)^2}$$

$$\overset{L'H}{=} \lim_{x \to 1} \frac{\frac{1}{x} - 1}{2x - 2} \overset{L'H}{=} \lim_{x \to 1} \frac{-x^{-2}}{2}$$

$$= -\lim_{x \to 1} \frac{1}{2x^2} = -\frac{1}{2}.$$

Der Grenzwert existiert, also ist f an der entsprechenden Stelle differenzierbar.

b) Ist die Funktion

$$f(x) = \begin{cases} x^2 + 1 & : x < 1, \\ -x^2 + 3x & : x \geq 1. \end{cases}$$

ebenfalls an der Stelle $x_0 = 1$ differenzierbar? Nachdem Sie auch hier die Stetigkeit überprüft haben, erhalten wir mit der Regel von L'Hospital für den **linksseitigen** Grenzwert

$$\lim_{x \to 1^-} \frac{f(x) - f(1)}{x - 1} \; = \; \lim_{x \to 1^-} \frac{x^2 + 1 - 2}{x - 1} = \lim_{x \to 1^-} \frac{x^2 - 1}{x - 1}$$

$$\overset{L'H}{=} \lim_{x \to 1^-} 2x = 2.$$

Entsprechend ergibt sich für den **rechtsseitigen** Grenzwert

$$\lim_{x \to 1^+} \frac{f(x) - f(1)}{x - 1} = \lim_{x \to 1^+} \frac{-x^2 + 3x - 2}{x - 1} \overset{L'H}{=} \lim_{x \to 1^+} (3 - 2x) = 1.$$

Die Grenzwerte sind verschieden, womit die Existenz eines solchen nicht gegeben ist. Demach liegt keine Differenzierbarkeit in $x_0 = 1$ vor. Anstatt der Regel von L'Hospital kann an den markierten Stellen auch einfach nur eine Polynomdivision durchgeführt werden!

Kapitel 5

Lineare Algebra

Dieser Bereich der Mathematik beschäftigt sich nahezu ausschließlich mit Vektoren und Matrizen. Diese finden natürlich auch Einzug in andere Disziplinen mathematischer Betrachtungen. Ausgangspunkt der linearen Algebra sind lineare Gleichungssysteme, welche im Gegensatz zu nichtlinearen Gleichungen die außergewöhnliche Eigenschaft besitzen, stets exakt lösbar zu sein, sofern eine Lösung existiert. In vielen **Anwendungen** sind lineare Gleichungssysteme immer wieder zu finden und genau damit beginnt der nächste Abschnitt.

5.1 Lineare Gleichungssysteme

Bei Stetigkeitsbetrachtungen können durchaus lineare Gleichungssysteme erforderlich sein. Dazu folgender Sachverhalt:

Beispiel 5.1. Sei $f : \mathbb{R} \to \mathbb{R}$ gegeben durch

$$f(x) = \begin{cases} 10 & : & x < -1, \\ p(x) & : & -1 \leq x < 2, \\ 1 - 3x & : & x \geq 2, \end{cases}$$

worin $p : \mathbb{R} \to \mathbb{R}$ ein Polynom **kleinstmöglichen** Grades sein soll, welches wir so bestimmen, dass f stetig ist.

Das gesuchte Polynom muss also die beiden Bedingungen

$$p(-1) = 10, \quad \text{und} \quad p(2) = -5 \tag{5.1}$$

erfüllen. Demnach muss p ein Polnom vom Grade höchstens eins sein mit der Darstellung

$$p(x) = ax + b, \quad a, b \in \mathbb{R}.$$

Um das Polynoms zu bestimmen, setzen wir die zwei Bedingungen (5.1) in die obige Darstellung ein und erhalten folgendes Gleichungssystem für die unbekannten Koeffizienten $a, b \in \mathbb{R}$:

$$\boxed{\begin{aligned} -a + b &= 10, \\ 2a + b &= -5. \end{aligned}} \tag{5.2}$$

Intuitiv lösen wir die erste Gliechung in (5.2) nach $b = 10 + a$ auf, setzen dies in die zweite Gleichung ein und erhalten damit $a = -5$, woraus sich wiederum $b = 5$ ergibt. Die stetige Funktion f lautet nun

$$f(x) = \begin{cases} 10 & : \quad x < -1, \\ 5 - 5x & : \quad -1 \le x < 2, \\ 1 - 3x & : \quad x \ge 2. \end{cases}$$

Wir erweitern obiges Beispiel geringfügig gemäß

Beispiel 5.2. Sei $f : \mathbb{R} \to \mathbb{R}$ gegeben durch

$$f(x) = \begin{cases} 10 & : \quad x < -1, \\ p(x) & : \quad -1 \le x < 2, \\ 1 - 3x & : \quad x \ge 2, \end{cases}$$

worin $p : \mathbb{R} \to \mathbb{R}$ ein Polynom **kleinstmöglichen** Grades sein soll, welches wir so bestimmen, dass f stetig ist und zusätzlich

$$p(0) = 1$$

gelten soll.

Das gesuchte Polynom muss also die drei Bedingungen

$$p(-1) = 10, \ p(2) = -5 \ \text{und} \ p(0) = 1 \tag{5.3}$$

erfüllen. Demnach muss p ein Polnom vom Grade höchstens zwei sein mit der Darstellung

$$p(x) = ax^2 + bx + c, \quad a, b, c \in \mathbb{R}.$$

Um das Polynoms zu bestimmen, setzen wir die drei Bedingungen (5.3) in die obige Darstellung ein und erhalten folgendes Gleichungssystem für die unbekannten Koeffizienten $a, b, c \in \mathbb{R}$:

$$\begin{array}{rcrcr} a &-& b + c &=& 10, \\ 4a &+& 2b + c &=& -5, \\ && c &=& 1. \end{array} \qquad (5.4)$$

Auch hier gehen wir intuitiv vor, indem wir den bereits bekannten Wert $c = 1$ in die zweite Gleichung einsetzen und nach $b = -3 - 2a$ auflösen. Dies setzen wir in die erste Gleichung ein und erhalten $a = 2$, woraus sich nun $b = -7$ ergibt. Die stetige Funktion f lautet damit

$$f(x) = \begin{cases} 10 & : & x < -1, \\ 2x^2 - 7x + 1 & : & -1 \leq x < 2, \\ 1 - 3x & : & x \geq 2. \end{cases}$$

Wir wenden nun eine etwas andere Methode an, um das Gleichungssystem (5.4) zu lösen. Nach wie vor bietet es sich an, den Wert $c = 1$ in die übrigen Gleichungen einzusetzen. Nach einer kleinen Umformung ergibt sich

$$\begin{array}{rcrcr} a &-& b &=& 9, \\ 4a &+& 2b &=& -6. \end{array} \qquad (5.5)$$

Unser Plan ist es nun, eine der beiden Variablen zu eliminieren, beispielsweise a. Dazu multiplizieren wir die erste Gleichung (in Gedanken) mit 4, subtrahieren diese von der zweiten Gleichung und erhalten das „neue" System

$$\begin{array}{rcrcr} a &-& b &=& 9, \\ && 6b &=& -42. \end{array}$$

Aus der letzten Gleichung erschließen wir $b = -7$ und erhalten damit aus der ersten Gleichung $a = 2$.

Diese Vorgehensweise lässt sich verallgemeinern und führt auf den berühmten Algorithmus von Gauß oder auch Elimination nach Gauß genannt. Ein allgemeines lineares Gleichungssystem ist gegeben durch

$$
\boxed{
\begin{aligned}
a_{11}\,x_1 \;+\; a_{12}\,x_2 \;+\; \ldots \;+\; a_{1n}\,x_n &= b_1 \\
a_{21}\,x_1 \;+\; a_{22}\,x_2 \;+\; \ldots \;+\; a_{2n}\,x_n &= b_2 \\
\vdots \qquad \vdots \qquad\qquad \vdots \qquad\;\; \vdots & \\
a_{m1}\,x_1 + a_{m,2}\,x_2 + \ldots + a_{mn}\,x_n &= b_m
\end{aligned}}
\tag{5.6}
$$

Darin sind die Koeffizienten $a_{ij} \in \mathbb{R}$, $i = 1 \ldots, m$, $j = 1, \ldots, n$, gegeben und die Unbekannten $x_j \in \mathbb{R}$, $j = 1, \ldots, n$, gesucht.

Das dazugehörige rechteckiges Gebilde der Form

$$
A := \begin{pmatrix}
a_{11} & a_{12} & \ldots & a_{1n} \\
a_{21} & a_{22} & \ldots & a_{2n} \\
\vdots & \vdots & & \vdots \\
a_{m1} & a_{m2} & \ldots & a_{mn}
\end{pmatrix}
\tag{5.7}
$$

heißt Matrix oder Koeffizientenmatix mit m Zeilen und n Spalten. Eine Matrix ist ein Element

$$
A \in \mathbb{R}^{m,n}.
$$

Im Falle $m = n$ nennen wir die Matrix quadratisch. Wir fassen die Lösungskomponenten zu einem Vektor zusammen und schreiben

$$
\vec{x} := \begin{pmatrix} x_1 \\ \vdots \\ x_n \end{pmatrix} = (x_1, \cdots, x_n)^T \in \mathbb{R}^n.
$$

Entsprechend lautet die rechte Seite als Vektor geschrieben

$$
\vec{b} := \begin{pmatrix} b_1 \\ \vdots \\ b_m \end{pmatrix} = (b_1, \cdots, b_m)^T \in \mathbb{R}^m.
$$

Mit einem Vektor ist immer ein Spaltenvektor gemeint. Wird er beispielsweise aus Platzgründen in eine Zeile geschrieben, nennen wir diesen den dazugehörigen transponierten Vektor, womit obige Notation erklärt ist. Ebenso resultiert aus der Schreibweise

$$
A\vec{x} = \vec{b}
$$

die Darstellung (5.6), womit die Multilikation einer Matrix mit einem Vektor erklärt ist. Beachten Sie dabei die Dimensionierungen m und n!

Wenn wir jetzt die rechte Seite einer Gleichung dazuschreiben

$$(A \mid \vec{b}) := \left(\begin{array}{cccc|c} a_{11} & a_{12} & \ldots & a_{1n} & b_1 \\ a_{21} & a_{22} & \ldots & a_{2n} & b_2 \\ \vdots & \vdots & & \vdots & \vdots \\ a_{m1} & a_{m2} & \ldots & a_{mn} & b_m \end{array} \right),$$

nennen wir dieses Konstrukt die erweiterte Koeffizientenmatrix und schreiben abgekürzt $(A \mid \vec{b})$.

Genau darauf wenden wir die Eliminationsschritte des Gauß-Verfahrens an. Wir subtrahieren/addieren das geeignete Vielfache bestimmter Zeilen zu anderen solange, bis die Lösung abgelesen bzw. auf einfache Art und Weise bestimmt werden kann. Auch der Tausch von Zeilen ist zulässig. Dann legen wir jetzt los und demonstrieren anhand verschiedener Beispiele verschiedene Szenrien.

Beispiele 5.3. a) Wir lösen das lineare Gleichungssystem

$$x_1 + 2x_2 + 3x_3 = 0,$$
$$x_1 + 3x_2 + 2x_3 = 1,$$
$$2x_1 + x_2 - x_3 = 1,$$

indem wir auf die erweiterte Koeffizientenmatrix - wie es nachfolgend bei jedem Schritt angedeutet wird - den Gauß-Algorithmus anwenden

$$\left(\begin{array}{ccc|c} 1 & 2 & 3 & 0 \\ 1 & 3 & 2 & 1 \\ 2 & 1 & -1 & 1 \end{array} \right) \begin{array}{c} \\ II - I \\ III - 2 \cdot I \\ \longrightarrow \end{array} \left(\begin{array}{ccc|c} 1 & 2 & 3 & 0 \\ 0 & 1 & -1 & 1 \\ 0 & -3 & -7 & 1 \end{array} \right) \begin{array}{c} \\ III + 3 \cdot II \\ \longrightarrow \end{array} \left(\begin{array}{ccc|c} 1 & 2 & 3 & 0 \\ 0 & 1 & -1 & 1 \\ 0 & 0 & -10 & 4 \end{array} \right).$$

Ausgeschrieben sieht die umgewandelte Gleichung nun aus wie folgt:

$$x_1 + 2x_2 + 3x_3 = 0,$$
$$x_2 - x_3 = 1,$$
$$- 10x_3 = 4.$$

Die Rückwärtssubstitution

$$x_3 = -\frac{2}{5},$$

$$x_2 = 1 + x_3 = 1 - \frac{2}{5} = \frac{3}{5},$$

$$x_1 = -2x_2 - 3x_3 = -\frac{6}{5} + \frac{6}{5} = 0$$

führt auf den eindeutigen Lösungsvektor

$$\vec{x} = \left(0, \frac{3}{5}, -\frac{2}{5}\right)^T.$$

b) Etwas umfangreicher ist das Gleichungssystem

$$2x_1 - x_2 - x_3 + 3x_4 + 2x_5 = 6,$$
$$-4x_1 + 2x_2 + 3x_3 - 3x_4 - 2x_5 = -5,$$
$$6x_1 - 2x_2 + 3x_3 \qquad - x_5 = -3,$$
$$2x_1 \qquad + 4x_3 - 7x_4 - 3x_5 = -8,$$
$$x_2 + 8x_3 - 5x_4 - x_5 = -3.$$

Wir wenden auf die erweiterte Koeffizientenmatrix $(A \mid \vec{b})$ - wie bei jedem Schritt angedeutet - den Gauß-Algorithmus an und erhalten

$$
\begin{array}{c}
II + 2 \cdot I \\
III - 3 \cdot I \\
IV - I \\
II \leftrightarrow IV \\
\longrightarrow
\end{array}
$$

$$
\left(\begin{array}{rrrrr|r}
2 & -1 & -1 & 3 & 2 & 6 \\
-4 & 2 & 3 & -3 & -2 & -5 \\
6 & -2 & 3 & 0 & -1 & -3 \\
2 & 0 & 4 & -7 & -3 & -8 \\
0 & 1 & 8 & -5 & -1 & -3
\end{array}\right)
\qquad
\left(\begin{array}{rrrrr|r}
2 & -1 & -1 & 3 & 2 & 6 \\
0 & 1 & 8 & -5 & -1 & -3 \\
0 & 1 & 6 & -9 & -7 & -21 \\
0 & 1 & 5 & -10 & -5 & -14 \\
0 & 0 & 1 & 3 & 2 & 7
\end{array}\right)
$$

$$
\begin{matrix}
III - II \\
IV - II \\
III \leftrightarrow V \\
\longrightarrow
\end{matrix}
\left(
\begin{array}{ccccc|c}
2 & -1 & -1 & 3 & 2 & 6 \\
0 & 1 & 8 & -5 & -1 & -3 \\
0 & 0 & 1 & 3 & 2 & 7 \\
0 & 0 & -3 & -5 & -4 & -11 \\
0 & 0 & -2 & -4 & -6 & -18
\end{array}
\right)
\quad
\begin{matrix}
IV + 3 \cdot III \\
V + 2 \cdot III \\
\longrightarrow
\end{matrix}
\left(
\begin{array}{ccccc|c}
2 & -1 & -1 & 3 & 2 & 6 \\
0 & 1 & 8 & -5 & -1 & -3 \\
0 & 0 & 1 & 3 & 2 & 7 \\
0 & 0 & 0 & 4 & 2 & 10 \\
0 & 0 & 0 & 2 & -2 & -4
\end{array}
\right)
$$

$$
\begin{matrix}
V + \frac{1}{2} \cdot IV \\
\longrightarrow
\end{matrix}
\left(
\begin{array}{ccccc|c}
2 & -1 & -1 & 3 & 2 & 6 \\
0 & 1 & 8 & -5 & -1 & -3 \\
0 & 0 & 1 & 3 & 2 & 7 \\
0 & 0 & 0 & 4 & 2 & 10 \\
0 & 0 & 0 & 0 & -3 & -9
\end{array}
\right) .
$$

Schreiben wir das so umgewandelte Gleichungssystem wieder in der vollen Pracht hin, erhalten wir

$$
\begin{aligned}
2x_1 - x_2 - x_3 + 3x_4 + 2x_5 &= 6, \\
x_2 + 8x_3 - 5x_4 - x_5 &= -3, \\
+ x_3 + 3x_4 - 2x_5 &= 7, \\
4x_4 - 2x_5 &= 10, \\
- 3x_5 &= -9.
\end{aligned}
$$

Die Rückwärtssubstitution

$$
\begin{aligned}
x_5 &= 3, \\
x_4 &= \tfrac{1}{4}(10 - 2 \cdot x_5) = 1, \\
x_3 &= 7 - 2 \cdot x_5 - 3 \cdot x_4 = -2, \\
x_2 &= -3 + 1 \cdot x_5 + 5 \cdot x_4 - 8 \cdot x_3 = 21, \\
x_1 &= \tfrac{1}{2}(6 - 2 \cdot x_5 - 3 \cdot x_4 + 1 \cdot x_3 + 1 \cdot x_2) = 8
\end{aligned}
$$

führt auf den eindeutigen Lösungsvektor

$$
\vec{x} = (8,\, 21,\, -2,\, 1,\, 3)^T .
$$

Fazit. Beide Matrizen sind quadratisch, d. h. es liegen ebenso viele Gleichungen wie Unbekannte vor. Die Gauß-Eliminationen führen in beiden Fällen auf eine Dreiecksgestalt oder vollständige Staffelform der Matrix. Die entsprechende erweiterten Koeffizientenmatrix lautet damit

$$(A \,|\, \vec{b}) \longrightarrow \begin{pmatrix} \tilde{a}_{11} & \tilde{a}_{12} & \dots & \tilde{a}_{1n} & \tilde{b}_1 \\ 0 & \tilde{a}_{22} & \dots & \tilde{a}_{2n} & \tilde{b}_2 \\ \vdots & \ddots & \ddots & \vdots & \vdots \\ 0 & \dots & 0 & \tilde{a}_{nn} & \tilde{b}_n \end{pmatrix} \tag{5.8}$$

und Einträgen $\tilde{a}_{ij}, \tilde{b}_j \in \mathbb{R}$, $i, j = 1, \cdots, n$. In derartigen Fällen liegt stets eindeutige Lösbarkeit vor.

Auch das nächste Beispiel liefert eine eindeutige Lösung. Es liegen jedoch mehr Gleichungen als Unbekannte vor.

Beispiel 5.4. Wir lösen jetzt

$$x_1 + 2x_2 + 3x_3 = 0,$$

$$x_1 + 3x_2 + 2x_3 = 1,$$

$$2x_1 + x_2 - x_3 = 1,$$

$$4x_1 + 2x_2 - 2x_3 = 2,$$

indem wir wie immer auf die erweiterte Koeffizientenmatrix $(A \,|\, \vec{b})$ wie bei jedem Schritt den angedeuteten Gauß-Algorithmus anwenden. Es resultiert

$$\begin{pmatrix} 1 & 2 & 3 & 0 \\ 1 & 3 & 2 & 1 \\ 2 & 1 & -1 & 1 \\ 4 & 2 & -2 & 2 \end{pmatrix} \begin{array}{c} II - I \\ III - 2 \cdot I \\ IV - 4 \cdot I \\ \longrightarrow \end{array} \begin{pmatrix} 1 & 2 & 3 & 0 \\ 0 & 1 & -1 & 1 \\ 0 & -3 & -7 & 1 \\ 0 & -6 & -14 & 2 \end{pmatrix} \begin{array}{c} III + 3 \cdot II \\ III + 6 \cdot II \\ \longrightarrow \end{array} \begin{pmatrix} 1 & 2 & 3 & 0 \\ 0 & 1 & -1 & 1 \\ 0 & 0 & -10 & 4 \\ 0 & 0 & -20 & 8 \end{pmatrix}$$

$$\begin{array}{c} IV - 2 \cdot III \\ \longrightarrow \end{array} \begin{pmatrix} 1 & 2 & 3 & 0 \\ 0 & 1 & -1 & 1 \\ 0 & 0 & -10 & 4 \\ 0 & 0 & 0 & 0 \end{pmatrix}.$$

Ausgeschrieben sieht die umgewandelte Gleichung nun so aus:

$$x_1 + 2x_2 + 3x_3 = 0,$$
$$x_2 - x_3 = 1,$$
$$- 10x_3 = 4,$$
$$0 = 0.$$

Die vierte Gleichung kann ignoriert werden. Die Rückwärtssubstitution führt wie folgt auf die eindeutige Lösung:

$$x_3 = -\frac{2}{5},$$
$$x_2 = 1 + x_3 = 1 - \frac{2}{5} = \frac{3}{5},$$
$$x_1 = -2x_2 - 3x_3 = -\frac{6}{5} + \frac{6}{5} = 0,$$

also lautet der eindeutige Lösungsvektor

$$\vec{x} = \left(0, \frac{3}{5}, -\frac{2}{5}\right)^T.$$

Fazit. Die Matrix ist nicht quadratisch. Das System hat mehr Gleichungen als Unbekannte, es liegt also ein überbestimmtes Gleichungssystem vor. Allgemein formuliert liefert das Gauß-Verfahren eine Matrix mit der erweiterten Form

$$(A \,|\, \vec{b}) \longrightarrow \left(\begin{array}{cccc|c} \tilde{a}_{11} & \tilde{a}_{12} & \ldots & \tilde{a}_{1n} & \tilde{b}_1 \\ 0 & \tilde{a}_{22} & \ldots & \tilde{a}_{2n} & \tilde{b}_2 \\ \vdots & \ddots & \ddots & \vdots & \vdots \\ 0 & \ldots & 0 & \tilde{a}_{nn} & \tilde{b}_n \\ 0 & \ldots & \ldots & 0 & 0 \\ \vdots & \ldots & \ldots & \vdots & \vdots \\ 0 & \ldots & \ldots & 0 & 0 \end{array}\right) \tag{5.9}$$

und Einträgen $\tilde{a}_{ij}, \tilde{b}_j \in \mathbb{R}$, $i, j = 1, \cdots, n$. Eindeutige Lösbarkeit ergibt sich genau in den Fällen einer Matrix $A \in \mathbb{R}^{m,n}$, $m > n$, bei denen $m - n$ redundante Nullzeilen vorliegen und die ersten n Zeilen in eine Dreiecksmatrix resultieren.

Am Beispiel erkennen Sie natürlich sofort, dass im Gleichungssystem die vierte Zeile das Vielfache der dritten ist. Dies kann im allgemeinen Fall für mehrere Zeilen zutreffen, womit die Redundanz gewisser Gleichungen erklärt ist und das Gauß-Verfahren genau diese Gleichungen im System identifiziert und als Nullzeilen rauswirft.

Die nächsten Beispiele behandeln verschiedene Fälle der nichteindeutigen Lösbarkeit eines linearen Gleichungssystems und erklären, was Nichteindeutigkeit bedeutet.

Beispiele 5.5. a) Wir beginnen mit

$$x_1 + 2x_2 + 3x_3 = 0,$$

$$x_1 + 3x_2 + 2x_3 = 1,$$

$$2x_1 + x_2 + 9x_3 = -3,$$

indem wir auf die erweiterte Koeffizientenmatrix $(A \,|\, \vec{b})$ wie bei jedem Schritt angedeutet den Gauß-Algorithmus anwenden

$$\begin{pmatrix} 1 & 2 & 3 & \big| & 0 \\ 1 & 3 & 2 & \big| & 1 \\ 2 & 1 & 9 & \big| & -3 \end{pmatrix} \begin{matrix} II - I \\ III - 2 \cdot I \\ \longrightarrow \end{matrix} \begin{pmatrix} 1 & 2 & 3 & \big| & 0 \\ 0 & 1 & -1 & \big| & 1 \\ 0 & -3 & 3 & \big| & -3 \end{pmatrix}$$

$$\begin{matrix} III + 3 \cdot II \\ \longrightarrow \end{matrix} \begin{pmatrix} 1 & 2 & 3 & \big| & 0 \\ 0 & 1 & -1 & \big| & 1 \\ 0 & 0 & 0 & \big| & 0 \end{pmatrix}. \qquad (5.10)$$

Ausgeschrieben sieht die umgewandelte Gleichung nun aus wie folgt:

$$x_1 + 2x_2 + 3x_3 = 0,$$

$$x_2 - x_3 = 1,$$

$$0 \cdot x_3 = 0.$$

Die Rückwärtssubstitution führt auf eine mehrdeutige Lösung, denn die dritte Gleichung ist für jedes $x_3 = C \in \mathbb{R}$ erüllt. Wir schreiben

$$x_3 = C,$$

$$x_2 = 1 + x_3 = 1 + C,$$

$$x_1 = -2x_2 - 3x_3 = -2 - 5C,$$

also lautet der mehrdeutige Lösungsvektor

$$\vec{x} = \begin{pmatrix} -2 - 5C \\ 1 + C \\ C \end{pmatrix} = \begin{pmatrix} -2 \\ 1 \\ 0 \end{pmatrix} + \begin{pmatrix} -5C \\ C \\ C \end{pmatrix}, \quad C \in \mathbb{R}.$$

Mehrdeutig bedeutet also, dass gleich unendlich viele Lösungen vorliegen.

b) Gegeben sei das lineare Gleichungssystem

$$
\begin{aligned}
2x_1 + x_2 + x_3 + x_4 \quad\quad &= 0, \\
x_1 \quad\quad\quad + x_4 - x_5 &= 1, \\
2x_2 + x_3 \quad\quad + 2x_5 &= 2.
\end{aligned}
$$

Auf die erweiterte Koeffizientenmatrix wenden wir die üblichen Gauß-Umformungen an:

$$
\left(\begin{array}{ccccc|c}
2 & 1 & 1 & 1 & 0 & 0 \\
1 & 0 & 0 & 1 & -1 & 1 \\
0 & 2 & 1 & 0 & 2 & 2
\end{array}\right)
\xrightarrow{I \leftrightarrow II}
\left(\begin{array}{ccccc|c}
1 & 0 & 0 & 1 & -1 & 1 \\
2 & 1 & 1 & 1 & 0 & 0 \\
0 & 2 & 1 & 0 & 2 & 2
\end{array}\right)
\xrightarrow{II - 2 \cdot I}
\left(\begin{array}{ccccc|c}
1 & 0 & 0 & 1 & -1 & 1 \\
0 & 1 & 1 & -1 & 2 & -2 \\
0 & 2 & 1 & 0 & 2 & 2
\end{array}\right)
$$

$$
\xrightarrow{III - 2 \cdot II}
\left(\begin{array}{ccccc|c}
1 & 0 & 0 & 1 & -1 & 1 \\
0 & 1 & 1 & -1 & 2 & -2 \\
0 & 0 & -1 & 2 & -2 & 6
\end{array}\right). \tag{5.11}
$$

Ausgeschrieben liest sich das Gleichungssystem jetzt wie folgt:

$$
\begin{aligned}
x_1 \quad\quad + x_4 - x_5 &= 1, \\
x_2 + x_3 - x_4 + 2x_5 &= -2, \\
- x_3 + 2x_4 - 2x_5 &= 6.
\end{aligned}
$$

An dieser Form erkennen wir, dass die beiden Unbekannten x_4 und x_5 frei wählbar sind, also

$$x_4 = A \text{ und } x_5 = B, \quad A, B \in \mathbb{R} \text{ beliebig.}$$

Rückwärtssubstitution führt somit auf die mehrdeutige Lösung

$$x_4 = -1 + x_3 + x_4 = \frac{1}{2},$$
$$x_2 = -1 + x_3 + x_4 = \frac{1}{2},$$
$$x_1 = 1 - x_2 - x_3 = -\frac{1}{2}.$$

also lautet der mehrdeutige Lösungsvektor

$$\vec{x} = \begin{pmatrix} 1 - A + B \\ 4 - A \\ -6 + 2A - 2B \\ A \\ B \end{pmatrix} = \begin{pmatrix} 1 \\ 4 \\ -6 \\ 0 \\ 0 \end{pmatrix} + A \begin{pmatrix} -1 \\ -1 \\ 2 \\ 1 \\ 0 \end{pmatrix} + B \begin{pmatrix} 1 \\ 0 \\ -2 \\ 0 \\ 1 \end{pmatrix}, \quad A, B \in \mathbb{R}.$$

Fazit. Liefert der Gauß-Algorithmus bei Matrizen $A \in \mathbb{R}^{m,n}$ mit $m \geq n$ keine Dreieckgestalt gemäß (5.9), sondern eine unvollständige Stufenform gemäß (5.10), dann kann niemals eindeutige Lösbarkeit vorliegen. Das Gleichungssystem enthält frei wählbare Koeffizienten im Lösungsvektor. Ebensowenig kann eine Gleichung mit mehr Unbekannten als Gleichungen ($m < n$) eine eindeutige Lösung besitzen, weil auch hier gemäß der Stufenform (5.11) frei wählbare Koeffizienten rechts vom Diagonalelement enthalten sind.

Allgemein formuliert, liefert das Gauß-Verfahren bei Matrizen $A \in \mathbb{R}^{m,n}$, $m \geq n > r$, erweiterte Formen der Gestalt

$$(A \mid \vec{b}) \longrightarrow \begin{pmatrix} \tilde{a}_{11} & \tilde{a}_{12} \ldots & & \ldots \tilde{a}_{1n} & \tilde{b}_1 \\ 0 & \tilde{a}_{22} \ldots & & \ldots \tilde{a}_{2n} & \tilde{b}_2 \\ \vdots & \ddots & \ddots & \vdots & \vdots \\ 0 & \ldots & 0 \; \tilde{a}_{rr} \ldots & \tilde{a}_{rn} & \tilde{b}_r \\ 0 & \ldots & & \ldots 0 & 0 \\ \vdots & & & \vdots & \vdots \\ 0 & \ldots & & \ldots 0 & 0 \end{pmatrix} \tag{5.12}$$

oder entsprechend für $A \in \mathbb{R}^{m,n}$, $m < n$, die erweiterte Formen

$$(A \mid \vec{b}) \longrightarrow \begin{pmatrix} \tilde{a}_{11} & \tilde{a}_{12} \ldots & & \ldots \tilde{a}_{1n} & \tilde{b}_1 \\ 0 & \tilde{a}_{22} \ldots & & \ldots \tilde{a}_{2n} & \tilde{b}_2 \\ \vdots & \ddots & \ddots & \vdots & \vdots \\ 0 & \ldots & 0 \; \tilde{a}_{mm} \ldots & \tilde{a}_{mn} & \tilde{b}_m \end{pmatrix} \tag{5.13}$$

Schließlich untersuchen wir noch den Fall unlösbarer linearer Gleichungssysteme.

Beispiel 5.6. Gegeben sei das lineare Gleichungssystem

$$\begin{aligned} 2x_1 + \; x_2 + \tfrac{1}{2}x_3 + \; x_4 \quad\quad\; &= 0, \\ x_1 \quad\quad\quad\quad + \tfrac{1}{2}x_4 - \tfrac{1}{2}x_5 &= 1, \\ 2x_2 + \; x_3 \quad\quad\; + 2x_5 &= 2. \end{aligned}$$

Die Gauß-Elimination führt auf

$$\begin{pmatrix} 2 & 1 & \tfrac{1}{2} & 1 & 0 & 0 \\ 1 & 0 & 0 & \tfrac{1}{2} & -\tfrac{1}{2} & 1 \\ 0 & 2 & 1 & 0 & 2 & 2 \end{pmatrix} \overset{I \leftrightarrow II}{\longrightarrow} \begin{pmatrix} 1 & 0 & 0 & \tfrac{1}{2} & -\tfrac{1}{2} & 1 \\ 2 & 1 & \tfrac{1}{2} & 1 & 0 & 0 \\ 0 & 2 & 1 & 0 & 2 & 2 \end{pmatrix} \overset{II - 2 \cdot I}{\longrightarrow} \begin{pmatrix} 1 & 0 & 0 & \tfrac{1}{2} & -\tfrac{1}{2} & 1 \\ 0 & 1 & \tfrac{1}{2} & 0 & 1 & -2 \\ 0 & 2 & 1 & 0 & 2 & 2 \end{pmatrix}$$

$$\overset{III - 2 \cdot II}{\longrightarrow} \begin{pmatrix} 1 & 0 & 0 & \tfrac{1}{2} & -\tfrac{1}{2} & 1 \\ 0 & 1 & \tfrac{1}{2} & 0 & 1 & -2 \\ 0 & 0 & 0 & 0 & 0 & 6 \end{pmatrix}. \tag{5.14}$$

Die letzte Zeile in (5.14) beinhaltet den Widerspruch

$$(0\,0\,0\,0\,0\,|\,6),$$

womit keine Lösung vorliegen kann. Die erweiterten Koeffizientenmatrix hat z. B. bei einer Matrix $A \in \mathbb{R}^{m,n}$ mit $m \geq n > r$ die allgemeine Form

$$(A\,|\,\vec{b}) \longrightarrow \begin{pmatrix} \tilde{a}_{11} & \tilde{a}_{12} \ldots & & \ldots \tilde{a}_{1n} & \tilde{b}_1 \\ 0 & \tilde{a}_{22} \ldots & & \ldots \tilde{a}_{2n} & \tilde{b}_2 \\ \vdots & \ddots \ddots & & \vdots & \vdots \\ 0 & \ldots \ 0 & \tilde{a}_{rr} \ldots & \tilde{a}_{rn} & \tilde{b}_r \\ 0 & \ldots & & \ldots \ 0 & \tilde{b}_{r+1} \\ \vdots & & & \vdots & \vdots \\ 0 & \ldots & & \ldots \ 0 & \tilde{b}_m \end{pmatrix}, \qquad (5.15)$$

wobei die Einträge $\tilde{b}_{r+1}, \cdots, \tilde{b}_m \in \mathbb{R}$ nicht alle den Wert Null annehmen.

Eine beliebte Aufgabenstellung im Zusammenhang mit linearen Gleichungssystemen ist die Verwendung von Matrizen und/oder rechte Seiten mit Parametern.

Beispiel 5.7. Für welche Werte des Parameters $s \in \mathbb{R}$ besitzt das lineare Gleichungssystem mit der Koeffizientenmatrix $A_s \in \mathbb{R}^{4,4}$ und rechter Seite $\vec{b}_s \in \mathbb{R}^4$, wobei

$$A_s = \begin{pmatrix} s-1 & -1 & 0 & -1 \\ 0 & s-2 & 1 & -1 \\ 1 & 0 & s & 0 \\ s & 1-s & 1 & 0 \end{pmatrix}, \quad \vec{b}_s = \begin{pmatrix} -1 \\ s \\ 1 \\ 1 \end{pmatrix},$$

genau eine Lösung, unendlich viele Lösungen bzw. keine Lösung?

Wir starten die Gauß-Elimination mit dem Tausch der 1. und 4. **Spalte**, i.Z. $(1) \leftrightarrow (4)$, führen Buch über diese Aktion, tauschen im weiteren Verlauf noch die Spalten $(3) \leftrightarrow (4)$ und erläutern, wie und warum eine derartige Vertauschung (im Gegensatz zu einem Zeilentausch) am Schluss wieder rückgängig gemacht werden muss. Wir erhalten

$$\begin{pmatrix} -1 & -1 & 0 & s-1 & -1 \\ -1 & s-2 & 1 & 0 & s \\ 0 & 0 & s & 1 & 1 \\ 0 & 1-s & 1 & s & 1 \end{pmatrix} \xrightarrow{II-I} \begin{pmatrix} -1 & -1 & 0 & s-1 & -1 \\ 0 & s-1 & 1 & 1-s & s+1 \\ 0 & 0 & s & 1 & 1 \\ 0 & 1-s & 1 & s & 1 \end{pmatrix}$$

$$\xrightarrow[IV-II]{} \begin{pmatrix} -1 & -1 & 0 & s-1 & -1 \\ 0 & s-1 & 1 & 1-s & s+1 \\ 0 & 0 & s & 1 & 1 \\ 0 & 0 & 2 & 1 & s+2 \end{pmatrix} \xrightarrow{(3)\leftrightarrow(4)} \begin{pmatrix} -1 & -1 & s-1 & 0 & -1 \\ 0 & s-1 & 1-s & 1 & s+1 \\ 0 & 0 & 1 & s & 1 \\ 0 & 0 & 1 & 2 & s+2 \end{pmatrix}$$

$$\xrightarrow[IV-III]{} \begin{pmatrix} -1 & -1 & s-1 & 0 & -1 \\ 0 & s-1 & 1-s & 1 & s+1 \\ 0 & 0 & 1 & s & 1 \\ 0 & 0 & 0 & 2-s & s+1 \end{pmatrix}.$$

An dieser Darstellung erkennen Sie:

- Für $s \neq 1$ und $s \neq 2$ gibt es genau eine Lösung, weil die Matrix A in diesem Fall in eine vollständige Zeilenstufenform der Form (5.9) übergeht.

- Für $s = 1$ liegt nach einem weiteren Gauß-Schritt eine Form der Art (5.12) vor, woraus unendlich viele Lösungen resultieren.

- Für $s = 2$ ergibt sich in der letzten Zeile ein Widerspruch gemäß (5.15), womit keine Lösung vorliegt.

Die Angabe der konkreten Lösungen ist nicht in der Aufgabenstellung verlangt. Der Fall der eindeutigen Lösbarkeit wird natürlich ausgeführt. Wir wählen $s = 0$ und erhalten

$$(A_0 \,|\, \vec{b}_0) \longrightarrow \begin{pmatrix} -1 & -1 & -1 & 0 & -1 \\ 0 & -1 & 1 & 1 & 1 \\ 0 & 0 & 1 & 0 & 1 \\ 0 & 0 & 0 & 2 & 1 \end{pmatrix}.$$

Ausgeschrieben haben wir damit

$$
\begin{aligned}
-x_1 - x_2 - x_3 \quad\quad &= -1, \\
- x_2 + x_3 + x_4 &= 1, \\
x_3 \quad\quad &= 1, \\
2x_4 &= 1.
\end{aligned}
$$

Mit $x_4 = \frac{1}{2}$ und $x_3 = 1$ liefert die Rückwärtssubstitution

$$
\begin{aligned}
x_2 &= -1 + x_3 + x_4 = \frac{1}{2}, \\
x_1 &= 1 - x_2 - x_3 = -\frac{1}{2}.
\end{aligned}
$$

Der Łösungsvektor lautet demnach

$$
\tilde{x} := \left(-\frac{1}{2}, \frac{1}{2}, 1, \frac{1}{2} \right)^T ?
$$

Wir machen die Probe und überprüfen, ob tatsächlich $A_0 \tilde{x} = \vec{b}_0$ gilt:

$$
\begin{pmatrix} -1 & -1 & 0 & -1 \\ 0 & -2 & 1 & -1 \\ 1 & 0 & 0 & 0 \\ 0 & 1 & 1 & 0 \end{pmatrix}
\begin{pmatrix} -\frac{1}{2} \\ \frac{1}{2} \\ 1 \\ \frac{1}{2} \end{pmatrix}
=
\begin{pmatrix} -\frac{1}{2} \\ -\frac{1}{2} \\ 1 \\ \frac{3}{2} \end{pmatrix}
\neq
\begin{pmatrix} -1 \\ 0 \\ 1 \\ 1 \end{pmatrix}
= \vec{b}_0.
$$

Was ist passiert? Der Spaltentausch bei der Durchführung des Gauß-Algorithmus muss in der **richtigen** Reihenfolge wieder rückgängig gemacht werden! Wir beginnen mit dem zuletzt durchgeführten Spaltentausch und enden Schritt für Schritt mit dem ersten. Im vorliegenden Beispiel gilt somit

$$
\begin{pmatrix} -\frac{1}{2} \\ \frac{1}{2} \\ 1 \\ \frac{1}{2} \end{pmatrix}
\xrightarrow{(3) \leftrightarrow (4)}
\begin{pmatrix} -\frac{1}{2} \\ \frac{1}{2} \\ \frac{1}{2} \\ 1 \end{pmatrix}
\xrightarrow{(1) \leftrightarrow (4)}
\begin{pmatrix} 1 \\ \frac{1}{2} \\ \frac{1}{2} \\ -\frac{1}{2} \end{pmatrix}
$$

Mit dem nun korrekten Lösungsvektor

$$
\vec{x} = \left(1, \frac{1}{2}, \frac{1}{2}, -\frac{1}{2} \right)^T
$$

klappt auch die Probe. Wir erhalten das richtige Ergebnis für $A_0\vec{x} = \vec{b}_0$ gemäß

$$
\begin{pmatrix}
-1 & -1 & 0 & -1 \\
0 & -2 & 1 & -1 \\
1 & 0 & 0 & 0 \\
0 & 1 & 1 & 0
\end{pmatrix}
\begin{pmatrix}
1 \\
\frac{1}{2} \\
\frac{1}{2} \\
-\frac{1}{2}
\end{pmatrix}
=
\begin{pmatrix}
-1 \\
0 \\
1 \\
1
\end{pmatrix}.
$$

Beispiel 5.8. Das nachfolgende lineare Gleichungssystem $A\vec{x} = \vec{b}$ mit $A \in \mathbb{R}^{5,5}$ und $\vec{b} \in \mathbb{R}^5$ hat eine eindeutige Lösung. Um Gauß-Schritte zu reduzieren, führen wir einen mehrfachen Spaltentausch durch. Die zugehörige erweiterte Koeffizientenmatrix des Gleichungssystems hat die Gestalt

$$
(A \mid \vec{b}) :=
\left(
\begin{array}{ccccc|c}
2 & 2 & -1 & 3 & -1 & 6 \\
-1 & 0 & 1 & -5 & 8 & -3 \\
2 & 0 & 0 & 3 & 1 & 7 \\
2 & 0 & 0 & 4 & 0 & 10 \\
-2 & 0 & 0 & 2 & 0 & -4
\end{array}
\right).
$$

Wir führen jetzt der Reihe nach die Spaltenvertauschungen

$$(1) \leftrightarrow (2), \quad (2) \leftrightarrow (3) \quad \text{und} \quad (3) \leftrightarrow (5)$$

durch. Ohne die einzelnen Vertauschungen explizit zu formulieren, erhalten wir schließlich eine Matrix, bei der nur noch ein Gauß-Schritt zur vollständigen Stufenform notwendig ist. Es gilt also

$$
\left(
\begin{array}{ccccc|c}
2 & -1 & -1 & 3 & 2 & 6 \\
0 & 1 & 8 & -5 & -1 & -3 \\
0 & 0 & 1 & 3 & 2 & 7 \\
0 & 0 & 0 & 4 & 2 & 10 \\
0 & 0 & 0 & 2 & -2 & -4
\end{array}
\right)
\xrightarrow{V - \frac{1}{2} \cdot IV}
\left(
\begin{array}{ccccc|c}
2 & -1 & -1 & 3 & 2 & 6 \\
0 & 1 & 8 & -5 & -1 & -3 \\
0 & 0 & 1 & 3 & 2 & 7 \\
0 & 0 & 0 & 4 & 2 & 10 \\
0 & 0 & 0 & 0 & -3 & -9
\end{array}
\right).
$$

Die Rückwärtssubstitution führt auf den eindeutig bestimmten Vektor

$$x_5 = 3,$$

$$x_4 = \tfrac{1}{4}(10 - 2 \cdot x_5) = 1,$$

$$x_3 = 7 - 2 \cdot x_5 - 3 \cdot x_4 = -2,$$

$$x_2 = -3 + 1 \cdot x_5 + 5 \cdot x_4 - 8 \cdot x_3 = 21,$$

$$x_1 = \tfrac{1}{2}(6 - 2 \cdot x_5 - 3 \cdot x_4 + 1 \cdot x_3 + 1 \cdot x_2) = 8,$$

also

$$\tilde{x} := (8,\, 21,\, -2,\, 1,\, 3)^T.$$

Um daraus den Lösungsvektor zu ermitteln, beginnen wir mit dem zuletzt durchgeführten Spaltentausch und enden Schritt für Schritt mit dem zuerst durchgeführten. Wir erhalten der Reihe nach

$$
\begin{pmatrix} 8 \\ 21 \\ -2 \\ 1 \\ 3 \end{pmatrix}
\xrightarrow{(3) \leftrightarrow (5)}
\begin{pmatrix} 8 \\ 21 \\ 3 \\ 1 \\ -2 \end{pmatrix}
\xrightarrow{(2) \leftrightarrow (3)}
\begin{pmatrix} 8 \\ 3 \\ 21 \\ 1 \\ -2 \end{pmatrix}
\xrightarrow{(1) \leftrightarrow (2)}
\begin{pmatrix} 3 \\ 8 \\ 21 \\ 1 \\ -2 \end{pmatrix}.
$$

Eine Probe bestätigt

$$\vec{x} = (3,\, 8,\, 21,\, 1,\, -2)^T$$

als Lösungsvektor. Es gilt

$$
\begin{pmatrix}
2 & 2 & -1 & 3 & -1 \\
-1 & 0 & 1 & -5 & 8 \\
2 & 0 & 0 & 3 & 1 \\
2 & 0 & 0 & 4 & 0 \\
-2 & 0 & 0 & 2 & 0
\end{pmatrix}
\begin{pmatrix} 3 \\ 8 \\ 21 \\ 1 \\ -2 \end{pmatrix}
=
\begin{pmatrix} 6 \\ -3 \\ 7 \\ 10 \\ -4 \end{pmatrix}.
$$

Fazit. Vertauschungen von Spalten sind bei der Durchführung des Gauß-Algorithmus nicht zwingend erforderlich. Die Berechnungen können jedoch bei gezielten Vertauschungen vereinfacht bzw. Gauß-Schritte reduziert werden. Wichtig ist jedoch eine genaue Buchführung der Aktionen, um am Ende den korrekten Lösungsvektor zu ermitteln, da die Vertauschungn in umgekehrter Reihenfolge wieder rückgängig gemacht werden müssen.

Beispiel 5.9. Gilt $A\vec{x} = \vec{0}$, dann sprechen wir von einem homogenen linearen Gleichungssystem. Sei dazu

$$A := \begin{pmatrix} -1 & -1 & 0 & -3 & -3 \\ 2 & 0 & -2 & -1 & 1 \\ 1 & 2 & 1 & 3 & 2 \\ -1 & 2 & 3 & 2 & -1 \\ 0 & 1 & 1 & 3 & 2 \end{pmatrix}.$$

Da die rechte Seite der Nullvektor ist, können wir hier auf die erweiterte Koeffizientenmatrix verzichten und erhalten nach einigen Gauß-Schritten die unvollständige Stufenform

$$\begin{pmatrix} -1 & -1 & 0 & -3 & -3 \\ 2 & 0 & -2 & -1 & 1 \\ 1 & 2 & 1 & 3 & 2 \\ -1 & 2 & 3 & 2 & -1 \\ 0 & 1 & 1 & 3 & 2 \end{pmatrix} \longrightarrow \text{viel Gauß} \longrightarrow \begin{pmatrix} -1 & -1 & 0 & -3 & -3 \\ 0 & 1 & 1 & 0 & -1 \\ 0 & 0 & 0 & 1 & 1 \\ 0 & 0 & 0 & 0 & 0 \\ 0 & 0 & 0 & 0 & 0 \end{pmatrix}.$$

An dieser Darstellung erkennen wir die freie Wählbarkeit der 3. und 5. Komponente des Lösungsvektors. Mt $x_3 := A$ und $x_5 := B$, $A, B \in \mathbb{R}$ beliebig, erhalten wir nach Rückwärtssubstitution

$$x_1 = -x_2 - 3x_4 - 3x_5 = A - B,$$

$$x_2 = -x_3 + x_5 = -A + B,$$

$$x_4 = -x_5 = -B,$$

$$\vec{x} = \begin{pmatrix} A - B \\ -A + B \\ A \\ B \\ B \end{pmatrix} = \begin{pmatrix} 0 \\ 0 \\ 0 \\ 0 \\ 0 \end{pmatrix} + A \begin{pmatrix} 1 \\ -1 \\ 1 \\ 0 \\ 0 \end{pmatrix} + B \begin{pmatrix} -1 \\ 1 \\ 0 \\ -1 \\ 1 \end{pmatrix}, \quad A, B \in \mathbb{R}.$$

Fazit. Aus dieser Darstellung entnehmen Sie, dass bei eindeutiger Lösbarkeit homogener linearer Systeme nur die triviale Lösung $\vec{x} = \vec{0}$ infrage kommt! Aus der aus dem Gauß-Verfahren resultierenden Stufenform der Matrix $A \in \mathbb{R}^{m,n}$ lässt sich gemäß vorheriger Beschreibungen die Art der Lößbarkeit ablesen. Der entsprechend zu (5.15) unlösbare Fall kann hier natürlich niemals eintreten!

Abschließend betrachten wir Gleichungssysteme $A\vec{x} = \vec{b}$ mit einer komplexen Matrix $A \in \mathbb{C}^{4,4}$ und komplexer rechter Seite $\vec{b} \in \mathbb{C}^4$.

Beispiele 5.10. Sei $i \in \mathbb{C}$ die imaginäre Einheit mit $i^2 = -1$.

a) Die erweiterte Koeffizientenmatrix des soeben erwähnten komplexen linearen Gleichungssystem erfordert einen einzigen Gauß-Schritt um eine vollständige Stufenform zu erlangen

$$
\begin{pmatrix}
2+i & 0 & 0 & 0 & \bigm| & 5 \\
0 & 2-i & 0 & 0 & \bigm| & 5 \\
1 & -2 & 2i & -1 & \bigm| & i \\
2 & -4 & 1 & i & \bigm| & 1
\end{pmatrix}
\begin{array}{c} \\ III - iIV \\ \longrightarrow \\ \\ \end{array}
\begin{pmatrix}
2+i & 0 & 0 & 0 & \bigm| & 5 \\
0 & 2-i & 0 & 0 & \bigm| & 5 \\
1-2i & -2+4i & i & 0 & \bigm| & 0 \\
2 & -4 & 1 & i & \bigm| & 1
\end{pmatrix}.
$$

Im Fall der hier vorliegenden unteren Dreiecksmatrix führt ausnahmsweise **Vorwärtssubstitution** zum eindeutigen komplexen Lösungsvektor. Wir erhalten

$$
x_1 = \frac{5}{2+i} = \frac{5(2-i)}{(2+i)(2-i)} = \boxed{2-i},
$$

$$
x_2 = \frac{5}{2-i} = \frac{5(2+i)}{(2-i)(2+i)} = \boxed{2+i},
$$

$$
ix_3 = (-1+2i)x_1 + (2-4i)x_3 = 8-i
$$

$$
\implies x_3 = \frac{8-i}{i} = \frac{-i(8-i)}{-i^2} = \boxed{-1-8i},
$$

$$
ix_4 = 1 - 2x_1 + 4x_2 - x_3 = 6+14i
$$

$$
\implies x_4 = \frac{3+15i}{i} = \frac{-i(3+15)}{-i^2} = \boxed{14-6i},
$$

also lautet der komplexe Lösungsvektor

$$
\vec{x} = (2-i,\ 2+i,\ -1-8i,\ 14-6i)^T.
$$

b) Die erweiterte Koeffizientenmatrix eines komplexen linearen Gleichungssystems mit den Parametern $A, B \in \mathbb{C}$ und einigen Gauß-Schritten lautet

$$\begin{pmatrix} 3 & -2 & 1-i & \Big| & 3i \\ 1 & -i & 0 & \Big| & 0 \\ i & 1 & A+Bi & \Big| & 4 \end{pmatrix} \xrightarrow{I \leftrightarrow II} \begin{pmatrix} 1 & -i & 0 & \Big| & 0 \\ 3 & -2 & 1-i & \Big| & 3i \\ i & 1 & A+Bi & \Big| & 4 \end{pmatrix}$$

$$\begin{matrix} II - 3I \\ III - iI \\ \longrightarrow \end{matrix} \begin{pmatrix} 1 & i & 0 & \Big| & 0 \\ 0 & -2+3i & 1-i & \Big| & 3i \\ 0 & 0 & A+Bi & \Big| & 4 \end{pmatrix}.$$

Für welche Werte $A, B \in \mathbb{C}$ liegt mehrdeutige, eindeutige und keine Lösbarkeit vor?

An dieser Darstellung erkennen Sie:

- Es existieren keine Werte $A, B \in \mathbb{C}$ mit denen die Matrix in eine unvollständige Zeilenstufenform (5.12) gebracht werden kann, woraus mehrdeutige Lösbarkeit resultieren würde.

- Für beliebig $A, B \in \mathbb{C}$ mit der Einschränkung, dass nicht beide Parameter gleichzeitig Null sind, liegt gemäß (5.9) eine eindeutige Lösbarkeit vor.

- Für $A = B = 0$ ergibt sich in der letzten Zeile ein Widerspruch gemäß (5.15), womit keine Lösbarkeit vorliegt.

Vorschlag. Wählen Sie gemäß obiger Beschreibung Zahlen $A, B \in \mathbb{C}$ und bestimmen Sie dazu die eindeutige Lösung des korrespondieren linearen Gleichungssystems.

5.2 Lineare Abbildungen, Kern und Bild

Betrachten wir Abbildungen der Form

$$f : \mathbb{R} \to \mathbb{R},$$

dann ist die einzige Klasse **linearer** Abbildung gegeben durch die Funktionenschar

$$\boxed{f(x) := a\,x \text{ für alle } x \in \mathbb{R}, \ a \in \mathbb{R} \text{ beliebig gewählt.}}$$

Es gilt hier offensichtlich für den Definitions- und Bildbereich

$$D = \mathbb{R}, \quad \text{Bild } f = \begin{cases} \mathbb{R} & : \ a \neq 0, \\ \{0\} & : \ a = 0. \end{cases}$$

Die lineare Funktion enthält den Spezialfall der trivialen Funktion

$$f(x) := 0 \ \text{für alle} \ x \in \mathbb{R}.$$

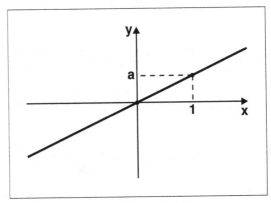

Lineare Funktion f(x) := a x

Lineare Funktionen haben somit die Eigenschaft

$$f(\lambda x + \mu y) = \lambda f(x) + \mu f(y), \ \lambda, \ \mu \in R \ \text{für alle} \ x, y \in \mathbb{R}.$$

Insbesondere resultiert daraus mit der Wahl $\lambda, \mu = 0$ die für lineare Funktionen charakteristische Eigenschaft

$$f(0) = 0.$$

Betrachten wir nun allgemein **reelle** Abbildungen $f : \mathbb{R}^n \to \mathbb{R}^m$ mit Definitionsbereich $\mathbb{R}^n$ und Bildbereich $\mathbb{R}^m$, $n, m \in \mathbb{N}$, dann nehmen unter all diesen Abbildungen die **linearen Funktionen** eine Sonderstellung ein. Dies liegt daran, dass lineare Abbildungen in vielen Anwendungen auf natürliche Weise auftreten und leicht handzuhaben sind. So führen beispielsweise Siegelungen und Rotationen auf derartige Abbildungen. Allgemein gilt nun

Definition 5.11. Eine Abbildung $f : \mathbb{R}^n \to \mathbb{R}^m$ heißt **linear** genau dann, wenn gilt

$$f(\lambda\,\vec{x} + \mu\,\vec{y}) = \lambda\,f(\vec{x}) + \mu\,f(\vec{y}) \in \mathbb{R}^m \text{ für alle } \lambda, \mu \in \mathbb{R} \text{ und } \vec{x}, \vec{y} \in \mathbb{R}^n.$$

Setzen wir $\lambda = \mu = 0$, so resultiert für lineare Abbildungen die stets gültige Beziehung

$$f(\vec{0}) = \vec{0}. \tag{5.16}$$

Definition 5.12. Wir bezeichnen zur Abkürzung

$$L(\mathbb{R}^n, \mathbb{R}^m) := \{f : \mathbb{R}^n \to \mathbb{R}^m \ : \ f \text{ ist lineare Abbildung}\}$$

die Menge aller linearen Abbildungen zwischen den angegebenen Räumen.

Beispiele 5.13.

Die Abbildung

$$f : \mathbb{R}^5 \to \mathbb{R}^3$$

gegeben durch

$$f(\vec{x}) = \begin{pmatrix} x_1 - 2x_5 + x_3 \\ x_2 + 4x_4 - x_3 \\ x_4 - x_1 \end{pmatrix}, \quad \vec{x} = (x_1, x_2, x_3, x_4, x_5)^T \in \mathbb{R}^5,$$

ist eine lineare Abbildung, denn es gilt mit $\vec{y} = (y_1, y_2, y_3, y_4, y_5)^T$ die Beziehung

$$f(\lambda\vec{x} + \mu\vec{y}) = \lambda \begin{pmatrix} x_1 - 2x_5 + x_3 \\ x_2 + 4x_4 - x_3 \\ x_4 - x_1 \end{pmatrix} + \mu \begin{pmatrix} y_1 - 2y_5 + y_3 \\ y_2 + 4y_4 - y_3 \\ y_4 - y_1 \end{pmatrix},$$

insbesondere gilt

$$f(\underbrace{\vec{0}}_{\mathbb{R}^5}) = \underbrace{\vec{0}}_{\mathbb{R}^3}.$$

b) Die Abbildung

$$f : \mathbb{R}^5 \to \mathbb{R}^3$$

gegeben durch

$$f(\vec{x}) = \begin{pmatrix} x_1 - 2x_5 + x_3 + 1 \\ x_2 + 4x_4 - x_3 \\ x_4 - x_1 \end{pmatrix}, \quad \vec{x} = (x_1, x_2, x_3, x_4, x_5)^T \in \mathbb{R}^5,$$

ist **keine** lineare Abbildung, denn

$$f(\vec{0}) = (1, 0, 0)^T \neq \vec{0}.$$

c) Die Abbildung
$$f : \mathbb{R}^2 \to \mathbb{R}^2$$

gegeben durch

$$f(\vec{x}) = \begin{pmatrix} x_1 + x_2 \\ x_1 x_2 \end{pmatrix}, \quad \vec{x} = (x_1, x_2)^T \in \mathbb{R}^2,$$

ist ebenfalls **nicht** linear, denn mit $\vec{y} = (y_1, y_2)^T$ gilt

$$f(\lambda\vec{x} + \mu\vec{y}) = \begin{pmatrix} (\lambda x_1 + \mu y_1) + (\lambda x_2 + \mu y_2) \\ (\lambda x_1 + \mu y_1)(\lambda x_2 + \mu y_2) \end{pmatrix}$$

$$\neq \lambda \begin{pmatrix} x_1 + x_2 \\ x_1 x_2 \end{pmatrix} + \mu \begin{pmatrix} y_1 + y_2 \\ y_1 y_2 \end{pmatrix}.$$

Die Beziehung
$$f(\vec{0}) = \vec{0}$$

gilt dagegen schon, woraus wir zusammen mit dem vorherigen Beispiel erschließen, dass es sich dabei lediglich um eine **notwendige Bedingung** für die Linearität handelt.

Jede lineare Abbildung lässt sich auf eindeutige Weise als Matrix darstellen.

Um diese Matrix zu kreieren, bedarf es der Einführung einiger Begriffe aus der Linearen Algebra. Dazu präzesiern wir nochmals das **Produkt** einer Matrix $A \in \mathbb{R}^{(m,n)}$ mit einem Vektor $\vec{x} \in \mathbb{R}^n$. Es gilt

Definition 5.14. Das **Produkt** der Matrix

$$A = \begin{pmatrix} a_{11} & a_{12} & \cdots & a_{1n} \\ a_{21} & a_{22} & \cdots & a_{2n} \\ \vdots & \vdots & \ddots & \vdots \\ a_{m1} & a_{m2} & \cdots & a_{mn} \end{pmatrix} \in \mathbb{R}^{(m,n)}$$

mit dem Vektor $\vec{x} = (x_1, x_2, \ldots, x_n)^T \in \mathbb{R}^n$ ist der Vektor $\vec{y} = (y_1, y_2, \ldots, y_m)^T \in \mathbb{R}^m$ gegeben durch

$$\begin{pmatrix} y_1 \\ y_2 \\ \vdots \\ y_n \end{pmatrix} := \begin{pmatrix} a_{11}\, x_1 + a_{12}\, x_2 + \cdots + a_{1n}\, x_n \\ a_{21}\, x_1 + a_{22}\, x_2 + \cdots + a_{2n}\, x_n \\ \vdots \\ a_{m1}\, x_1 + a_{m2}\, x_2 + \cdots + a_{mn}\, x_n \end{pmatrix}.$$

Das heißt, das Produkt „Matrix mal Vektor" wird nach dem Schema „**Zeile mal Spalte**" gebildet.

Wir benötigen weitere Themenbereiche der Linearen Algebra.

Definition 5.15. Ein Vektor $\vec{w} \in \mathbb{R}^n$, der sich als Summe anderer Vektoren gemäß

$$\vec{w} = \sum_{i=1}^{m} \lambda_i\, \vec{v}_i \quad \text{mit } \lambda_i \in \mathbb{R} \text{ und } \vec{v}_i \in \mathbb{R}^n, \quad i = 1, \ldots, m, \quad m, n \in \mathbb{N},$$

darstellen lässt, heißt **Linearkombination** der Vektoren $\vec{v}_1, \ldots, \vec{v}_m$. Die Skalare $\lambda_1, \ldots, \lambda_m$ heißen **Koeffizienten** der Linearkombination.

Im Falle $m = 1$ heißt $\vec{w}$ **skalares Vielfaches** von $\vec{v}_1$.

Beispiele 5.16.

a) Es seien $\vec{w}, \vec{v}_1, \ldots, \vec{v}_4 \in \mathbb{R}^4$. Aus

$$\vec{w} := \begin{pmatrix} 2 \\ 1 \\ 3 \\ -6 \end{pmatrix} = 2 \begin{pmatrix} 1 \\ 1 \\ 0 \\ -1 \end{pmatrix} - 2 \begin{pmatrix} 1 \\ 0 \\ 0 \\ 1 \end{pmatrix} + 3 \begin{pmatrix} 0 \\ -1 \\ 1 \\ 0 \end{pmatrix} - \begin{pmatrix} -2 \\ -2 \\ 0 \\ 2 \end{pmatrix}$$

$$=: 2\vec{v}_1 - 2\vec{v}_2 + 3\vec{v}_3 - \vec{v}_4$$

folgt, dass $\vec{w}$ eine Linearkombination der Vektoren $\vec{v}_1, \ldots, \vec{v}_4$ ist mit den Koeffizienten

$$\lambda_1 = 2, \ \lambda_2 = -2, \ \lambda_3 = 3, \ \lambda_4 = -1.$$

b) In $\mathbb{R}^n$ erhalten wir mit den Einheitsvektoren

$$\vec{e}_j := (0, \ldots, 0, \underbrace{1}_{j\text{-te Stelle}}, 0, \ldots, 0)^T \in \mathbb{R}^n, \ j = 1, \ldots, n,$$

die Darstellung

$$\vec{w} = \sum_{j=1}^{n} \lambda_j \, \vec{e}_j = \begin{pmatrix} \lambda_1 \\ \lambda_2 \\ \vdots \\ \lambda_n \end{pmatrix} \in \mathbb{R}^n \text{ für alle } \lambda_1, \ldots, \lambda_n \in \mathbb{R}.$$

Das heißt, jeder Vektor $\vec{w} \in \mathbb{R}^n$ kann als Linearkombination der **Einheitsvektoren** $\vec{e}_1, \ldots, \vec{e}_n$ dargestellt werden.

Beispiel 5.17. Wir gehen jetzt umgekehrt vor, indem die Vektoren

$$\vec{w}, \ \vec{v}_1, \ \vec{v}_2, \ \vec{v}_3, \ \vec{v}_4 \in \mathbb{R}^4$$

aus Teil a) des Beipiels 5.16 vorgegeben und die Koeffizienten

$$\lambda_1, \ \lambda_2, \ \lambda_3, \ \lambda_4 \in \mathbb{R}$$

gesucht sind. Dies führt auf ein lineares Gleichungssystem mit der erweiterten Koeffizientenmatrix

$$\begin{pmatrix} 1 & 1 & 0 & -2 & | & 2 \\ 1 & 0 & -1 & -2 & | & 1 \\ 0 & 0 & 1 & 0 & | & 3 \\ -1 & 1 & 0 & 2 & | & -6 \end{pmatrix} \longrightarrow \text{Gauß-Schritte} \longrightarrow \begin{pmatrix} 1 & 1 & 0 & -2 & | & 2 \\ 0 & 1 & 1 & 0 & | & 1 \\ 0 & 0 & 1 & 0 & | & 3 \\ 0 & 0 & 0 & 0 & | & 0 \end{pmatrix}.$$

Wir erkennen die **mehrdeutige** Lösbarkeit und erhalten nach Rückwärtssubstitution den Lösungsvektor

$$\vec{\lambda} = (4 + 2C, \, -2, \, 3, \, C)^T, \quad C \in \mathbb{R}.$$

Die Wahl $C = -1$ liefert die im vorherigen Beispiel 5.16 festgelegten Koeffizienten. Schauen wir die Vekoren nochmals genauer an, dann stellen wir fest, dass $\vec{v}_1 = -2\vec{v}_4$.

Definition 5.18. Ein Vektorsystem $\vec{v}_1, \vec{v}_2, \ldots, \vec{v}_m \in \mathbb{R}^n$ heißt **linear unabhängig** genau dann, wenn jeder Vektor $\vec{w} \in \mathbb{R}^n$ genau eine Linearkombination aus den Vektoren $\vec{v}_1, \vec{v}_2, \ldots, \vec{v}_m \in \mathbb{R}^n$ besitzt.

Andernfalls heißt das System $\vec{v}_1, \vec{v}_2, \ldots, \vec{v}_m$ **linear abhängig**.

Bemerkung 5.19. Insbesondere lassen sich linear unabhängige Vektoren nicht gegenseitig linear kombinieren.

Definition 5.20. **Jedes** linear unabhängige Vektorsystem der Länge n

$$\vec{v}_1, \vec{v}_2, \ldots, \vec{v}_n \in \mathbb{R}^n$$

bildet eine **Basis** von $\mathbb{R}^n$. Das bedeutet, **jeder** Vektor $\vec{w} \in \mathbb{R}^n$ lässt sich damit mit eindeutig bestimmten Koeffizienten $\lambda_i \in \mathbb{R}$ gemäß

$$\vec{v} = \sum_{i=1}^{n} \lambda_i \, \vec{v}_i$$

linear kombinieren.

Wir sagen, dass $\mathbb{R}^n$ vom o. g. Vektorsystem aufgespannt wird und verwenden die Schreibweise

$$\mathbb{R}^n = \left\{ \vec{w} \in V : \vec{w} = \sum_{i=1}^{n} \lambda_i \, \vec{v}_i, \, \lambda_i \in \mathbb{R} \right\} =: \text{span}\{\vec{v}_1, \ldots, \vec{v}_n\}.$$

Bemerkung 5.21. Liegen m linear unabhängige Vektoren

$$\vec{v}_1, \vec{v}_2, \ldots, \vec{v}_m \in \mathbb{R}^n$$

mit der Eigenschaft $m < n$ vor, dann gilt natürlich

$$\text{span}\{\vec{v}_1, \ldots, \vec{v}_m\} \subset \mathbb{R}^n.$$

Wir sagen, dass dass Vektorsystem einen m-dimensionalen **Teilraum** bzw. eine m-dimensionale **Ebene** durch den Ursprung im $\mathbb{R}^n$ aufspannt.

Beispiel 5.22. Für $m = 1$ bildet für jeden Vektor $\vec{x} \in \mathbb{R}^n$

$$\text{span}\{\vec{x}\} \subset \mathbb{R}^n$$

eine 1-dimensionale Ebene, also eine Gerade durch den Ursprung.

Satz 5.23. Gegeben sei ein Vektorsystem $\vec{v}_1, \vec{v}_2, \ldots, \vec{v}_m \in \mathbb{R}^n$, $m \leq n$. Dann gilt

$$\vec{v}_1, \vec{v}_2, \ldots, \vec{v}_m \text{ sind linear unabhängig}$$

$$\Longleftrightarrow$$

Aus $\vec{0} = \sum_{i=1}^{m} \lambda_i \vec{v}_i$ folgt stets $\lambda_1 = \lambda_2 = \cdots = \lambda_m = 0$. Das heißt, es existiert nur die **triviale Darstellung** des Nullvektors. Anderenfalls sind die Vektoren linear abhängig.

Beispiele 5.24.

a) In $\mathbb{R}^n$ bilden die Einheitsvektoren

$$\vec{e}_j := (0, \ldots, 0, \underbrace{1}_{j-\text{te Stelle}}, 0, \ldots, 0)^T, \; j = 1, \ldots, n,$$

eine Basis. Es gilt

$$\vec{0} = \sum_{k=1}^{n} \lambda_k \vec{e}_k = (\lambda_1, \ldots, \lambda_n)^T$$

genau für $\lambda_1 = \cdots = \lambda_n = 0$. Das heißt, die Vektoren $\vec{e}_1, \ldots, \vec{e}_n$ sind linear unabhängig. Weiter gilt

$$\mathbb{R}^n = \text{span}\{\vec{e}_1, \ldots, \vec{e}_n\}.$$

b) In $\mathbb{R}^n$ reduziert sich das Nachprüfen der linearen Unabhängigkeit eines Vektorsystems $\vec{v}_1, \ldots, \vec{v}_m \in \mathbb{R}^n$, auf das Lösen eines **homogenen linearen Gleichungssystems** mit n Zeilen und m Spalten.

Wir prüfen in $\mathbb{R}^3$ die lineare Unabhängigkeit des Systems

$$\vec{v}_1 := (1,1,1)^T, \ \vec{v}_2 := (1,1,2)^T, \ \vec{v}_3 := (2,1,1)^T.$$

Die erweiterte Koeffizienten des homogenen Gleichungssystems lautet

$$(\vec{v}_1, \vec{v}_2, \vec{v}_3, \vec{0}) = \begin{pmatrix} 1 & 1 & 2 & 0 \\ 1 & 1 & 1 & 0 \\ 1 & 2 & 1 & 0 \end{pmatrix} \longrightarrow \text{Gauß-Schritte} \longrightarrow \begin{pmatrix} 1 & 1 & 2 & 0 \\ 0 & 1 & -1 & 0 \\ 0 & 0 & -1 & 0 \end{pmatrix}.$$

Also gilt $\lambda_1 = \lambda_2 = \lambda_3 = 0$.

c) In $\mathbb{R}^2$ sind die drei Vektoren $\vec{v}_1 := \binom{1}{1}$, $\vec{v}_2 := \binom{2}{5}$, $\vec{v}_3 := \binom{0}{1}$ linear abhängig, denn es gilt $\vec{0} = -2\vec{v}_1 + \vec{v}_2 - 3\vec{v}_3$ bzw. das entsprechende homogene Gleichungssystem ist mehrdeutig lösbar.

Wir kommen zurück zu linearen Abbildungen. Bekanntlich ist eine lineare Abbildung durch zwei Bildpunkte an zwei beliebigen Stellen aus dem Definitionsbereich eindeutig bestimmt. Wegen (5.16) genügt es, nur einen einzigen weiteren Punkt zu wählen, um eine lineare Abbildung eindeutig festzulegen. Es gilt

---

Satz 5.25. Sei $\vec{v}_1, \vec{v}_2, \ldots, \vec{v}_n \in \mathbb{R}^n$ eine Basis von $\mathbb{R}^n$. Dann gilt

1. Jedes $f \in L(\mathbb{R}^n, \mathbb{R}^m)$ ist allein durch die Vorgabe der Bilder $\vec{w}_j := f(\vec{v}_j) \in \mathbb{R}^m$ für alle $j = 1, \ldots, n$, eindeutig bestimmt.

2. Ist speziell $\vec{e}_1, \ldots, \vec{e}_n$ die **Standardbasis** des $\mathbb{R}^n$ und sei eine beliebige lineare Abbildung $f \in L(\mathbb{R}^n, \mathbb{R}^m)$ gegeben, so bilden die Vektoren

$$\vec{a}_j := f(\vec{e}_j) \in \mathbb{K}^m \text{ für alle } j = 1, 2, \ldots, n,$$

die Spalten einer Matrix $A := (\vec{a}_1, \ldots, \vec{a}_n) \in \mathbb{R}^{(m,n)}$ mit der Eigenschaft

$$A\vec{x} = f(\vec{x}) \text{ für alle } \vec{x} \in \mathbb{R}^n.$$

Beispiel 5.26. Es ist $A \in L(\mathbb{R}^5, \mathbb{R}^3)$ so zu bestimmen, dass die lineare Abbildung

$$f : \mathbb{R}^5 \to \mathbb{R}^3,$$

gegeben durch

$$f(\vec{x}) = \begin{pmatrix} x_1 - 2x_5 + x_3 \\ x_2 + 4x_4 - x_3 \\ x_4 - x_1 \end{pmatrix} \quad \text{für alle } \vec{x} = (x_1, x_2, x_3, x_4, x_5)^T \in \mathbb{R}^5,$$

als Matrix repräsentiert wird.

Offenbar ist die Abbildungsvorschrift $f : \mathbb{R}^5 \to \mathbb{R}^3$ linear, so dass f als 3×5–Matrix darstellbar ist. Wir setzen $A = (\vec{a}_1, \vec{a}_2, \ldots, \vec{a}_5)$ und berechnen die Spaltenvektoren $\vec{a}_j = f(\vec{e}_j)$ aus der obigen Vorschrift:

$$f(\vec{e}_1) = (1, 0, -1)^T,$$
$$f(\vec{e}_2) = (0, 1, 0)^T,$$
$$f(\vec{e}_3) = (1, -1, 0)^T,$$
$$f(\vec{e}_4) = (0, 4, 1)^T,$$
$$f(\vec{e}_5) = (-2, 0, 0)^T.$$

Hieraus ergibt sich die Darstellung

$$A = (\vec{a}_1, \vec{a}_2, \vec{a}_3, \vec{a}_4, \vec{a}_5) = \begin{pmatrix} 1 & 0 & 1 & 0 & -2 \\ 0 & 1 & -1 & 4 & 0 \\ -1 & 0 & 0 & 1 & 0 \end{pmatrix} \in L(\mathbb{R}^5, \mathbb{R}^3).$$

Bemerkung 5.27. Allgemein entspricht einer Matrix der Dimensionierung $A \in \mathbb{R}^{(m,n)}$ eine lineare Abbildung der Form $A \in L(\mathbb{R}^n, \mathbb{R}^m)$.

Wir definieren jetzt zwei unverzichtbare Begriffe im Zusammenhang mit linearen Abbildungen.

Definition 5.28. Sei $f \in L(\mathbb{R}^n, \mathbb{R}^m)$ eine lineare Abbildung mit zugehöriger Matrix $A \in \mathbb{R}^{(m,n)}$. Dann heißt die Menge

$$\text{Kern } A = \{\vec{x} \in \mathbb{R}^n : A\vec{x} = \vec{0}\}$$

der **Kern** von A. Für die Lösungsmenge dieses homogenen Gleichungssystems $A\vec{x} = \vec{0}$ gilt also

$$\text{Kern } A \subset \mathbb{R}^n.$$

Die Menge

$$\text{Bild } A = \text{span}\{\vec{a}_1, \vec{a}_2, \ldots, \vec{a}_n\}, \quad \vec{a}_k = A\vec{e}_k \text{ für alle } k = 1, 2, \ldots, n$$

heißt **Bild** von A. Somit gilt Bild $A \subset \mathbb{R}^m$ und dieses wird von den **Spaltenvektoren** der Matrix A aufgespannt.

Beispiel 5.29. Wir bestimmen Kern und Bild der linearen Abbildung bzw. Matrix aus Beispiel 5.26. Um den Kern zu bestimmen, lösen wir das korrespondierende homogene Gleichungssystem

$$(A\,|\,\vec{0}) = \left(\begin{array}{ccccc|c} 1 & 0 & 1 & 0 & -2 & 0 \\ 0 & 1 & -1 & 4 & 0 & 0 \\ -1 & 0 & 0 & 1 & 0 & 0 \end{array} \right) \begin{array}{c} \\ III + I \\ \longrightarrow \end{array} \left(\begin{array}{ccccc|c} 1 & 0 & 1 & 0 & -2 & 0 \\ 0 & 1 & -1 & 4 & 0 & 0 \\ 0 & 0 & 1 & 1 & -1 & 0 \end{array} \right).$$

Daraus resultiert der Lösungsvektor

$$\vec{x} := A\vec{x}_1 + B\vec{x}_2 := A \begin{pmatrix} -1 \\ -5 \\ -1 \\ 1 \\ 0 \end{pmatrix} + B \begin{pmatrix} 1 \\ 1 \\ 1 \\ 0 \\ 1 \end{pmatrix},$$

wobei $A, B \in \mathbb{R}$ frei wählbar sind. Dabei gilt

$$\text{span}\{\vec{x}_1, \vec{x}_2\} \subset \mathbb{R}^5.$$

Die beiden linear unabhängigen Vektoren $\vec{x}_1, \vec{x}_2 \in \mathbb{R}^5$ spannen im $\mathbb{R}^5$ einen zweidimensionalen Teilraum auf.

Um das Bild von A zu bestimmen, überprüfen wir, wieviele der fünf Spaltenvektoren der Matrix linear unabhängig sind. Dazu vertauschen wir in der Matrix A Zeilen mit Spalten und erhalten die sog. transponierte Matrix der Form

$$A^T = \begin{pmatrix} 1 & 0 & -1 \\ 0 & 1 & 0 \\ 1 & -1 & 0 \\ 0 & 4 & 1 \\ -2 & 0 & 0 \end{pmatrix} \longrightarrow \text{Gauß-Schritte} \longrightarrow \begin{pmatrix} 1 & 0 & -1 \\ 0 & 1 & 0 \\ 0 & 0 & 1 \\ 0 & 0 & 0 \\ 0 & 0 & 0 \end{pmatrix}.$$

Die nichtverwindenden Zeilen schreiben wir wieder als Spaltenvektoren und diese linear unabhängigen Vektoren spannen das Bild im $\mathbb{R}^3$ auf. Wir bekommen also mit

$$\vec{b}_1 := \begin{pmatrix} 1 \\ 0 \\ -1 \end{pmatrix}, \ \vec{b}_2 := \begin{pmatrix} 0 \\ 1 \\ 0 \end{pmatrix}, \ \vec{b}_3 := \begin{pmatrix} 0 \\ 0 \\ 1 \end{pmatrix}$$

die Darstellung

$$\text{Bild } A = \text{span}\{\vec{b}_1, \vec{b}_2, \vec{b}_3\} = \mathbb{R}^3.$$

Da das Bild den kompletten Bildraum $\mathbb{R}^3$ umfasst bedeutet dies, dass das Gleichungssystem

$$A\vec{x} = \vec{b}$$

für alle rechten Seiten $\vec{b} \in \mathbb{R}^3$ stets lösbar ist.

Kapitel 6

Integration

Eine andere Bezeichnung für Integration könnte auch umgekehrte Differentiation sein. Im nachfolgenden Abschnitt werden Sie mit einer Reihe von Funktionen konfrontiert, die diese Begriffsbildung untermauern. Die Aufgabe lautet also, dass zu einer gegebenen Funktion $f : \mathbb{R} \to \mathbb{R}$ eine Funktion $F : \mathbb{R} \to \mathbb{R}$ gefunden wird mit der Eigenschaft

$$\boxed{F' = f.}$$

Bei einfachen und grundlegenden Abbildungen f funktioniert dieser Ansatz recht gut. Bei „komplizierten" Funktionen kommen weitere Überlegungen dazu, welche wir in weiteren Abschnitten formulieren werden.

6.1 Stammfunktionen und unbestimmte Integrale

Wie lässt sich der Prozess der Differentiation umkehren, d. h., wie löst man die Gleichung $F'(x) = f(x)$ bei gegebener Funktion $f : \mathbb{R} \to \mathbb{R}$ nach F auf? So ist beispielsweise

$$F(x) = \tan x + C, \ \ C \in \mathbb{R} \ \text{beliebig,}$$

Lösung der Gleichung

$$F'(x) = \frac{1}{\cos^2(x)} \, ,$$

wie die Beispiele 4.3 und 4.14 bestätigen. Wir erkennen, dass die Funktion F **nicht eindeutig** bestimmt ist, da die Konstante $C \in \mathbb{R}$ jeden Wert annehmen darf. Die Funktion F hat zudem einen Namen und unter Berücksichtigung der **Definitionsbereiche** der beteiligten Funktionen legen wir fest:

Definition 6.1. Gegeben sei die reellwertige Funktion $f : D_f \to \mathbb{R}$. Eine Funktion $F : D_F \to \mathbb{R}$ heißt auf einem Intervall $I \subseteq D_f \cap D_F$ eine **Stammfunktion** von f, wenn $F'(x) = f(x)$ für alle $x \in I$ gilt.

Bemerkung 6.2. Sind F_1, F_2 zwei Stammfunktionen auf $I \subseteq \mathbb{R}$ zu ein und der selben Funktion f, dann unterscheiden sich diese (wie bereits erwähnt) lediglich durch eine Konstante, d. h. es gilt stets

$$F_1(x) - F_2(x) = C, \ x \in I, \ C \in \mathbb{R}.$$

Definition 6.3. Durch das **unbestimmte Integral** wird die Menge aller Stammfunktionen zu f durch

$$\int f(x)\, dx = F(x) + C, \ x \in I \subseteq D_f, \ C \in \mathbb{R},$$

gegeben.

Bemerkung 6.4. Gemäß der bisherigen Ausführungen gelten die Zusammenhänge

$$\frac{d}{dx} \left(\int f(x)\, dx \right) = f(x) \ \text{ bzw. } \ \int f'(x)\, dx = f(x) + C$$

für alle $x \in I \subseteq D_f$ und $C \in \mathbb{R}$.

Jede Ableitungsformel liefert eine Integrationsformel. Dementsprechend stellen wir in den nachfolgenden Tabellen eine Reihe von Grundintegralen zusammen:

	Unbestimmtes Integral	Definitionsbereich
(a)	$\int \lambda \, dx = \lambda x + C$	$x \in \mathbb{R}, \ \lambda \in \mathbb{R}$
(b)	$\int x^p \, dx = \dfrac{x^{p+1}}{p+1} + C$	$\begin{cases} x \in \mathbb{R} & : p \in \mathbb{N}, \\ x \in (-\infty, 0) \text{ oder } x \in (0, +\infty) & : p = -2, -3, -4, \ldots, \\ x \in (0, +\infty) & : p \in \mathbb{R} \setminus \{-1\} \text{ sonst} \end{cases}$
(c)	$\int \dfrac{dx}{x} = \ln|x| + C$	$x \in (-\infty, 0) \text{ oder } x \in (0, +\infty)$

Bemerkung 6.5. Spezialfälle der Formel (b), jeweils auf geeigneten Intervallen, sind:

$$\int \frac{dx}{x^2} = -\frac{1}{x} + C, \qquad \int \sqrt{x} \, dx = \frac{2}{3} x^{3/2} + C, \qquad \int \frac{dx}{\sqrt{x}} = 2\sqrt{x} + C.$$

Denken Sie in der Formel (c) stets an den **Betrag** beim Logarithmus. Denn für $x < 0$ gilt ja nach der Kettenregel:

$$\big[\ln|x|\big]' = \big[\ln(-x)\big]' = \frac{-1}{-x} = \frac{1}{x}.$$

Bemerkung 6.6. Versuchten wir Formel (b) mit $p = -1$ anzuwenden, bekämen wir den Unsinn

$$\int \frac{dx}{x} = \int x^{-1} \, dx = \frac{x^{-1+1}}{-1+1} = \frac{1}{0}.$$

Wir merken uns also besser Formel (c).

	Unbestimmtes Integral	Definitionsbereich
(d)	$\displaystyle\int e^x\,dx = e^x + C$	$x \in \mathbb{R}$
(e)	$\displaystyle\int \cos x\,dx = \sin x + C, \quad \int \sin x\,dx = -\cos x + C$	$x \in \mathbb{R}$
(f)	$\displaystyle\int \cosh x\,dx = \sinh x + C, \quad \int \sinh x\,dx = \cosh x + C$	$x \in \mathbb{R}$

Aus den Ableitungsformeln der zyklometrischen Funktionen gilt weiterhin:

	Unbestimmtes Integral	Definitionsbereich
(g)	$\displaystyle\int \frac{1}{1+x^2}\,dx = \arctan x + C$	$x \in \mathbb{R}$
(h)	$\displaystyle\int \frac{1}{\sqrt{1-x^2}}\,dx = \arcsin x + C$	$x \in (-1,+1)$
(i)	$\displaystyle\int \frac{-1}{\sqrt{1-x^2}}\,dx = \arccos x + C$	$x \in (-1,+1)$

Falls die Funktion f für alle $x \in I$ differenzierbar ist und falls $f(x) \neq 0 \ \forall\, x \in I$ gilt, so ist ja $\left(\ln|f(x)|\right)' = f'(x)/f(x) \ \forall\, x \in I$. Hieraus ergibt sich

$$\boxed{\int \frac{f'(x)}{f(x)}\,dx = \ln|f(x)| + C, \ \ x \in I.} \tag{6.1}$$

Mit Hilfe dieser Integrationsregel berechnen sich die folgenden unbestimmten Integrale:

	Unbestimmtes Integral	Definitionsbereich
(j)	$\displaystyle\int \tan x\, dx = \int \frac{\sin x}{\cos x}\, dx = -\ln|\cos x| + C$	$x \neq (n+\frac{1}{2})\pi,\ n \in \mathbb{Z}$
(k)	$\displaystyle\int \cot x\, dx = \int \frac{\cos x}{\sin x}\, dx = \ln|\sin x| + C$	$x \neq n\pi,\ n \in \mathbb{Z}$
(l)	$\displaystyle\int \tanh x\, dx = \int \frac{\sinh x}{\cosh x}\, dx = \ln(\cosh x) + C$	$x \in \mathbb{R}$
(m)	$\displaystyle\int \coth x\, dx = \int \frac{\cosh x}{\sinh x}\, dx = \ln|\sinh x| + C$	$x \neq 0$

Verwenden wir die Ableitungsformeln von tan, cot, tanh und coth, so erhalten wir die folgenden unbestimmten Integrale:

	Unbestimmtes Integral	Definitionsbereich
(n)	$\displaystyle\int \frac{1}{\cos^2 x}\, dx = \tan x + C$	$x \neq (n+\frac{1}{2})\pi,\ n \in \mathbb{Z}$
(o)	$\displaystyle\int \frac{1}{\sin^2 x}\, dx = -\cot x + C$	$x \neq n\pi,\ n \in \mathbb{Z}$

	Unbestimmtes Integral	Definitionsbereich
(p)	$\displaystyle\int \frac{1}{\cosh^2 x}\, dx = \tanh x + C$	$x \in \mathbb{R}$
(q)	$\displaystyle\int \frac{1}{\sinh^2 x}\, dx = -\coth x + C$	$x \neq 0$

Beachten wir noch die Identität

$$\sin x = 2 \sin\frac{x}{2}\cos\frac{x}{2} = 2\tan\frac{x}{2}\cos^2\frac{x}{2} = \frac{\tan\frac{x}{2}}{\frac{1}{2\cos^2\frac{x}{2}}} =: \frac{f(x)}{f'(x)},$$

also andersrum

$$\frac{1}{\sin x} = \frac{f'(x)}{f(x)}.$$

Es resultieren mit einer analogen Identität für sinh aus der Regel (6.1) die folgenden unbestimmten Integrale:

	Unbestimmtes Integral	Definitionsbereich
(r)	$\int \dfrac{1}{\sin x}\,dx = \ln\left|\tan\dfrac{x}{2}\right| + C$	$x \neq n\pi,\ n \in \mathbb{Z}$
(s)	$\int \dfrac{1}{\sinh x}\,dx = \ln\left|\tanh\dfrac{x}{2}\right| + C$	$x \neq 0$

Bemerkung 6.7. Jede auf einem Intervall $I \subseteq \mathbb{R}$ differenzierbare Funktion ist dort auch stetig. Somit sind Stammfunktionen auf den entsprechenden Intervallen stets stetig.

6.2 Bestimmte Integrale

In diesem Abschnitt verzieren wir das Integralzeichen mit einer unteren und oberen Grenze. Mit obiger Bemerkung 6.7 formulieren wir folgende

Definition 6.8. Es sei F auf dem Intervall I eine Stammfunktion der gegebenen Funktion $f \in \mathrm{Abb}\,(\mathbb{R}, \mathbb{R})$ und es gelte $[a, b] \subseteq I$, $a, b \in \mathbb{R}$ mit $a < b$. Dann heißt

$$\int_a^b f(x)\,dx := F(b) - F(a) =: F(x)\Big|_a^b \tag{6.2}$$

das **bestimmte Integral** von f über $[a, b]$. Die Punkte a und b heißen **untere** bzw. **obere Integrationsgrenze**. Die Funktion f wird **Integrand** genannt.

Beispiele 6.9. Nachfolgende Stammfunktionen ermitteln wir duch Raten

a) $\displaystyle\int_0^1 2xe^{x^2+1}\,dx = e^{x^2+1}\Big|_0^1 = e^2 - e.$

b) $\displaystyle\int_1^4 \frac{e^{\sqrt{x}}}{2\sqrt{x}}\,dx = e^{\sqrt{x}}\Big|_1^4 = e^2 - e.$

c) $\displaystyle\int_{-1}^1 \frac{2x}{x^2+1}\,dx = \ln|x^2+1|\Big|_{-1}^1 = \ln 2 - \ln 2 = 0.$

d) $\displaystyle\int_{-1}^1 \frac{x^2+1}{2x}\,dx = \frac{1}{4}(x^2+\ln x^2)\Big|_{-1}^1 = \frac{1}{4} + \ln 1 - \frac{1}{4} - \ln 1 = 0\,?$

Teil d) ist mit einem Fragezeichen versehen, warum. Hier ist die Antwort:

Bemerkung 6.10. Es ist darauf zu achten, dass das Integrationsintervall $[a,b]$ nicht über I hinausgeht, worin $F'(x) = f(x)$ für alle $x \in I$ gilt.

Gegenbeispiele 6.11. Die nachstehenden Berechnungen sind wegen Nichtbeachtung der letztgenannten Bemerkung 6.10 falsch:

a) Die Stammfunktion aus Beispiel 6.9, d) $F_1(x) = \frac{1}{4}(x^2+\ln x^2)$ ist in $x = 0$ nicht definiert und somit auch **nicht differenzierbar**.

b) Gilt

$$\int_{-1}^{2} \frac{dx}{\cos^2 x} = \tan x\,\Big|_{-1}^{2} = \tan 2 - \tan 1\,?$$

Dies ist **falsch**, weil die Funktion $F_2(x) = \tan x$ an der Stelle $x = \frac{\pi}{2} \in [-1, 2]$ **nicht definiert** (also auch nicht stetig) und somit nicht differenzierbar ist.

Bemerkung 6.12. Der Tangens wird als stetige Funktion gehandelt. Denn Stetigkeit bezieht sich auf den Definitionsbereich einer Abbildung. Konkret bedeutet dies

$$f(x) := \tan x = \frac{\sin x}{\cos x} \text{ ist stetig für alle } x \in D_{\tan} := \mathbb{R}\backslash\Big\{\frac{\pi}{2}+k\pi : k \in \mathbb{Z}\Big\}.$$

Entsprechend gilt auch

$$g(x) := \cot x = \frac{\cos x}{\sin x} \text{ ist stetig für alle } x \in D_{\cot} := \mathbb{R}\backslash\{k\pi : k \in \mathbb{Z}\}.$$

Siehe dazu auch Abbildung zu (3.15).

c) Gilt

$$\int_{-1}^{1} \frac{\text{sign}\, x}{\sqrt{|x|}}\, dx = 2\sqrt{|x|}\,\Big|_{-1}^{1} = 2 - 2 = 0?$$

Auch dies ist **falsch**, weil die Funktion $F_3(x) = \sqrt{|x|}$ an der Stelle $x = 0 \in [-1, +1]$ zwar stetig ist, dort aber eine Spitze hat, so dass sie bei $x = 0$ **nicht differenzierbar** ist.

6.3 Integrationstechniken

Die bisherigen Integrale konnten durch einfache Differentiationsregeln bzw. durch Raten ermittelt werden. Bei den meisten Integralen funktioniert dies allerdings nicht. Die nachfolgenden, auch noch so einfach erscheinende Integrale belegen dies:

Beispiel 6.13. Die beiden Integrale

$$I_1 = \int \cos^2 x\, dx \ \text{ und } \ I_2 = \int \sin^2 x\, dx$$

besitzen aus noch nicht ersichtlichen Gründen die Stammfunktionen

$$F_1(x) = \frac{x}{2} + \frac{1}{4}\sin 2x + C,$$

$$F_2(x) = \frac{x}{2} - \frac{1}{4}\sin 2x + C,$$

wobei $C \in \mathbb{R}$.

Wollten wir dies durch differenzieren bestätigen, werden wir zunächst enttäuscht, denn

$$F_1'(x) = \frac{1}{2}\big(1 + \cos(2x)\big) \ \text{ bzw. } \ F_2'(x) = \frac{1}{2}\big(1 - \cos(2x)\big).$$

Verwenden wir dagegen das Additionstheorem

$$\cos^2(2x) = \cos^2 x - \sin^2 x$$

und die berühmte Formel

$$\cos^2 x + \sin^2 x = 1,$$

dann ergibt sich nach wenigen Rechenschritten

$$\cos^2 x = \frac{1}{2}\big(1 + \cos(2x)\big) \ \text{ bzw. } \ \sin^2 x = \frac{1}{2}\big(1 - \cos(2x)\big). \tag{6.3}$$

Um die letzten beiden Stammfunktionen zu erklären, formulieren wir

---

Satz 6.14. (Linearität des Integrals). Haben die Funktionen f und g auf dem Intervall $I \subset \mathbb{R}$ Stammfunktionen F bzw. G, so ist die Funktion $\lambda F + \mu G$ auf I eine Stammfunktion von $\lambda f + \mu g$, $\lambda, \mu \in \mathbb{R}$:

$$\int \big(\lambda f(x) + \mu g(x)\big)\, dx = \lambda \int f(x)\, dx + \mu \int g(x)\, dx,$$

$$\int_a^b \big(\lambda f(x) + \mu g(x)\big)\, dx = \lambda \int_a^b f(x)\, dx + \mu \int_a^b g(x)\, dx \tag{6.4}$$

für $a, b \in I$.

„Anwendung der Linearität" führt mit (6.3) auf folgende Integrale und wir erhalten mit Satz 6.14 sofort:

$$I_1 = \int \frac{1}{2}\, dx + \int \frac{1}{2} \cos 2x\, dx = \frac{x}{2} + \frac{1}{4} \sin 2x + C,$$

$$I_2 = \int \frac{1}{2}\, dx - \int \frac{1}{2} \cos 2x\, dx = \frac{x}{2} - \frac{1}{4} \sin 2x + C.$$

Eine weitere Anwendung der Linearität beinhaltet

Beispiel 6.15. Seien $a_k \in \mathbb{R}$, $k = 1, \cdots, n$, dann gilt

$$\int \sum_{k=0}^{n} a_k x^k\, dx = \sum_{k=0}^{n} \int a_k x^k\, dx = \sum_{k=0}^{n} a_k \frac{x^{k+1}}{k+1} + C$$

für alle $x \in \mathbb{R}$ und $C \in \mathbb{R}$.

Wir greifen nochmals das vorangegangene Beispiel 6.13 auf, um eine weitere Integrationsregel einzuführen.

Beispiel 6.16. Das unbestimmte Integral

$$I = \int \cos^2 x\, dx$$

besitzt auch die Stammfunktion

$$F(x) = \frac{x}{2} + \frac{1}{2}\sin x \cos x + C,$$

wobei $C \in \mathbb{R}$. Mithilfe des Additionstheorems

$$\sin(2x) = 2\sin x \cos x$$

kann F auf die Stammfunktion aus Beispiel 6.13 zurückgeführt werden.

Auch das nachfolgende Beipiel basiert auf der noch zu besprechenden Integrationsregel. Zunächst jedoch resultiert wie aus heiterem Himmel

Beispiel 6.17. Das ebenfalls so einfach erscheinende Integral

$$I = \int \ln|x|\, dx$$

besitzt die Stammfunktionen

$$F(x) = x\ln|x| - x + C, \;\; C \in \mathbb{R},$$

welche mit den eingangs genannten „Lösungsmetrhoden" durch Erraten sicherlich nicht bestimmt werden kann. Natürlich überprüfen wir die Richtigkeit dieser Behauptung durch Differentiation:

$$F'(x) = \ln|x| + x \cdot \frac{1}{x} - 1 = \ln|x|,$$

wobei Bemerkung 6.5 berücksichtigt wurde. Damit ergibt sich weiterhin

$$\int_1^e \ln|x|\, dx = \int_1^e \ln x\, dx = (x\ln x - x)\Big|_1^e = 1,$$

wobei $|x| = x$ im gegebenen Integrationsbereich gilt.

Hier nun die angekündigte Regel, welche auf der Produktregel der Differentiation basiert. Mit abgekürzter Schreibweise gilt

$$(fg)' = f'g + fg' \iff fg = \int f'g + \int fg' \iff \int fg' = fg - \int f'g.$$

Formal liest sich das als

Satz 6.18. (Partielle Integration). Sind f und g im Intervall I differenzierbar und hat die Funktion $f'g$ eine Stammfunktion H, so ist $fg - H$ eine Stammfunktion von fg':

$$\int f(x)g'(x)\,dx = f(x)g(x) - \underbrace{\int f'(x)g(x)\,dx}_{=\ H(x)+C},$$

$$\int_a^b f(x)g'(x)\,dx = f(x)g(x)\Big|_a^b - \underbrace{\int_a^b f'(x)g(x)\,dx}_{=\ H(x)\big|_a^b} \tag{6.5}$$

für $a, b \in I$.

Beispiel 6.19. Aller guten Dinge sind drei. Also nochmals

$$\underline{\int \cos^2 x\,dx} = \int \underbrace{\cos x}_{f}\,\underbrace{\cos x}_{g'}\,dx = \underbrace{\cos x}_{f}\,\underbrace{\sin x}_{g} - \int \underbrace{-\sin x}_{f'}\,\underbrace{\sin x}_{g}\,dx$$

$$= \cos x \sin x + \int \sin^2 x\,dx = \cos x \sin x + \underline{\int (1 - \cos^2 x)\,dx}.$$

Die unterstrichenen Anteile führen auf

$$2\int \cos^2 x\,dx = \cos x \sin x + \int dx,$$

woraus sich unmittelbar die Stammfunktion aus Beispiel 6.16 ergibt.

Entsprechend dürfen Sie als kleine Übungsaufgabe $I = \int \sin^2 x\,dx$ berechnen.

Bei der Anwendung der Formeln (6.5) ist es entscheidend, welche der beiden Integranden als f bzw. g' identifiziert werden. Dazu einige

Beispiele 6.20. In den nachfolgenden Integralen gilt $C \in \mathbb{R}$.

a) Wir setzen im nachfolgenden Integral

$$f(x) := x \text{ und } g'(x) := e^{-x}.$$

Damit ergibt sich

$$\int xe^{-x}\,dx = x(-e^{-x}) - \int -e^{-x}\,dx = -e^{-x}(1+x) + C.$$

b) Wir vertauschen jetzt die Rollen und setzen

$$g'(x) := x \quad \text{und} \quad f(x) := e^{-x}.$$

Damit ergibt sich jetzt

$$\int xe^{-x}\,dx = \frac{x^2}{2}e^{-x} + \int \frac{x^2}{2}e^{-x}\,dx.$$

Dies führt in eine Sackgasse! Die Potenzen werden erhöht anstatt sie zu reduzieren, um die Integrale einfacher zu gestalten.

c) Wir setzen im nachfolgenden Integral

$$f(x) := x^2 \quad \text{und} \quad g'(x) := e^{-x}.$$

Damit ergibt sich nach zweimaliger Anwendung partieller Integration

$$\int x^2 e^{-x}\,dx = -x^2 e^{-x} + \int 2xe^{-x}\,dx$$

$$= -x^2 e^{-x} + \left(-2xe^{-x} + \int 2e^{-x}\,dx \right)$$

$$= -e^{-x}(x^2 + 2x + 2) + C.$$

d) Wir setzen im nachfolgenden Integral

$$g'(x) := x \quad \text{und} \quad f(x) := \ln x.$$

Damit ergibt sich jetzt

$$\int x \ln x\,dx = \frac{x^2}{2}\ln x - \int \frac{x^2}{2}\cdot\frac{1}{x}\,dx = \frac{x^2}{2}\left(\ln x - \frac{1}{2} \right) + C.$$

e) Jetzt ist es soweit, wir greifen Beispiel 6.17 auf. Dazu setzen wir

$$f(x) := \ln x \quad \text{und} \quad g'(x) := 1.$$

Damit ergibt sich

$$\int 1 \cdot \ln x\,dx = x \ln x - \int x \cdot \frac{1}{x}\,dx = x \ln x - x + C, \quad x > 0.$$

Das letzte Beispiel 6.20 e) gibt Anlass für einen „**Spezialfall der partiellen Integration**". Die Formel der partiellen Integration aus Satz 6.18 nimmt im Sonderfall $g(x) := x$ bzw. $g'(x) := 1$ folgende Form an:

$$\boxed{\int f(x)\,dx = x\,f(x) - \int x\,f'(x)\,dx.} \tag{6.6}$$

Wir verwenden die Formel (6.6), wenn entweder das Integral $\int x\,f'(x)\,dx$ oder das Integral $\int f(x)\,dx$ bekannt ist.

Beispiele 6.21. In den nachfolgenden Integralen gilt $C \in \mathbb{R}$. Wir verwnden Formel (c) aus Abschnitt 6.1 für die beiden nächsten Integrale:

a) Es sei $f(x) := \arctan x$ und $g(x) := x$. Wir erhalten

$$\int \arctan x\,dx = x\,\arctan x - \frac{1}{2}\int \underbrace{\frac{2x}{1+x^2}}_{=:h'(x)/h(x)}\,dx$$

$$= x\,\arctan x - \frac{1}{2}\ln(1+x^2) + C,$$

b) Es sei $f(x) := \operatorname{arccot} x$ und $g(x) := x$. Wir erhalten

$$\int \operatorname{arccot} x\,dx = x\,\operatorname{arccot} x - \frac{1}{2}\int \underbrace{\frac{-2x}{1+x^2}}_{=:h'(x)/h(x)}\,dx$$

$$= x\,\operatorname{arccot} x + \frac{1}{2}\ln(1+x^2) + C,$$

c) Es sei $f(x) := \ln^2 x$ und $g(x) = x$. Wir erhalten mit Beispiel 6.20 c):

$$\int \ln^2 x\,dx = x\ln^2 x - 2\int x \cdot \frac{1}{x}\ln x\,dx = x\ln^2 x - 2\int \ln x\,dx$$

$$= x\ln^2 x - 2x\ln x - 2x + C, \quad x > 0.$$

Greifen wir nochmals Beispiele 6.9 a), b) auf, dann erkennen wir einen Integranden der Form $f(g(x))g'(x)$. Dahinter verbirgt sich die Kettenregel der Differentiation. Wenn also F eine Stammfunktion von f ist, gilt der Zusammenhang

$$\frac{d}{dx}(F \circ g)(x) = \frac{d}{dx}F(g(x)) = F'(g(x))g'(x) = f(g(x))g'(x) = (f \circ g)(x)g'(x).$$

Wird also obengenannte Form erkannt, gilt es eine Stammfunktion von f zu bestimmen. Es gelten nun folgende Integrationsregeln für unbestimmte und bestimmte Integrale:

Satz 6.22. (Substitutionsregel). Hat die Funktion f auf dem Intervall $I \subseteq D_f$ eine Stammfunktion F und ist die Funktion $g : I_0 \to I$ differenzierbar, so ist $F \circ g$ auf dem Intervall I_0 eine Stammfunktion von $(f \circ g) \, g'$:

$$\int f\big(g(x)\big) \, g'(x) \, dx = \int f(u) \, du \Big|_{u=g(x)}, \quad x \in I_0,$$

$$\int_a^b f\big(g(x)\big) \, g'(x) \, dx = \int_{g(a)}^{g(b)} f(u) \, du, \quad a, b \in I_0. \tag{6.7}$$

Gilt darüber hinaus, dass $g'(t) \neq 0$, $t \in I_0$, so besitzt die Funktion g eine Inverse, und es gilt

$$\int f(x) \, dx = \int f\big(g(u)\big) \, g'(u) \, du \Big|_{u=g^{-1}(x)}, \quad x \in I,$$

$$\int_a^b f(x) \, dx = \int_{g^{-1}(a)}^{g^{-1}(b)} f\big(g(u)\big) \, g'(u) \, du, \quad a, b \in I. \tag{6.8}$$

Anhand von Beispielen soll nun der Umgang mit obigen Darstellungen und Formeln präzisiert werden. Wir beginnen mit der Formel (6.7) indem wir die Darstellung $f\big(g(x)\big) \, g'(x)$ umwandeln in die Form $f(u)$.

Beispiele 6.23. Wie immer gilt auch hier im Folgenden $C \in \mathbb{R}$.

a) Wir beginnen mit dem unbestimmten Integral

$$\int f(g(x))g'(x) \, dx = \int 2x e^{x^2+1} \, dx.$$

Wir führen dies gemäß (6.7) auf die Darstellung

$$\int f(u) \, du \Big|_{u=g(x)}$$

zurück. Wir setzten

$$u := x^2 + 1 \quad \Longrightarrow \quad \frac{du}{dx} = 2x \quad \Longrightarrow \quad dx = \frac{du}{2x}.$$

Damit

$$\int f(u)\,du\Big|_{u=g(x)} = \int e^u\,du\Big|_{u=g(x)} = e^u\Big|_{u=g(x)} = \underbrace{e^{x^2+1}}_{=F(g(x))} + C.$$

b) Wir berechnen jetzt das bestimmten Integral gemäß (6.7) und erhalten mir den transformierten Grenzen $u \in [g(0), g(1)] = [1, 2]$:

$$\int_0^1 2x e^{x^2+1}\,dx = \int_1^2 e^u\,du = e^u\Big|_1^2 = e^2 - e.$$

c) Wir bestimmen weiter das unbestimmte Integral

$$\int f(g(x)) g'(x)\,dx = \int x^2 e^{x^3/3}\,dx.$$

Wir setzten

$$u := \frac{x^3}{3} \quad \Longrightarrow \quad \frac{du}{dx} = x^2 \quad \Longrightarrow \quad dx = \frac{du}{x^2}.$$

Damit

$$\int f(u)\,du\Big|_{u=g(x)} = \int e^u\,du\Big|_{u=g(x)} = e^u\Big|_{u=g(x)} = \underbrace{e^{x^3/3}}_{=F(g(x))} + C.$$

d) Wir berechnen jetzt das Integral

$$I = \int x^2 e^{x^3}\,dx$$

indem wir dieses zuerst auf die Form

$$\int f(g(x)) g'(x)\,dx = \frac{1}{3}\int 3x^2 e^{x^3}\,dx$$

bringen. Wir setzten jetzt wie bisher

$$u := x^3 \quad \Longrightarrow \quad \frac{du}{dx} = 3x^2 \quad \Longrightarrow \quad dx = \frac{du}{3x^2}.$$

Damit

$$\frac{1}{3}\int f(u)\,du\Big|_{u=g(x)} = \frac{1}{3}\int e^u\,du\Big|_{u=g(x)} = e^u\Big|_{u=g(x)} = \frac{1}{3}\underbrace{e^{x^3}}_{=F(g(x))} + C.$$

e) Formel (c) aus Abschnitt 6.1 kann mithilfe der Substitutionsregel erklärt werden. Mit der Substitution $u := g(x)$ und mit $du/dx = g'(x)$ ergibt sich

$$\int \frac{g'(x)}{g(x)} \, dx = \int \frac{g'(x)}{u} \cdot \frac{du}{g'(x)} \Big|_{u=g(x)} = \int \frac{du}{u} \Big|_{u=g(x)} = \ln |g(x)| + C.$$

f) Wir setzten nun $g(x) = \sin x$ und erhalten mit $g'(x) = \cos x$ die Darstellung

$$\int \cot x \, dx = \int \frac{\cos x}{\sin x} \, dx = \int \frac{\cos x}{u} \cdot \frac{du}{\cos x} \Big|_{u=\sin x}$$

$$= \ln |u| \big|_{u=\sin x} = \ln |\sin x| + C, \quad x \neq n\pi, \ n \in \mathbb{Z}.$$

Eine ähnliche Vorgehensweise trifft auf den tan zu. Überprüfen Sie das.

Wir gehen jetzt den umgekehrten Weg und wandeln gemäß (6.8) die Darstellung $f(x)$ um in $f(g(u))g'(u)$ mit einem noch zu bestimmendem $g(u)$.

Beispiele 6.24. Wie immer gilt auch hier im Folgenden $C \in \mathbb{R}$.

a) Wir beginnen mit dem unbestimmten Integral

$$\int f(x) \, dx = \int \sqrt{1 - x^2} \, dx.$$

Wir führen dies gemäß (6.8) auf die Darstellung

$$\int f\big(g(u)\big) \, g'(u) \, du \big|_{u=g^{-1}(x)}$$

zurück. Wir setzten

$$x := \sin u \, (= g(u)) \implies \frac{dx}{du} = \cos u \implies dx = \cos u \, du.$$

Daraus und mit $u = \arcsin x = g^{-1}(x)$ ergibt sich

$$\int \sqrt{1-x^2}\,dx = \int \int \underbrace{\sqrt{1-\sin^2 u}}_{=f(g(u))}\ \underbrace{\cos u}_{=g'(u)}\ du\Big|_{u=g^{-1}(x)} = \int \cos^2 u\Big|_{u=g^{-1}(x)}$$

$$\stackrel{(*)}{=} \left(\frac{u}{2} + \frac{1}{2}\sin u\cos u + C\right)\Big|_{u=\arcsin x}$$

$$= \frac{1}{2}\left(u + \sin u\sqrt{1-\sin^2 u}\right)\Big|_{u=\arcsin x} + C$$

$$= \frac{1}{2}\left(\arcsin x + x\sqrt{1-x^2}\right) + C,$$

wobei in $(*)$ Beispiel 6.19 verwendet wurde.

b) Wir betrachten jetzt das bestimmte Integral

$$\int_a^b f(x)\,dx = \int_0^1 \sqrt{1-x^2}\,dx.$$

Wir setzten

$$x := \sin u\,(= g(u)) \implies \frac{dx}{du} = \cos u \implies dx = \cos u\,du.$$

Mit $u = \arcsin x = g^{-1}(x)$ und gemäß (6.8) ergibt sich

$$\int_a^b f(x)\,dx = \int_{g^{-1}(a)}^{g^{-1}(b)} f\big(g(u)\big)\,g'(u)\,du = \int_0^{\frac{\pi}{2}} \cos^2 u\,du$$

$$= \left(\frac{u}{2} + \frac{1}{2}\sin u\cos u\right)\Big|_0^{\frac{\pi}{2}} = \frac{\pi}{4}.$$

c) Wir betrachten jetzt etwas allgemeiner

$$\int f(x)\,dx = \int \sqrt{a^2-x^2}\,dx,\ a > 0.$$

Mit der Substitution

$$x := a\sin u\,(= g(u)) \implies dx = a\cos u\,du \ \text{ und } \ u = \arcsin(x/a)\,(= g^{-1}(x))$$

das unbestimmte Integral

$$\int f(g(u))\, g'(u)\, du\Big|_{u=g(x)} = \int \sqrt{a^2 - a^2 \sin^2 u}\, a \cos u\, du\Big|_{u=g(x)}$$

$$= a^2 \int \sqrt{1 - \sin^2 u}\, \cos u\, du\Big|_{u=\arcsin(x/a)}$$

$$= a^2 \int \cos^2 u\, du\Big|_{u=\arcsin(x/a)}$$

$$\overset{(*)}{=} \frac{a^2}{2}\left(u + \sin u \sqrt{1 - \sin^2 u}\, \right)\Big|_{u=\arcsin(x/a)} + C$$

$$= \frac{a^2}{2}\left(\arcsin \frac{x}{a} + \frac{x}{a}\sqrt{1 - \frac{x^2}{a^2}}\, \right) + C$$

$$= \frac{1}{2}\left(a^2 \arcsin \frac{x}{a} + x\sqrt{a^2 - x^2}\, \right) + C.$$

wobei in $(*)$ wiederum Beispiel 6.19 verwendet wurde.

d) Sei nun speziell

$$\int f(x)\, dx = \int \sqrt{1 - 4x^2}\, dx.$$

Eine kleine Umformung und das vorangegengene Beispiel Teil c) liefern mit $a = 1/2$

$$\int \sqrt{1 - 4x^2}\, dx = 2 \int \sqrt{\left(\frac{1}{2}\right)^2 - x^2}\, dx$$

$$= \left(\frac{1}{4}\arcsin(2x) + x\sqrt{\frac{1}{4} - x^2}\, \right) + C.$$

Bemerkung 6.25. Die Substitution aus den letzten Beispielen 6.24 basieren alle auf der berühmten Formel $\cos^2 x + \sin^2 x = 1$.

Die nachfolgenden Beispiele lassen sich nur „fast" mit Formel (6.7) bewältigen, worin noch ein klein wenig nachgeholfen werden muss. Dazu

Beispiele 6.26. Nachfolgend gilt $C \in \mathbb{R}$.

a) Wir beginnen mit dem unbestimmten Integral

$$\int f(x)\, dx = \int x^3 (1 - x^2)^{100}\, dx.$$

Die Substitution

$$u := 1 - x^2 \implies dx = -\frac{du}{2x}$$

führt zuächst auf

$$\int x^3 (1-x^2)^{100}\, dx = -\frac{1}{2} \int x^2 u^{100}\, du.$$

Der x-abhängige Term lässt sich glücklicherweise als u-Ausdruck schreiben, nämlich $x^2 = 1 - u$, also ist insgesamt

$$\int x^3 (1-x^2)^{100}\, dx = -\frac{1}{2} \int (1-u)\, u^{100}\, du \Big|_{u=1-x^2}$$

$$= -\frac{1}{2} \int \left(u^{100} - u^{101} \right) du \Big|_{u=1-x^2}$$

$$= \underbrace{-\frac{1}{2} \left(\frac{\left(1-x^2\right)^{101}}{101} - \frac{\left(1-x^2\right)^{102}}{102} \right)}_{=: F(x)}.$$

Wir überprüfen dies und berechnen

$$F'(x) = -\frac{1}{2} \left(\left(1-x^2\right)^{100} (-2x) - \left(1-x^2\right)^{101} (-2x) \right)$$

$$= x \left(\left(1-x^2\right)^{100} - \left(1-x^2\right)^{101} \right)$$

$$= x \left(\left(1-x^2\right)^{100} - \left(1-x^2\right) \left(1-x^2\right)^{100} \right)$$

$$= x^3 \left(1-x^2\right)^{100} + C.$$

b) Im folgenden, ähnlich strukturierten Integral wie soeben, ist die Substitution

$$u := x^2 \implies dx = \frac{du}{2x}$$

erfolgreich. Gemäß Beispiel 6.20, c) ergibt sich

$$\int x^5 e^{-x^2}\, dx = \frac{1}{2} \int x^4 e^{-u}\, du = \frac{1}{2} \int u^2 e^{-u}\, du \Big|_{u=x^2}$$

$$= -\frac{1}{2} e^{-u} \left(u^2 + 2u + 2 \right) \Big|_{u=x^2} + C$$

$$= -\frac{1}{2} e^{-x^2} \left(x^4 + 2x^2 + 2 \right) + C.$$

Die Probe ist eine etwa vierzeilige Übung für Sie.

Beispiel 6.27. Ohne jegliche Integrationsregeln ist leicht zu erkennen, dass

$$\int_{-101}^{101} \frac{x^3}{\arctan(x^2)\cos(x^4)\cosh(x^3) + e^{x^6}}\, dx = 0. \tag{6.9}$$

Ausschlaggebend für diese Erkenntnis ist die Tatsache, dass $f(x) := x^3$ eine ungerade Funktion ist. Es gilt also $f(-x) = -f(x)$ und das bedeutet für bestimmte Integrale der Form

$$\int_{-a}^{a} x^3\, dx = \frac{a^4}{4} - \frac{(-a)^4}{4} = 0,\quad a \in \mathbb{R}. \tag{6.10}$$

Da die Funktionen im Nenner des Integrals (6.9) gerade sind, also $f(-x) = f(x)$ erfüllen, wird die genannte Eigenschaft (6.10) nicht beeinträchtigt. Dies gilt natürlich für alle Potenzfunktionen mit ungeraden Potenzen:

$$\int_{-a}^{a} x^{2n-1}\, dx = \frac{a^{2n}}{2n} - \frac{(-a)^{2n}}{2n} = 0,\quad a \in \mathbb{R},\ n \in \mathbb{N}. \tag{6.11}$$

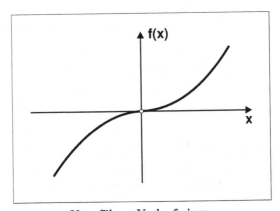

Ungefährer Verlauf einer
Parabel ungeraden Grades

Graphisch gesehen bedeutet (6.11), dass sich die beiden Flächeninhalte links und rechts der y-Achse wegen des verschiedenen Vorzeichens gegenseitig wegheben. Die Thematik Flächeninhalte mittels Integration greifen wir im nun folgenden Abschnitt auf.

6.4 Flächeninhalte und Volumina

Wie am Ende des vorangegangenen Abschnitts angedeutet, kann das Ergebnis eines bestimmten Integrals als der Flächeninhalt A zwischen dem Graphen des Integranden und der x-Achse interpretiert werden. Dabei werden die Flächen unterhalb der x-Achse mit einem negativen Vorzeichen versehen.

Beispiele 6.28. Ein Blick auf den untenstehenden Funktionsgraphen des Cosinus rechtfertigt folgende Flächeninhalte A:

a) $A = \displaystyle\int_{-\frac{\pi}{2}}^{\frac{\pi}{2}} \cos x \, dx = \sin x \Big|_{-\frac{\pi}{2}}^{\frac{\pi}{2}} = 2,$

b) $A = \displaystyle\int_{-\frac{\pi}{2}}^{\frac{3\pi}{2}} \cos x \, dx = \sin x \Big|_{-\frac{\pi}{2}}^{\frac{3\pi}{2}} = 0,$

c) $A = \displaystyle\int_{\frac{\pi}{2}}^{\frac{3\pi}{2}} \cos x \, dx = \sin x \Big|_{\frac{\pi}{2}}^{\frac{3\pi}{2}} = -2.$

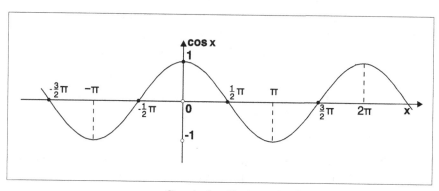

Graph der Cosinus–Funktion

Bemerkung 6.29. Bestimmte Integrale haben die Eigenschaft

$$\int_a^b f(x) \, dx = \int_a^c f(x) \, dx + \int_c^b f(x) \, dx \qquad (6.12)$$

für $c \in [a, b] \subset \mathbb{R}$.

Beispiel 6.30. Mit (6.12) berechnen wir

$$A = \int_{-\frac{\pi}{2}}^{\frac{3\pi}{2}} |\cos x| \, dx = \int_{-\frac{\pi}{2}}^{\frac{\pi}{2}} \cos x \, dx + \int_{\frac{\pi}{2}}^{\frac{3\pi}{2}} |\cos x| \, dx$$

$$= \int_{-\frac{\pi}{2}}^{\frac{\pi}{2}} \cos x \, dx - \int_{\frac{\pi}{2}}^{\frac{3\pi}{2}} \cos x \, dx = \sin x \Big|_{-\frac{\pi}{2}}^{\frac{\pi}{2}} - \sin x \Big|_{\frac{\pi}{2}}^{\frac{3\pi}{2}} = 4,$$

also der tatsächliche (positive) Flächeninhalt zwischen der x-Achse und dem Graphen von Cosinus.

Sind zwei Funktionen $f, g : [a, b] \to \mathbb{R}$ gegeben, so ist der **geometrische Flächeninhalt** A zwischen den Graphen von f und g in der folgenden Weise definiert:

$$A = \int\limits_a^b \Big(f(x) - g(x) \Big)\, dx, \quad f(x) \geq g(x) \text{ für alle } x \in [a, b].$$

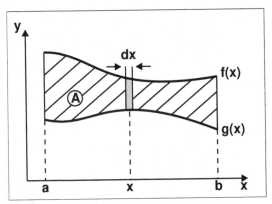

Flächeninhalt zwischen den beiden Graphen von f und g

Beispiel 6.31. Gesucht ist der Inhalt A des Flächenstückes zwischen den Graphen der Funktionen $f(x) := \sin x$ und $g(x) := 3x/5\pi$.

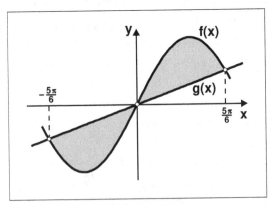

**Flächeninhalt zwischen
$\sin x$ und $3x/5\pi$**

Dazu überlegen wir uns graphisch, dass $f(x) = g(x)$ genau für

$$x_{-1} := -5\pi/6, \; x_0 := 0, \; x_1 := 5\pi/6$$

erfüllt ist, und dies bestätigt folgende Wertetabelle:

x	$-\frac{5\pi}{6}$	0	$\frac{5\pi}{6}$	2π
$f(x)$	$-\frac{1}{2}$	0	$\frac{1}{2}$	0
$g(x)$	$-\frac{1}{2}$	0	$\frac{1}{2}$	$\frac{6}{5} > 1$

Für $x \geq 2\pi$ gilt $g(x) \geq 6/5 > 1$, womit keine weiteren Nullstellen der Funktion $f - g$ auftreten. Es folgt in Analogie zu Beispiel 6.30 und aus der soeben formulierten Vorüberlegung:

$$A = \int_{-5\pi/6}^{0} \left(\frac{3x}{5\pi} - \sin x \right) dx + \int_{0}^{5\pi/6} \left(\sin x - \frac{3x}{5\pi} \right) dx$$

$$= \left[\frac{3x^2}{10\pi} + \cos x \right]_{-5\pi/6}^{0} - \left[\cos x + \frac{3x^2}{10\pi} \right]_{0}^{5\pi/6}$$

$$= 2 + \sqrt{3} - \frac{5\pi}{12}.$$

Beispiel 6.32. Der Flächeninhalt eines Halbkreises mit Radius $r > 0$ ist mit den Mitteln der Integralrechnung zu bestimmen.

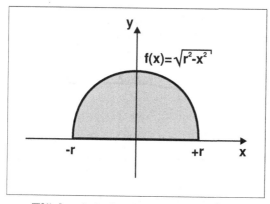

Flächeninhalt eines Halbkreises

Aus der Gleichung $x^2 + y^2 = r^2$ der Kreislinie mit Radius $r > 0$ erhält man für den oberen Halbkreisbogen die explizite Darstellung

$$y = f(x) = \sqrt{r^2 - x^2}, \quad -r \le x \le r.$$

Das Integral

$$A = \int_{-r}^{r} f(x)\,dx = 2 \int_{0}^{r} \sqrt{r^2 - x^2}\,dx$$

berechnet man gemäß Beispiel 6.24 c) mit Hilfe der Substitution

$$x = r \sin u, \implies dx = r \cos u\,du \text{ und } u = \arcsin(x/r):$$

$$A = 2r^2 \int_{0}^{\pi/2} \cos^2 u\,du = r^2 \int_{0}^{\pi/2} (1 + \cos 2u)\,du$$

$$= r^2 \left[u + \frac{1}{2} \sin 2u \right]_{0}^{\pi/2} = \frac{1}{2} r^2 \pi.$$

Damit klärt sich auch der Flächeninhalt des ganzen Kreises.

Wir berechnen nun dreidimesionale Volumina bestimmter Körper. Dazu verwenden wir einen Trick, um dies mit **zweidimensionalen** Flächenberechnungen zu bewältigen.

Wir legen gemäß nachstehender Skizze einen dreidimensionalen Körper K über die eindimensionale x-Achse. An der Stelle $x =$const bezeichne $q(x)$ den Flächeninhalt des Schnittes durch diesen Körper.

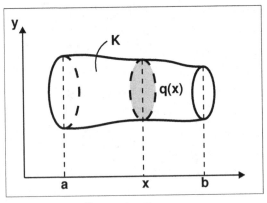

Gesamtvolumen

Das Gesamtvolumen von K ergibt durch

$$V = \int_a^b q(x)\, dx.$$

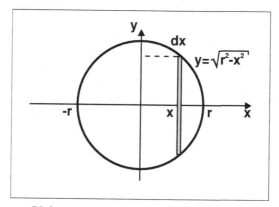

Volumenberechnung einer Kugel

Beispiel 6.33. Es ist das Volumen einer Kugel vom Radius $r > 0$ nach dem soeben erwähnten Prinzip zu bestimmen.

Die Schnittfläche der Kugel um den Mittelpunkt $(0,0)$ mit der Ebene $x =$ const ist ein Kreis und hat den Flächeninhalt

$$q(x) = \pi r^2 = \pi y^2 = \pi(r^2 - x^2).$$

Hieraus folgt

$$V_{Kugel} = \pi \int_{-r}^{r} (r^2 - x^2)\, dx = \frac{4}{3}\pi r^3.$$

Die Kugel ist der Spezialfall eines **Rotationskörpers**. Für die Volumina von Rotationskörpern gelten folgende Vereinfachungen.

(a) Bei **Rotation um die x-Achse**: Es gelte $f(x) \geq g(x)$ für alle $x \in [a, b]$. Dann hat die Schnittfläche den Flächeninhalt $q(x) = \pi\left(f^2(x) - g^2(x)\right)$ und somit folgt

$$V_x = \pi \int_a^b \left(f^2(x) - g^2(x)\right) dx.$$

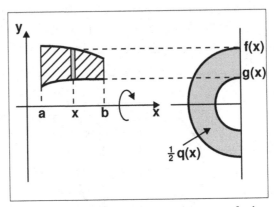

**Volumen eines Rotationskörpers bei
Rotation um die x–Achse**

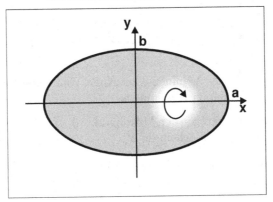

Volumen eines Rotationsellipsoids

Beispiel 6.34. Zu bestimmen ist das Volumen desjenigen Rotationskörpers, der durch Rotation der Ellipse

$$\left(\frac{x}{a}\right)^2 + \left(\frac{y}{b}\right)^2 = 1$$

um die x-Achse entsteht.lösen die Darstellung der Ellipse nach y auf und erhalten

$$f(x) := \sqrt{b^2\left(1 - \frac{x^2}{a^2}\right)}, \;\; g(x) := 0, \; -a \leq x \leq a.$$

Es folgt

$$V_{Ell.} = \pi \int_{-a}^{a} b^2\left(1 - \frac{x^2}{a^2}\right) dx = \frac{4}{3}\pi b^2 a.$$

Hier ist auch der Sonderfall der Kugelvolumens mit $a = b = r$ enthalten.

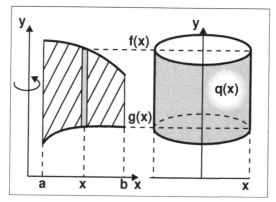

**Volumen eines Rotationskörpers bei
Rotation um die y–Achse**

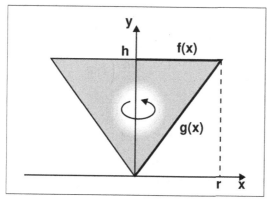

Volumen eines geraden Kreiskegels

(b) Bei **Rotation um die y–Achse**: Es gelte $f(x) \geq g(x)$ für alle $x \in [a, b]$. Dann ist $q(x)$ ein Zylindermantel mit dem Flächeninhalt $q(x) = 2\pi x \left(f(x) - g(x) \right)$, und somit folgt

$$V_y = 2\pi \int_a^b x \left(f(x) - g(x) \right) \, dx.$$

Beispiel 6.35. Wir bestimmen das Volumen eines geraden Kreiskegels der Höhe h und des Basiskreisradius $r > 0$.

Wir haben hier $f(x) := h$, $g(x) := \frac{hx}{r}$, $0 \leq x \leq r$, zu setzen. Es gilt nun

$$x \left(f(x) - g(x) \right) = h \cdot \left(x - \frac{x^2}{r} \right)$$

und somit

$$\boxed{V_{Kegel} = 2\pi h \int_0^r \left(x - \frac{x^2}{r}\right) dx = \frac{1}{3}\pi r^2 h.}$$

Abschließend verändern wir die Notation im Integral aus Beispiel 6.34 ein wenig und erhalten

Beispiel 6.36. Seien $E, d \in \mathbb{R}$ und $n \in \mathbb{N}$, dann

$$\frac{3E}{4} \int_{-d}^{d} n\left(1 - \frac{x^2}{d^2}\right) dx = \frac{3E}{4}\left(nx - \frac{nx^3}{3d^2}\right)\Bigg|_{-d}^{d}$$

$$= \frac{3E}{4}\left(nd - \frac{nd}{3} + nd - \frac{nd}{3}\right)$$

$$= \frac{3E}{4}\left(2nd - \frac{2nd}{3}\right)$$

$$= \boxed{\text{End}}.$$

Literaturverzeichnis

Forster, O.: *Analysis 1, Differential– und Integralrechnung einer Veränderlichen.* 10. Aufl., Vieweg + Teubner, 2011.

Gelbaum, B. R., Olmsted, J. M. H.: *Counterexamples in Analysis,* 2. Aufl., San Francisco London Amsterdam: Holden-Day, 1965.

Merz, W., Knabner, P.: *Mathematik für Ingenieure und Naturwissenschaftler, Lineare Algebra und Analysis in $\mathbb{R}$.* 1. Aufl., Berlin Heidelberg: Springer, 2013.

Merz, W., Knabner, P.: *Endlich gelöst! Aufgaben zur Mathematik für Ingenieure und Naturwissenschaftler, Lineare Algebra und Analysis in $\mathbb{R}$.* 1. Aufl., Berlin Heidelberg: Springer, 2014.

Meyberg, K., Vachenauer, P.: *Höhere Mathematik 1, Differential- und Integralrechnung, Vektor- und Matrizenrechnung.* 6. Aufl., Berlin Heidelberg: Springer, 2001.

Turtur, C. W., *Prüfungstrainer Mathematik, Klausur- und Übungsaufgaben mit vollständigen Musterlösungen.* 1. Aufl., Wiesbaden. Teubner, 2006.

© Der/die Herausgeber bzw. der/die Autor(en), exklusiv lizenziert an
Springer-Verlag GmbH, DE, ein Teil von Springer Nature 2023
W. Merz, *Höhere Mathematik in Beispielen,*
https://doi.org/10.1007/978-3-662-68088-9

Sachverzeichnis

Printed in the United States
by Baker & Taylor Publisher Services